煤矿岗位事故双防流程分析与“五述”管理防治100例

霍 诚 贺 超 郭乐乐 编著

中国矿业大学出版社
· 徐州 ·

图书在版编目(CIP)数据

煤矿岗位事故双防流程分析与“五述”管理防治100例 / 霍诚，贺超，郭乐乐编著. —徐州：中国矿业大学出版社，2023.4

ISBN 978-7-5646-5633-1

Ⅰ. ①煤… Ⅱ. ①霍… ②贺… ③郭… Ⅲ. ①煤矿—矿山事故—事故分析②煤矿—安全生产—生产管理 Ⅳ. ①TD7

中国版本图书馆CIP数据核字(2022)第211491号

书　　名	煤矿岗位事故双防流程分析与“五述”管理防治100例
编　　著	霍　诚　贺　超　郭乐乐
责任编辑	张　岩
出版发行	中国矿业大学出版社有限责任公司 (江苏省徐州市解放南路　邮编221008)
营销热线	(0516)83884103　83885105
出版服务	(0516)83995789　83884920
网　　址	http://www.cumtp.com　**E-mail**:cumtpvip@cumtp.com
印　　刷	江苏凤凰数码印务有限公司
开　　本	787 mm×1092 mm　1/16　**印张** 17.75　**字数** 454千字
版次印次	2023年4月第1版　2023年4月第1次印刷
定　　价	58.00元

(图书出现印装质量问题，本社负责调换)

编 写 人 员

（按姓氏音序排列）

白志强	柴俊虎	柴　鹏	常高峰
崔　智	杜洪飞	杜吉宏	樊　华
樊启文	龚占亮	康永鹏	孔玉奇
雷志国	刘　备	卢宏亮	陆　军
马瑞瑞	祁　彬	任麦杏	苏乐斌
王嘉平	王　杰	王为涛	王竹亮
卫　洋	吴小国	席学敏	解宏伟
续英杰	杨建飞	杨永峰	姚林林
张丹林	张双龙	张志军	朱志刚

前　言

安全生产事关广大煤矿职工的生命财产安全、企业健康发展和社会稳定，煤矿岗位事故案例学习分析是加强煤矿安全生产工作的一部分。本书重点阐述了通过贯彻执行“五述”管理理论思想和双重预防机制理论思想来分析事故发生的整个链条。事故分析的目的是将“五述”管理思想和双重预防机制思想应用在煤矿生产的实际工作中，使安全生产得到保障。本书由理论部分和案例详解部分组成。第一篇为理论介绍，共分为六个章节：第一章主要介绍了“五述”管理理论，“五述”管理与双重预防机制的关系，“五述”管理与岗位作业流程标准化的关系；第二章谈到了煤矿进行岗位案例分析的重要意义；第三章介绍了一般安全事故分析方法；第四章为煤矿岗位事故案例“双防流程分析与‘五述’管理防治”理论，重点叙述了双防流程和“五述”管理防治的概念及措施；第五章将双防流程分析与“五述”管理防治应用到具体的案例中进行分析，展现了整改分析的过程是如何进行的，对提高煤矿职工的安全意识和反事故的能力大有帮助，从中可以得到思想上和技术上的双重提高；第六章对安全生产和经济效益进行分析，浅析安全投入与经济效益的“双赢”。第二篇为案例详解，共分为七个章节：分别介绍了采煤专业、掘进专业、机电专业、运输专业、通风专业、地测专业的事故案例分析与防治及其他事故案例分析与防治。

读者在进行阅读时不能被动地接受学习，而是要发挥主观能动性、独立性进行充分思考，这样在运用时才能达到较好效果。最重要的是通过岗位事故案例分析，煤矿企业能够遏制重特大事故的发生，真正领会双重预防机制的内涵。读者应加强自身的知识积累，以便在学习过程中深入浅出地组织学习。

本书的编写得到了霍州煤电集团有限责任公司和中国矿业大学安全科学与应急管理研究院的大力支持。

编著者

2022 年 5 月

目　　录

第一篇　理　　论

第二篇 案例详解

第一篇

理　论

第一章　理论关系

第一节　“五述”管理理论

“五述”，即岗位职责描述、安全风险自述、流程标准阐述、作业环境评述、操作手指口述。岗位作业人员不仅要具备基本操作资质和操作技能，还应该掌握本岗位的“岗位职责、岗位风险、岗位标准、作业准备和过程注意”等五个基本方面的内容。这五个方面分别对应着岗位责任范围（即安全生产责任制）、岗位存在风险及风险管控措施、岗位作业流程及作业标准、岗位作业前安全情况确认、岗位作业操作规范安全达标。“五述”管理理论应用贯穿于岗位作业的全流程，从开始工作到作业结束确保岗位人员始终处于安全状态。

一、“五述”管理理论思想的提出

任何理论的提出都有一定事物、事件给予启示，可以说是灵感产生的源头。牛顿坐在苹果树下思考问题，突然有颗成熟的苹果落下来，砸到他的头上，牛顿就开始思考苹果为何会落下而月球却不会掉落到地球上。经过思考，牛顿意识到月球不会掉落是因为月球同时存在着运行的推动力和重力的拉力，而苹果会落地是因为重力的牵引，从而发现了万有引力。笔者长期致力于煤矿安全生产领域的理论研究，多次受邀参加煤矿事故调查分析工作。通过多次事故调查的经验总结，发现煤矿事故发生的原因除去客观因素外，更多的是由主观因素导致的。下面通过一个事故案例来说明。

案例：巷道交岔口顶板事故

2000 年 8 月 15 日上午 10 时 20 分，××煤矿综掘队正常召开班前会安排现场工作，出勤的所有人员进行了“六不准”签字。班长 A 等 5 人负责某平巷调度车皮等工作；其余人员在某平巷第一部皮带处搞卫生。13 时 25 分，某平巷交岔口处顶板突然掉落，将 5 人埋住。救援人员于 15 日 17 时 45 分和 19 时 20 分，分别将 B、C 从冒顶区救出，送医院抢救；于 15 日 22 时、16 日 0 时 6 分、16 日 5 时 15 分，将 A、D、E 三人从冒顶区救出，但均因伤势过重死亡。

事故原因分析：

（1）对现场条件认识不清，技术管理不到位，巷道支护的措施针对性不强，是造成本次冒顶事故的直接原因。

在掘进时就早已发现该处顶底板移近量增大，顶板浅部离层增大，虽然采取了加密加长锚索、对离层顶板注浆固化等措施，但是仍不能解决煤层增厚、煤层倾角变大、顶板有淋水造成煤层软化强度降低的实际问题。

（2）现场施工信息反馈不及时，安全施工管理不到位，是造成事故的重要原因。

在该处巷道掘进时已发现异常，虽采取了多项加强支护的措施，但是采取的措施是否真正有效，没有确切依据证明；长锚索是否打到固定的顶板岩石中，锚索密度是否足够，没有质量监督返回的手段和依据；采取的多项支护措施不力。

（3）没有将平巷机头硐室当作重点安全部位，安全监督检查不力也是造成事故的原因。

该处煤层条件发生变化，同时巷道规格大，又是交岔点，但安全检查却没有当成重点对待。事故发生前，也没有对该处进行认真的安全检查。

通过上述原因分析，我们透过现象看本质：

（1）“发现该处顶底板移近量增大，顶板浅部离层增大，虽然采取了加密加长锚索、对离层顶板注浆固化等措施，但是仍不能解决煤层增厚、煤层倾角变大、顶板有淋水造成煤层软化强度降低的实际问题”体现了安全生产责任制落实不到位的问题。

（2）“在该处巷道掘进时已发现异常，虽采取了多项加强支护的措施，但是采取的措施是否真正有效，没有确切依据证明；长锚索是否打到固定的顶板岩石中，锚索密度是否足够，没有质量监督返回的手段和依据；采取的多项支护措施不力”体现了两点问题：岗位风险辨识不清；作业流程错误，发现问题没有及时向上级汇报、评估。

（3）“某平巷交岔口处顶板突然掉落，将5人埋住”反映了作业环境未充分确认即开始工作的问题。

（4）“该处煤层条件发生变化，同时巷道规格大，又是交岔点，但安全检查却没有当成重点对待”体现了手指口述不到位，没有进行充分检查作业的问题。

二、“五述”管理理论要素

（一）岗位职责描述

岗位职责描述来源于安全生产责任制。安全生产责任制是根据我国“安全第一，预防为主，综合治理”的安全生产方针和安全生产法律法规建立的各级领导、职能部门、工程技术人员、岗位操作人员在劳动生产过程中对安全生产层层负责的制度。安全生产责任制是企业岗位责任制的一个组成部分，是最基本的一项安全制度，也是企业安全生产、劳动保护管理制度的核心。煤矿企业中岗位按层级进行划分有很多类，如领导层的岗位有党委书记、董事长、总经理等；部门层的岗位有主任、干事、主管等；生产管理部门的岗位有技术员、水文地质主管、测量主管、区队长等；生产一线的岗位有检修班长、支架工、电气维修工、锚杆机司机、带式输送机司机等。我们所说的岗位职责描述是指哪一类岗位呢？答案是显然的——生产一线的岗位。因为生产一线岗位操作人员直接面对水、火、瓦斯、煤尘、顶板造成的伤害。锚杆机司机除了面对以上危险源外，操作机械也相当危险。锚杆机司机岗位安全生产职责主要有：

（1）司机必须持证上岗，负责当班锚杆机的操作工作。

（2）司机接班后对设备进行全面检查，发现问题及时汇报并按照要求认真填写岗位隐患排查记录。

（3）开机前司机要将集尘箱清理干净。

（4）做好作业前和作业后的安全检查，发现事故隐患立即排除或上报。

（5）锚杆机司机必须严格按照作业规程的有关规定施工。

（6）最后一排支护结束后，探顶煤并标注，及时填写探顶煤记录。

（7）每次循环支护结束后，司机要将警示杆挂在工作面最后一排锚杆处。

（8）每次循环支护结束后，司机要将风筒接到位，保证风筒距工作面不超过作业规程中规定的距离。

（9）风筒的吊挂必须牢固，保持平直并翻边。

（10）当班支护结束后，司机要将锚杆机机上及支护范围内的所有杂物清理干净，并放到垃圾箱内。

（11）调机时除调机司机外严禁锚杆机机上、两侧有人，严格执行调机管理制度。

（12）交接班时，交接清楚锚杆机的运行情况。如不交接或交接不清楚，由本班司机承担责任。

（13）必须掌握本岗位危险源辨识及不安全行为标准，每月及时联系安全部管理人员考核签字。

锚杆机司机岗位安全生产职责全面详细，明确了操作准入资质、锚杆机操作的各种要求。锚杆机具有动能、机械能、电能等能量，这些能量必须严格加以约束，一旦操作失误，极易造成人身伤害事故、财产损失，更可能造成群死群伤的事故。

2013 年 6 月 6 日，习近平总书记就做好安全生产工作再次作出重要指示："接连发生的重特大安全生产事故，造成重大人员伤亡和财产损失，必须引起高度重视。人命关天，发展决不能以牺牲人的生命为代价。这必须作为一条不可逾越的红线。"从安全红线的角度出发，生产一线岗位人员必须做好岗位职责描述，熟练业务技能，拒绝违章作业，守好遏制重特大事故发生的第一道防线。

（二）安全风险自述

在煤矿生产过程中所遇到的灾害来源有很多，如瓦斯、粉尘、地质水害、冲击地压、顶板内在应力、煤的自然发火以及井上下火药库、化学危险物品的储藏等，其中每一项都是危险源。针对岗位工作中的危险源及其存在的风险进行自我陈述，应述尽述、严格落实控制措施，以达到防范风险演变成隐患的目的。

危险源是指可能导致伤害和健康损害的来源(GB/T 45001—2020),包括造成人员伤害、财产损失或环境破坏的来源,是引发事故的根源或状态。危险源的三个基本要素是潜在危险性、存在的条件和触发因素。危险源的潜在危险性是指一旦触发事故,带来危险源可能释放的能量强度或危险物的质量的大小。危险源存在的条件是指所处的物理、化学状态的约束条件状态。危险源潜在的危险性总是与易燃、易爆物质、热能、"三违"等敏感的触发因素相关联。在触发因素作用下,危险源转化为危险状态继而转换成事故。安全风险是安全事故(事件)发生的可能性与其后果严重性的组合。安全风险紧密关联危险源,风险是危险源的属性。

安全风险自述是对煤矿各岗位工种工作过程中的危险源进行识别,对危险源风险及其可能造成的后果进行分析,并采取措施进行超前防范的过程,其最重要的工作是开展安全风险辨识,识别危险源存在的风险。煤矿风险辨识不同于隐患排查,隐患排查是检查已经出现的危险,排查的目的是整改消除隐患。安全风险辨识是明确所有可能产生或诱发风险的危害因素。

开展安全风险自述的目的是对事故风险进行预先控制。风险控制是安全风险自述的核心。风险控制应包括规章制度控制、现场作业控制、设备质量控制、关键节点控制、专业管理控制、安全风险应急处置等。

(1) 规章制度控制。

规章制度是规范现场作业和安全管理行为、强化安全风险控制的基础。健全技术规章制度、加强规章制度修建补废、强化规章制度监督检查是规章制度控制的主要内容。

(2) 现场作业控制。

按标准作业、规范管理是安全风险控制的关键,推进安全生产标准化建设及规范现场作业控制是现场作业控制的主要内容。

(3) 设备质量控制。

设备质量是安全风险控制的重要保障。煤矿需要强化设备管理基础,不断提升设备故障处理能力,严格设备质量源头控制,严格设备质量管理考核。

(4) 关键节点控制。

关键节点控制是安全风险控制的重要环节。该环节需要明确责任,强化调度指挥控制,加强作业安全控制,开展安全专项整治等。

(5) 专业管理控制。

专业管理是安全风险控制的重点。应充分发挥专业管理科室的指导作用、专业技术人员的控制作用,充分履行专业检查评估职能,严格落实安全风险达标考核制度。

(6) 安全风险应急处置。

建立快速反应机制,提升安全风险处置能力。把生产过程中出现的非正常状态作为安全风险管理应急处置的首要目标,科学制定应对措施并及时有效处置,不断提高岗位员工主动防范、消除风险的能力,做到防控关口前移,以达到防止事故发生的目的。

（三）流程标准阐述

流程标准阐述是对工作流程进行有序分步，并阐述每一步的工作标准，以确保工作过程中的安全性。进行流程标准阐述有很多优点，可以从以下两个方面来进行简单的分析。

（1）提高煤矿岗位职工的安全操作水平。煤矿企业的日常工作有两个基本的特征：一是许多岗位的人员经常会变动；二是一些日常工作的基本作业程序相对比较稳定。不同的人，由于不同的成长经历、性格、学识和经验，做事的方式和步骤也会各不相同。即使做事的方式和步骤有相同之处，但做事的标准和度仍会有一些差异，所以必须建立标准，使不同的人按同一个标准工作，才能使安全得到保障。如采煤机单向割煤标准作业按流程步骤依次可分为进刀、割三角煤、割顶煤、移液压支架、割底煤、推刮板输送机等六个步骤。以步骤一“进刀”为例，进刀作业内容“刮板输送机尾端斜切进刀”，作业标准“采煤机机身完全进入刮板输送机直线段”，作业标准明确了作业的尺度，有了作业的标准，岗位工人在操作时就能准确地操作机器，确保工作安全。

岗位流程标准积累了一线工人的丰富经验，本身也是在实践操作中不断总结、优化和完善。煤矿企业通过建立和实施整体的岗位流程标准，必然会提高运行效率。

（2）岗位流程标准对每个作业程序的控制点操作进行了优化，这样煤矿职工按照相关标准来工作，就不会出现大的失误，可以大幅提高煤矿的安全生产运行能力。即使出现失误也可以很快地通过岗位流程标准检查发现问题，并加以改进。同时，有了岗位流程标准，保证了日常工作的连续性和相关知识的积累，也为企业节约了安全管理成本。

（四）作业环境评述

煤矿井下常见的自然灾害有顶板、水、火、瓦斯和煤尘五种，简称“五害”。井下存在的危险化学物质除了瓦斯外，还有一氧化碳、硫化氢等危险气体以及掘进开采使用的雷管、炸药等；巷道顶板与底板由于地压的作用会发生变形、塌陷、凸出等一系列变化，具有造成人员挤压伤害甚至死亡的危险；水具有淹溺的危险；火可以造成毁灭性的伤害；瓦斯达到一定浓度遇见点火源具有爆炸的危险；煤尘会引起尘肺病和引发煤尘爆炸。煤矿岗位工人在工作过程中，要对自然环境进行分析评述，分析其中是否存在安全风险并及时采取风险防范措施。

作业环境评述不仅要分析井下自然环境中“五害”造成的危险，还要分析某些特殊作业过程中，由于作业本身引起的环境变化造成的风险。《煤矿安全规程》第二百五十四条规定，井下和井口房内不得进行电焊、气焊和喷灯焊接等作业。如果必须在井下主要硐室、主要进风井巷和井口房内进行电焊、气焊和喷灯焊接等工作，每次必须制定安全措施。以电焊作业为例，氧气瓶、乙炔瓶作为危险物质运输到井下已经改变了井下的安全态势，电焊过程中产生火花易引发火灾、瓦斯爆炸、煤尘爆炸等，因此必须制定好安全措施。

作业环境评述的工作应贯穿整个岗位工作的全过程，做到全程评述、全范围评述、参与人员全评述。全程评述是指从作业的开始到结束都进行环境风险的评述，掌握环境的动态变化，与相关人员联动，执行好安全防范措施。全范围评述指对作业影响的所有区域进行风险评述，并对受到影响人员及时通报。在作业活动涉及多个人员时，所有人员都应进行作业环境风险评述，确保无一人被遗漏，安全管理不留缺口。

（五）操作手指口述

手指口述主要是根据人们在生产活动过程中易发生遗忘、错觉、精神不集中、先入为主和判断失误等现象，通过实行手指口述来加以进一步确认的做法。据统计，在仅用"手指"时，错误率为50%，在仅用"口述"时，错误率也为50%，而两者并用时，错误率降为33%，可以有效减少操作失误，保证工作质量，实现安全生产。如图1-1所示。

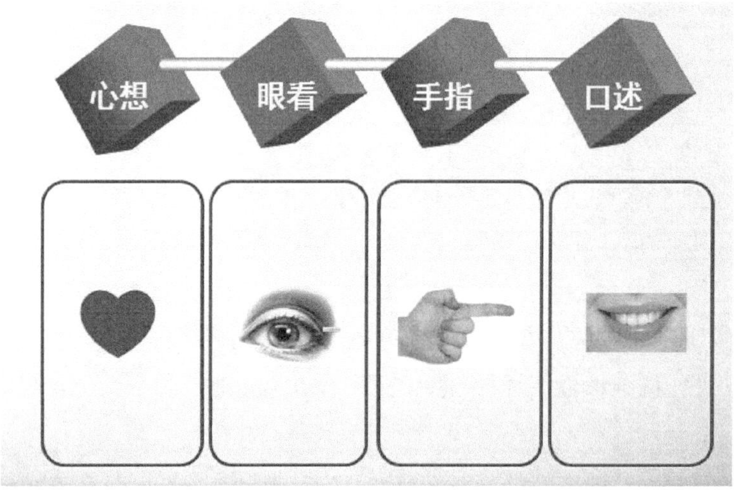

图1-1　手指口述

手指口述是一种通过心(脑)、眼、口、手的指向性集中联动而强制注意的操作方法。手指口述是提升煤矿岗位作业质量、提高职工个人自主能力、确保安全生产的重要手段之一，也是岗位作业文明行为养成的重要基本内容，是行为养成职业化升级的重要途径，是有效地提高全体员工现代文明素养职业化升级的重要途径。

推行手指口述，就是要把现场管理由粗放随意向精细严谨转变，核心是促进员工行为养成升级，培养员工以积极的心态主动预知生产过程中的危险，并能采取合理的方法进行规避。针对作业现场的实际情况和作业者的具体情况，手指口述发挥着重要的作用：

(1) 集中操作者的注意力，促使操作者持久地保持高度或相对高的注意力。

工人在生产劳动过程中，日复一日地从事艰苦且单调枯燥的作业，缺乏挑战性的刺激和新奇引发的兴趣，经常会产生麻痹的心理，会不由自主地分散注意力。手指口述通过手指来引导眼看心想，通过口述来引导耳听心想，通过心(脑)、眼、耳、口、手的指向性集中联动而不断刺激操作者的大脑皮层，强制操作者集中注意力。

(2) 增强操作者的定力和稳定性，使操作者强制自己排斥各种干扰。

人在作业时，有各种各样的干扰因素，包括：生理不适和疲惫劳累造成的体能下降的干扰，心理烦躁和情绪波动造成的心态失控的干扰，对其他人和事的好奇心引发的注意力分散，由噪声、风、潮湿、阴暗等环境因素导致的身心不适和压力导致的分心走神，由贪求安逸或侥幸麻痹驱使的明知故犯的违章。人的定力，是需要长期培养才能形成的一种品质、素质。定力，是一种意念意志控制下的持续性、耐久性、稳定性、坚定性。手指口述保证了本次操作的规范，同时也在培养操作者的定力。

(3) 快速启动作业，使操作者迅速进入作业状态，并把注意力集中在作业状态。

经常会看到这种情况：已经到了开始作业的时间了，岗位人员还慢慢腾腾，迟迟进入不了状态。作业开始时，岗位人员往往心不在焉、心有旁骛。通过手指口述，操作者可以最快的速度把自己的眼、耳、心、身全部集中到操作上来。这既是对安全操作的有效保证，又是提高工作效率的必要手段。

(4) 强化对操作程序的记忆再现，增强作业的系统性、条理性、完整性。

通过手指口述，操作者将系统检查作业环境、逐一检点装备设施、认真稽核必备的材料工具是否符合标准，是否具备确保安全作业、正规操作的条件。让操作在脑海里转一圈，避免了很多注意力的空白、盲区、隔断，防止作业开始后顾此失彼、丢三落四。

(5) 实现记忆的清晰化，提高操作的精确度，明晰作业关键点，减小误差、偏差。

很多错误、失误的发生，往往是由于模糊不清、大概、自以为差不多，结果是“失之毫厘，谬以千里”。对于现场作业来说，绝对不可“求大同、存小异”，绝对不允许“大而化之、广而了之”。难得糊涂是现场操作的大忌讳。作业需要的是一丝不苟、精益求精，细节决定着操作的安全、决定着作业的质量。通过手指口述，操作者能够强制自己严谨作业，实现操作的精确、准确。

(6) 促使操作者严密审慎地分析当前的作业状况，及时准确地作出思考判断。

作业现场情况不断变化，动态的环境条件、人机系统随时需要作业者作出正确的判断和选择。从大量的煤矿事故原因分析看，恍惚、侥幸、烦躁、走神是导致事故发生的最大根源。推行手指口述，旨在以这种方法避免岗位操作者由于看错、听错、想错而导致误操作，以达到规范行为、确保安全的目的。

(7) 使作业者对操作行为和环境更加自信和放心。

生产作业过程中的蛮干冒失是十分有害的。在危险或者责任压力的驱使下，岗位人员对经常从事的操作也会有所疑虑。例如，设备仪表上有很多按键，这一步操作应该按下哪个按键？在精神紧张时，不由自主会怀疑自己的选择是否正确。再如，门已经关闭加锁，但是还是不放心，如果再加上作业环境的孤独恐惧，由惶恐害怕引发的岗位人员失去理性就会影响安全作业。运用手指口述，经过脑、眼、耳、口、手联合确认后的操作，就能够使作业者彻底解除担忧，放心大胆地操作。

(8) 对关键性操作或问题错误多发点的提醒。

有一些操作，即使出现失误也不会造成事故、影响质量，只要多费点力气就可以纠正错误；而有的操作则属于关键性操作，一次误操作就会引起灾难性的后果；还有的操作属于很容易出错的错误多发性操作。如果说对第一种情况的疏忽可以宽容的话，对后两种情况则是绝对不可掉以轻心的。手指口述的操作法，对关键性操作或问题错误多发性的操作给予事前的有效提醒或警戒，在作业过程中逐一步骤地随时予以手指口述监督控制，可以有效地避免事故的发生。手指口述的作用，是许多从事生产劳动的岗位作业者在操作实践中反复证明的，手指口述的必要性和重要性将在岗位安全生产的实际成效中不断显现出来。如同任何操作法都不可能成为安全生产的充分条件一样，手指口述操作法也不是包医百病的"灵丹妙药"，不能认为做了手指口述就万事大吉了。要把手指口述操作法的推行作为岗位操作精细化的起步环节，全方位全过程地实现岗位作业标准化，以确保安全生产，提高作业安全质量。

"五述"管理理论中五个要素不是相互割裂的，而是一个有机统一的整体，各个要素形成了互相包容的形态，你中有我、我中有你。安全责任、风险评估、流程标准、环境识别、手指口述的互相融合，形成了"五位一体"的管理思想。

第二节　"五述"管理与双重预防机制的关系

一、双重预防机制与"五述"管理的内涵和特点

（一）双重预防机制

双重预防机制是构筑遏制安全生产事故发生的两道防火墙。第一道是管风险，通过定性定量的方法把风险用数值表现出来，并按等级从高到低依次划分为重大风险、较大风险、一般风险和低风险，让企业结合风险大小合理调配资源，分层分级管控不同等级的风险；第二道是治隐患，排查风险管控过程中出现的缺失、漏洞和风险控制失效环节，整治这些失效环节，动态地管控风险。安全风险分级管控和隐患排查治理共同构建起预防事故发生的双重机制，构成两道保护屏障，以有效遏制重特大事故的发生。煤矿双重预防机制主要内容可以概括为"一个流程，两个理论，八个部分"。"一个流程"即风险管理流程，是风险-隐患管理体系的运行步骤；"两个理论"即海因里希法则和内外因事故理论，是双重预防机制体系的理论基础；"八个部分"即辨识危险源存在的风险、风险分级、制定管控措施、分级管控、隐患排查、隐患分级治理、隐患复查验收、隐患分析。如图 1-2 所示。

（二）"五述"管理理论

岗位是煤矿企业生产的基本单元，岗位安全是煤矿安全的基础，岗位安全管理也是煤矿安全管理的重要组成部分。煤矿岗位职工要在岗位上对人的不安全行为和物的不

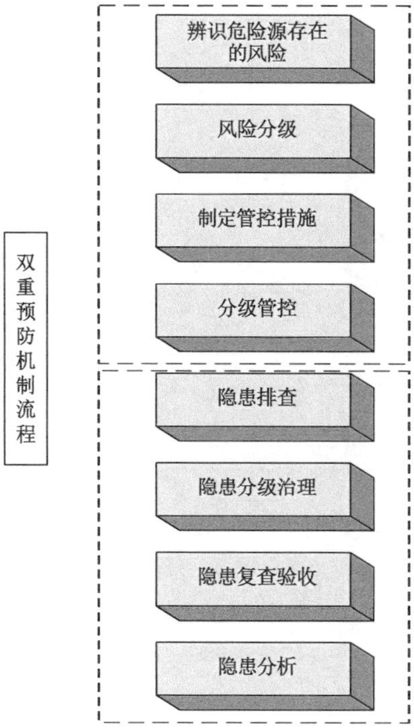

图 1-2　双重预防机制主要内容

安全状态进行管控，最大限度地降低二者出现的频率，就可以实现岗位安全，最终实现煤矿企业的安全。

二、双重预防机制与“五述”管理的关系

如图 1-3 所示，双重预防机制与“五述”管理之间的关系主要表现在以下几个方面。

（一）共同点

1. 目标一致

双重预防机制的建设目标是：从治标为主向标本兼治、重在治本转变，从事故的调查处理向事故的预防、源头治理转变；准确把握安全生产的特点和规律，坚持风险预控、关口前移，全面推行安全风险分级管控；进一步强化隐患排查治理，推进事故预防工作科学化、信息化、标准化，实现把风险控制在隐患形成之前、把隐患消灭在事故之前。建立健全安全风险分级管控和隐患排查治理的工作制度和规范，要完善技术工程支撑、智能化管控、第三方专业化服务的保障措施，实现企业安全风险自辨自控、隐患自查自治，形成政府领导有力、部门监管有效、企业责任落实、社会参与有序的工作格局，提升安全生产整体预控能力，夯实遏制重特大事故的坚强基础。双重预防机制从大局着手，总体目标是保障煤矿安全生产、保障煤矿工人安全。

“五述”管理从小处着眼，抓基层、固根本。煤矿生产工作大部分是由煤矿一线岗位工

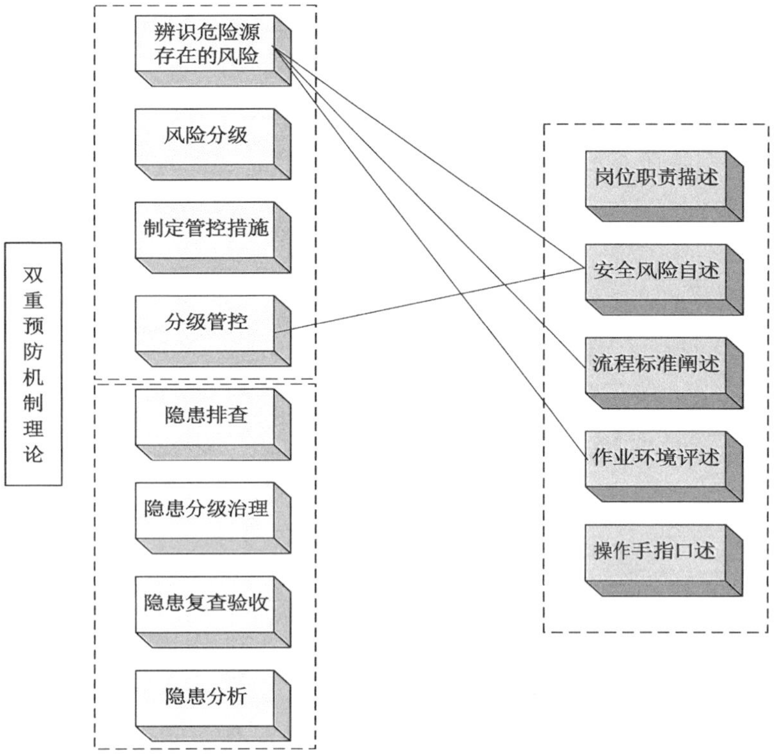

图 1-3　双重预防机制与"五述"管理的关系

人完成,加强对岗位作业人员的安全管理、抓紧生产一线的安全管理就是抓住了安全管理的关键。在井下作业时,每个煤矿岗位工人确保了自身的安全也就是保证了整个矿井的安全。

因此,双重预防机制和"五述"管理的目标是一致的,都是以人民的生命、财产安全为目标。

2. 风险管控原则一致

双重预防机制中风险分为四个等级:重大风险、较大风险、一般风险、低风险,分别由不同层级的人员进行管理,基本上从领导管理层到基层都有管控任务。具体来说就是,矿长管理重大风险,分管领导管理较大风险,区队长管理一般风险,班组管理低风险。有一个重要的原则是上级管控的风险下级必须管控。

"五述"管理中安全风险自述,煤矿岗位人员对岗位风险不仅仅是自述,而且要落实管控责任,岗位存在的风险不是特定等级的风险,各个等级的风险都有可能存在,岗位人员在进行管控责任落实时,都要进行管控。这也落实了一个重要的原则,即上级管控的风险下级必须进行管控。

3. 都重视环境存在的风险

双重预防机制中安全风险分级管控在进行风险辨识时,强调风险辨识的全面性,主要从人的因素、物的因素、环境的因素、管理的因素等四个方面开展辨识工作。如在对环境的因素进行辨识时，主要从室内、室外和地下三方面的作业环境中存在的安全风险进行辨识，主要包括气温、湿度、通风及有害物质浓度等作业条件指标。

“五述”管理中的作业环境评述强调岗位人员对作业环境的风险辨识管控十分必要。如煤矿井下环境中存在瓦斯、一氧化碳、煤尘等危险物质，还有高温、高湿的气候环境，这些因素对人造成的危害各不相同，有的是能立即致命的如瓦斯、一氧化碳等，有的是能导致慢性病的如煤尘、高温与高湿环境。作业环境评述就是要分析井下自然环境和某些特殊作业引起的环境变化造成的风险。

（二）不同点

1. 提出的背景不同

（1）双重预防机制的提出背景

由于多年来高强度的开采，我国煤矿开采条件愈来愈差，煤矿安全事故总量仍然偏大，重特大事故尚未得到根本有效遏制，安全生产形势依然严峻。其他行业的安全生产形势也不容乐观，如2015年8月的天津港爆炸事故、2015年12月的深圳山体滑坡事故。面对严峻的安全生产形势，2015年12月，习近平总书记在中共中央政治局常委会上明确要求，对易发重特大事故的行业领域采取风险分级管控、隐患排查治理双重预防性工作机制，推动安全生产关口前移。2016年，李克强总理批示“加快建立安全风险预控管理体系”。同年，《中共中央国务院关于推进安全生产领域改革发展的意见》中再次明确：建立安全预防控制体系，加强安全风险管控、强化企业预防措施、建立隐患治理监督机制。

（2）“五述”管理的提出背景

“五述”管理理论源于对事故的总结分析。笔者长期深耕于煤矿安全生产管理领域，有着丰富安全生产管理经验和事故调查处理的实践积累，通过对我国2008—2018年11年间的矿难进行统计研究，总结出煤矿事故发生的规律——瓦斯事故为煤矿安全的“第一杀手”，其次为透水事故；引起安全事故的直接原因主要有设备缺陷、生产布局不合理、报警信号缺失、个人防护用品缺少、违章作业等；间接原因主要有安全教育欠缺、监督管理不力、安全投入不足等。笔者通过运用分层法、控制图法、时间序列分析、显著性分析等方法研究煤矿安全事故诱发的原因，总结事故致因机理，结合岗位人员管理，最终提出了“五述”管理理论，以提升煤矿的安全生产管理水平。

2. 参与人员不同

（1）双重预防机制的参与人员

风险是随机变化的，是多种多样的，可以存在于煤矿企业生产的各个角落，涉及各个环节，还有一定的突发性、隐秘性和复杂性。要及时发现和管控每一个风险，就需要全流程、全环节的实时监控，需要每一个员工的参与，只有这样才能确保风险的全面识别。尽早发现和管控风险，才能将损害的程度降到最低。因此安全风险辨识和隐患排查需要全员参与。全员参与保证了风险隐患信息收集的多角度、多层次。双重预防机制建设要求制订方案,成立领导小组,落实领导责任,厘清各级单位的任务规划,从任务性质可将参与人员划分为直接辨识排查参与者、审核者、审批者。强调范围为所有人都参与进来,包含承包商和外来人员。强调全员参与风险辨识,全员参与隐患排查,全员参与风险管控。

(2)"五述"管理理论的参与人员

从"五述"管理中的手指口述可以看出,"五述"管理的参与人员主要是现场岗位人员;"五述"管理是强调岗位人员在现场作业如何确保安全的生产理论,它并不强调人人参与。岗位人员是"五述"管理的直接参与者、应用者、受益者。在"五述"管理中有直接参与者和间接参与者,岗位人员就是直接参与者。从岗位职责描述中可以看出,岗位职责是行政管理部门根据安全生产法律法规结合岗位生产任务实际制定的,所以行政管理部门是间接参与者;从安全风险自述中可以看出,安全管理部门参与风险的审核审定,所以安全管理部门也是间接参与者;从作业环境评述可以看出,机电、通风等专业职工间接参与了"五述"管理工作,所以这些专业的职工也是间接参与者。通过上述分析可知,"五述"管理属于部分人员参与的安全管理方法。

3. 管理模式不同

(1)双重预防机制管理模式

双重预防机制的管理模式是PDCA的模式,通过这个模式,双重预防机制在运行过程中可以不断进行持续改进,优化整体和部门的流程,使其在企业中具有长久的生命力。

为实现双重预防机制的目标,要成立双重预防机制建设机构、明确建设工作目标、确定双重预防机制建设覆盖范围、制订双重预防机制建设总体计划、将双重预防机制建设目标与企业的绩效考核挂钩,按照PDCA循环明确计划(Plan)、实施(Do)、检查(Check)、处理(Act)四个阶段的工作内容。如图1-4所示。

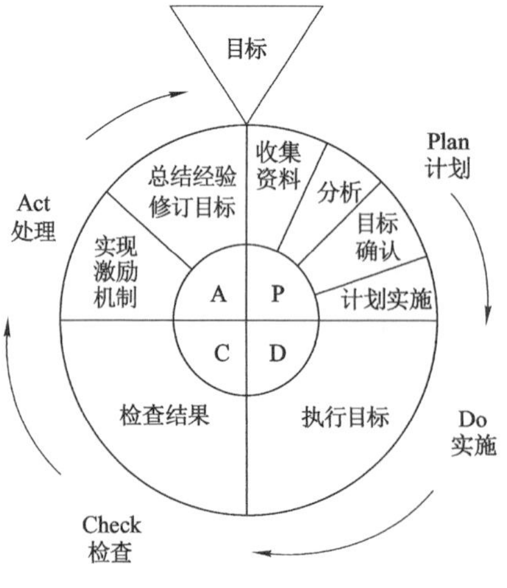

图1-4 PDCA模式

计划：双重预防机制建设策划阶段，要成立强有力的双重预防机制建设推贯组织机构，企业负责人、各部门负责人都加入领导小组，按照双重预防机制建设目标倒排工作计划。通过多种宣传方式包括文件、板报、绘画、网络等对职工进行宣传，结合形式多样的培训手段，发动全体员工积极参与双重预防机制建设。企业各部门密切合作及全体员工共同参与，结合现有的部门职能分工合理分配双重预防机制建设的具体任务。企业负责人和各部门负责人牵头，按照双重预防机制建设要求完善基础工作，如开展双重预防机制知识培训、实施风险辨识与评估、组织专人编制适合企业实际情况的双重预防机制执行文件，编制管理工作标准指导安全生产管理工作、编制作业指导书指导生产作业活动。企业指导员工将双重预防机制文件要求切实地和日常工作联系在一起，及时填写各种安全记录表、检查表等。

宣传教育见实效，通过企业各处宣传栏、资讯发达的内部网络平台，让员工、承包商及相关公众能够方便地获取企业双重预防机制建设的最新信息。也可邀请专业的辅导机构对企业员工进行不同层次的双重预防机制教育培训，并对培训效果进行考核，使员工从思想上认识到双重预防机制的重要性，把双重预防机制建设融入日常工作中。

双重预防机制执行文件要易操作，组织企业的专业骨干基于风险评估合理分配有限资源、优化人机组合，通过系统工程的方法把原来分散的、零乱的、临时的优秀做法集合起来，总结提高使这些做法系统化、规范化、标准化，使得上下工序更有机地结合起来，制定适合企业的双重预防机制执行文件，不因机构变动、人员更换而影响整个企业双重预防机制的运作。

实施：双重预防机制建设的执行阶段，按照“一切按执行文件工作，执行文件指导一切”的原则，执行企业根据双重预防机制要求建立起来的相关标准、制度、规定和支持性记录、表格等文件，通过风险评估、工作标准、作业指导书等手段把双重预防机制要求融入普通员工的日常工作中。外部协作人员在企业双重预防机制运作中的作用越来越大，双重预防机制中很多执行任务需要外部协作人员配合完成。双重预防机制是围绕安全生产目标运作的，在企业范围内要实行统一的安全生产管理要求，通过多种渠道提高外部协作人员的安全意识，保持管理标准的一致性。

检查：双重预防机制建设的检查阶段，依据年度工作计划，通过自查或邀请外部专家或学术机构检查的方式，采取专业检查或综合检查的手段，对双重预防机制建设具体任务的依从性进行评估。总结具体任务执行依从性高的工作经验，提高工作效率。分析具体任务执行依从性低的原因，提出改进措施，明确整改负责人和整改时间，推动双重预防机制建设的整体提高。

处理：双重预防机制建设的改进阶段，通过定期的内部审核或外部审核，组织安全生产管理专家对企业双重预防机制建设的整体效能进行评估，发现双重预防机制建设的亮点和改进机会，推动双重预防机制建设水平不断提高。双重预防机制是一个闭环管理、持续改进的系统，每个具体任务和每项工作既相互独立、分工明确，又互相联系整体效能，都是通过一个完整的PDCA循环，来达到整体效能最大化的共同目标。推行双重预防机制，让员工明白自己岗位的风险管控流程和隐患排查治理方法，明白自己在双重预防机制运作流程中的位置和作用，明确知道工作的验收标准。

（2）“五述”管理描述

“五述”管理属于C管理模式理论。管理是指从管理思想、管理理论、管理原则、组织结构（包括职能结构、部门结构、责权结构）、运行机制及运行方式，到管理技法、管理工具的整个管理体系的总称。模式，是指某种事物的结构特征与存在形式。管理模式指管理所采用的基本思想和方式，是指一种成型的、能供人们直接参考运用的完整的管理体系，通过这套体系来发现和解决管理过程中的问题，规范管理手段，完善管理机制，实现既定目标。

所谓C管理模式，就是构建一个以人为核心，形神兼备、遵循宇宙和自然组织普遍法则，能够不断修正、自我调节、随机应变的智慧型组织，并将中国特色安全管理理念与现代管理学相互融合，进行企业人性化管理的一种新型企业组织管理运营模式。它是继金字塔型机械式组织（A管理模式）、学习型扁平式组织（B管理模式）之后出现的第三种组织模式。它是在西方先进的现代管理学的基础上融入了中国特色安全管理理念的组织类型，因而取“CHINA”的第一个字母“C”，为这种类型命名为“C管理模式”。“以人为核心”是构建智慧型组织的基本，是C管理模式的关键。

从“五述”管理的内容进行分析研究得出的结论是，“五述”管理的核心在于管理人。煤矿井下生产作业一切都以人的安全为中心，没有“人”的安全可以说就没有煤矿的安全，同时煤矿的安全又依靠“人”本身进行管理，煤矿岗位人员作为生产一线的工作者是把握煤矿安全生产的关键因素，因此做好“人”的文章就是做好煤矿企业的安全生产。图1-5直观地展现出“人”是关键因素。

图1-5　管理的核心

“五述”管理中人是核心，通过心、脑、手、口的相互合作，完成五个要素的工作安全确认，五个要素中各个要素是可以同时进行的，在安全风险自述、流程标准阐述、作业环境评述中可以运用操作手指口述，通过各要素的相互配合形成“五位一体”的理论格局。“一体”是指人，“五位”是指五个要素。

4. 应用行业领域不同

在《国务院安委会办公室关于实施遏制重特大事故工作指南构建双重预防机制的意见》(安委办〔2016〕11号)中规定，各地区要指导推动各类企业按照有关制度和规范，针对本企业类型和特点，制定科学的安全风险辨识程序和方法，全面开展安全风险辨识。企业要组织专家和全体员工，采取安全绩效奖惩等有效措施，全方位、全过程辨识生产工艺、设备设施、作业环境、人员行为和管理体系等方面存在的安全风险，做到系统、全面、无遗漏，并持续更新完善。强调的是各类企业，即所有行业企业都要开展双重预防机制建设。

“五述”管理理论是由煤矿企业安全管理人员根据我国煤矿历年事故案例进行统计分析，结合自身的安全管理经验总结的理论体系，目前只适应于煤矿领域。

5. 性质不同

《中华人民共和国安全生产法》把保护人民生命安全摆在首位，进一步强化和落实生产经营单位主体责任，要求构建安全风险分级管控和隐患排查治理双重预防体系；进一步明确地方政府、应急管理部门和行业管理部门相关职责；进一步加大对安全生产违法行为的处罚力度，提高违法成本。双重预防机制已入法，成为法律，“五述”管理属于安全管理理论。这是两者现阶段最大的不同。

第三节　“五述”管理与岗位作业流程标准化的关系

一、岗位作业流程标准化与“五述”管理的内涵特点

岗位作业流程标准化是为确保生产作业过程中人身安全、设备稳定而对操作岗位的员工提出的作业行为规范。以规范化、流程化、程序化管理为重点，以科学技术、法律法规、规章制度和实践经验为依据，将每个岗位涉及的工艺技术、安全操作、设备维护点检等作业内容进行系统的优化整合，优化作业方法和管理程序，改善作业过程，改变不良作业习惯，规范作业人员的行为，有效控制危险源、环境因素，全面提高操作质量。做到管理有章法、工作有程序、动作有标准，强化职工标准化作业意识，杜绝非标准化作业现象的发生，达到作业科学化、规范化、标准化。

(一) 岗位作业流程标准编制

岗位员工按本岗位作业流程标准完成本职工作，同时保证自身和他人的人身安全、健康；保证设备得到正确维护并稳定运行；保证工作质量、现场环境卫生符合要求。编制出易于作业人员掌握、高效作业的岗位作业标准，既是基础管理的难点，也是基础管

理的重点。

（二）全面细致的作业活动分析

涉及岗位作业流程标准作业活动的分析一般应包括作业流程分析、相关工序（或工种）联合作业分析、作业动作分析等。岗位作业流程标准作业活动分析中，应充分考虑危险源风险辨识结果、应急预案策划结果、设备操作（正常操作和检修前、中、后的操作）、维护保养要求等，将该岗位从接班到交班全过程、所有可预见情况（正常、异常、紧急等）的作业要求全面包含，找出每个作业步骤的关键环节（点），对作业结果有重大影响的作业步骤描述应尽可能量化、精炼、准确；每个作业步骤都要考虑“怎么做，做到什么程度”。

（三）收集岗位作业流程标准化制定材料

确定具体起草标准的人员获取有关法律法规、标准、规程及相关文件或资料的途径，并及时提供现行有效版本。起草人员充分获取适用的有关法律法规、标准、规程等，将必要的适用性条款转换为岗位作业标准化内容；涉及重要的工艺技术和设备，起草人员充分获取必要的技术文件和设备使用维护说明书等文件资料，将关键的技术要求融入岗位作业标准内容；起草人员充分获取以往相关各类事故案例，将防止事故重复发生的重要措施转换为岗位流程标准化内容。

（四）岗位作业流程标准化的主要内容

岗位作业流程标准化的主要内容大致为：岗位职责，接班要求，正常作业的程序和方法（一般包括作业、操作步骤，工艺参数的控制和调整，岗位设备点检要求，设备操作、维护方法，安全注意事项等），采煤设备检修前、中、后岗位人员的配合操作，异常和紧急情况的处理程序和方法，重要的设备，工艺技术参数，交班要求，附件，必要的记录。

岗位流程标准化建设须科学划分作业步骤，统一作业内容，明确作业标准、安全标识提示等，其核心是对作业环节的关键点进行细化和量化，从而使煤矿岗位员工清楚明了地掌握作业步骤、作业内容、作业标准、作业人员、作业表单、相关制度、安全提示等内容。

（五）岗位作业流程标准化能达到的预期成果

岗位作业流程标准化能达到的预期成果有以下四个方面：

一是可大幅度减少“三违”，提高安全保障水平。岗位作业流程标准化明确了作业中的风险与安全的防范措施和作业标准，与现场安全管理、风险预控管理相结合，为生产现场安全管理提供了有力支撑，作业人员严格按照标准流程作业，工作有章可循，有效避免了“三违”和不安全行为的发生，煤矿事故率也明显下降。

二是提高生产效率，降低生产成本。岗位作业流程标准化涵盖了生产现场的组织和设备的维护两个方面，优化了作业顺序，减少了不标准的操作，促进了良好习惯的形成和规范的作业，实现了精益生产，提高了生产效率，保证了安全生产；同时，减少了设备损坏和材料的浪费，降低了生产成本，并规范了设备操作和维护的标准，保证了设备的完好和系统的可靠，切实降低了设备的故障率，提高了设备的完好开机率，充分利用了系统、资产的效能。

三是缩短培训周期，提高岗位技能。如在没有应用岗位作业流程标准化前，培养一名成熟的支架工最少需 4 个月的时间，而应用岗位作业流程标准化后，最多 2 个月一名支架工就能独立顶岗。

四是固化经验技能，提升技术水平。岗位作业流程标准化把生产作业人员积累的先进技术和经验形成规范，并予以固化，避免了技艺流失，同时消除了技艺不能广泛应用的壁垒，实现了技术、经验的资源共享，避免了因专业技术人员、熟练岗位人员的流动而给企业生产带来的影响。标准作业流程便于员工之间实现技术共享，为培养“一岗多能”的复合型人才提供有效的平台。

岗位作业流程标准化是进一步提高安全生产水平的有效手段，其通过规范人的行为，有机融合了生产现场人、机、环、管等主要因素，有效地减少了“三违”，对预防事故发生、促进煤炭企业健康可持续发展具有特殊的重要意义。

“五述”管理的内涵特点已在前文表述，在此不再赘述。

二、岗位作业流程标准化与“五述”管理的关系

岗位作业流程标准化和“五述”管理具有相辅相成的关系。图 1-6 和表 1-1 是掘进机司机岗位作业标准化流程。

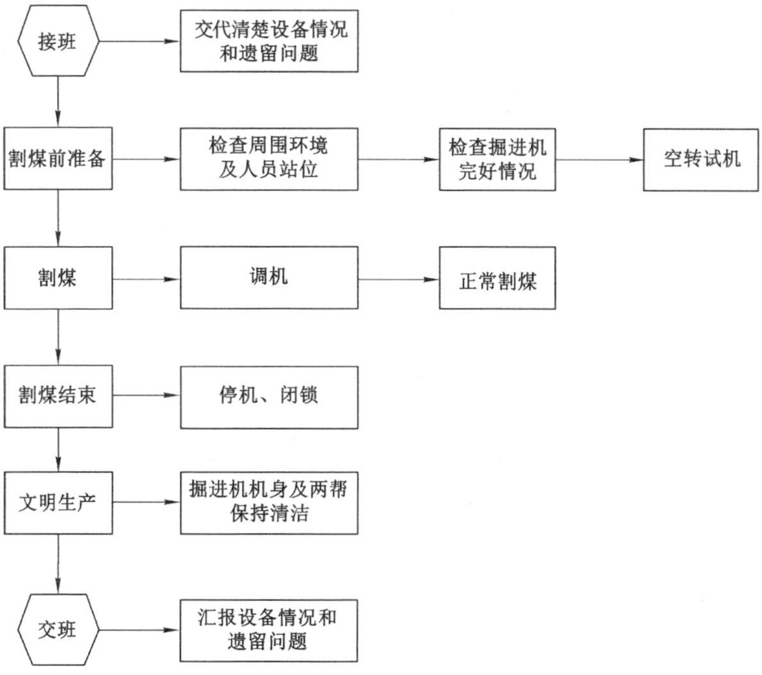

图 1-6 掘进机司机岗位作业标准化流程图

表 1-1　掘进机司机岗位作业流程标准和作业标准

序号	流程标准	检查内容	风险辨识与隐患排查项目	作业标准
1	接班	1. 了解和掌握上班设备运行情况及遗留问题。 2. 检查作业范围内巷道支护质量。 3. 检查作业准备情况	1. 检查迎头工作范围内的顶帮支护质量，检查控顶距是否符合规程要求。 2. 检查作业环境是否符合作业要求	1. 顶帮支护到位，无安全隐患。 2. 了解掘进机上班运行情况，如发现上班遗留问题，处理后方可开机。 3. 工具配备齐全，存放地点明确。 4. 接班时对掘进机照明、电铃、油位、截割部位等进行认真检查，发现问题及时处理。 5. 风筒、瓦斯探头吊挂位置合理，管理吊挂整齐，发现问题及时汇报跟班队干
2	割煤前准备	1. 量取中腰线。 2. 查看周围环境。 3. 空载试机	1. 检查巷道中腰线是否符合要求。 2. 检查工作面最大控顶距是否在作业规程范围内；检查顶板、巷道两边及司机座席上方的支护情况。 3. 检查喷雾系统、冷却系统、照明系统是否完好，水质、水压、流量是否符合规定，喷水管路、喷嘴是否畅通，瓦斯浓度是否超限。 4. 检查机道或周围影响范围内人员是否全部撤离	1. 激光指向正确，中腰线误差在允许范围内。 2. 掘进机操作范围内确保无人，发出预警信号后开机。 3. 掘进机系统各部件灵敏可靠，运转正常。 4. 若瓦斯浓度超限，立即停机，汇报当班跟班队干，即时处理
3	割煤	1. 开启防尘。 2. 割煤。 3. 安全检查。 4. 观察运行情况，确认人员站位。 5. 调机	1. 检查司机是否按照作业规程要求截割，截割质量是否符合要求。 2. 检查机组及喷雾雾化效果是否完好。 3. 检查瓦斯探头吊挂位置是否合理有效，瓦斯超限时是否汇报跟班队干。 4. 检查割煤过程中确保工作范围内是否有人员	1. 随时观察顶帮及设备运行情况，发现问题及时汇报处理。 2. 按照作业规程要求截割，顶帮要割平、割煤中不得出现超欠现象。 3. 有大块煤矸时要立即停机，处理后方可开机，上山掘进坡度超过15°时，要在机组操作台前方安装挡矸板。 4. 副司机与主司机紧密配合，随时观察机组运行情况及瓦斯浓度，发现异常及时停机汇报跟班队干。 5. 割煤时人员严禁进入转载机头内。 6. 发现大块矸石及异常情况立即停机。 7. 调机时提前发出预警信号，确认后方人员站位

表 1-1(续)

序号	流程标准	检查内容	风险辨识隐患排查项目	作业标准
4	割煤结束	停机	1. 检查切割头是否落地盖好，机组隔离开关是否打到零位。 2. 检查掘进机退后距离是否符合要求。 3. 检查机组各类喷雾是否关闭。 4. 检查责任区域内文明卫生是否达标	1. 按要求关闭机组及各类喷雾。 2. 掘进机一运、铲板必须开空。 3. 机组停至指定位置，停机切断电源。 4. 切割头落地，盖好防护罩，机组隔离开关打到零位

（一）岗位作业流程标准化与“五述”管理的共同点

岗位作业流程标准化和“五述”管理都是立足于以人为本的安全发展理念，以管控岗位作业风险、排查治理作业过程隐患和规范管理员工岗位操作为基本要求，根据不同岗位制定针对性的作业流程标准。

岗位作业流程标准化和“五述”管理都是立足于岗位这个企业安全管理的基本单元，着眼于加强管理和素质提升，以辨识管控岗位作业风险为前提，以排查治理作业过程中隐患为重点，以规范管理员工岗位操作为目的，使员工熟知岗位知识和操作技能、掌握作业条件和环境变化，达到提升员工素质、遏制重特大事故发生的目标。

（二）岗位作业流程标准化与“五述”管理的不同点

岗位作业流程标准化重点强调在标准化，是落实《煤矿安全生产标准化管理体系基本要求及评分方法(试行)》的手段。岗位作业以完成生产任务为目标，不同的员工对工作的理解不同，对作业的步骤划分也不尽相同，执行的安全标准也不同，最终形成了“百家争鸣”的局面，不利于作业活动的顺利安全开展。岗位作业流程标准化将煤矿生产中各个岗位的作业进行明确的步骤划分，使作业活动的每个阶段有了清晰的界限，并开展相应的风险辨识和隐患排查工作。以作业流程为主线开展工作，直至作业流程结束。以作业开始为初始阶段，以作业完成为结束阶段，岗位作业流程标准化是一个条理清晰、有机的整体。

“五述”管理由岗位职责描述、安全风险自述、流程标准阐述、作业环境评述、操作手指口述等五大要素组成。“五述”管理不是一个明确的流程性的管理理论。首先要做的岗位职责描述，在开展流程标准阐述时，可以穿插安全风险自述、作业环境评述、操作手指口述，是一个相互结合的过程理论，亦可以在进行安全风险自述时结合其他要素。

岗位作业流程标准化包含隐患排查治理，“五述”管理重点强调风险的辨识与控制。

第二章　煤矿岗位事故案例分析的重要意义

案例分析法(Case Analysis Method,CAM)又称个案研究法,是由哈佛大学于1880年开发完成,后被哈佛商学院用于培养高级经理和管理精英的教育实践,逐渐发展至如今的"案例分析法"。通过使用这种方法对员工进行培训,能明显地增加员工对公司各项业务工作的了解,培养员工间良好的人际关系,提高员工解决问题的能力,增强公司的凝聚力。案例分析法又指结合文献资料对单一对象进行分析,得出事物一般性、普遍性的规律的方法。

第一节　对双重预防机制的重要意义

案例分析法,就是利用以真实的事件为基础所撰写的案例进行课堂教学的过程,让学员对案例进行分析、讨论,充分表达自己的见解,以达到高层次认知目标的一种启发式教学方法。案例分析法的事故案例往往取自发生在学员身边的真实事件,是煤矿职工用鲜血与生命换来的沉痛教训,通过对事故进行重现,给培训员工以身临其境的感觉,这种实际发生的事件是学员最好的老师,它将活生生的事实呈现在大家的面前,作用于大家的感官,使之由感性认识通过大脑的分析、思考上升为理性认识,也符合认识的客观规律,易被受教育者接受。

通过案例分析法可以促进和完善双重预防机制的运行和建设。案例分析法是一种教育和学习安全经验的方法。

当出现事故时,按照事故的大小成立不同层级的调查组。根据《生产安全事故报告和调查处理条例》(国务院第493号令)第十九条规定,特别重大事故由国务院或者国务院授权有关部门组织事故调查组进行调查。重大事故、较大事故、一般事故分别由事故发生地省级人民政府、设区的市级人民政府、县级人民政府负责调查。省级人民政府、设区的市级人民政府、县级人民政府可以直接组织事故调查组进行调查,也可以授权或者委托有关部门组织事故调查组进行调查。未造成人员伤亡的一般事故,县级人民政府也可以委托事故发生单位组织事故调查组进行调查。对于事故的调查分为几个阶段,包括:准备阶段(即成立调查组)、调查取证阶段(即现场勘查、物证提取、书证收集等)、分析阶段(即事故原因分析、认定性质、责任分析、责任追究、防范措施等);处理阶段(即调查报告提交与批复、调查报告公布、档案管理、评估核查等)。煤矿职工进行案例分析时学习的重点内容是分析阶段的各项工作。

一、事故原因分析对双重预防机制的重要意义

事故原因分为直接原因和间接原因。直接原因即与事故发生具有关系的因素(人的不安全行为和机械、物质或环境的不安全状态)。间接原因即使直接原因得以产生或存在的因素(技术或设计缺陷、劳动组织不合理、教育培训不够、规程缺失或缺陷等)。在案例分析中最重要的是找到事故发生的原因,也就是根源(即危险源)。

在双重预防机制建设中风险分级管控是做好安全管理的第一道墙。找到危险源是风险分级管控中的第一步棋,也是最重要的一步,找不到危险源就无法开展下一步工作。通过对危险源的风险辨识可制定相应的控制措施,并进行分级管控。在案例分析中对事故原因的分析,就是对风险分级管控工作的促进和加深,能够使职工熟练地找到危险源并加以评估和控制。它的最大意义在于,煤矿职工在遇到类似情况或开展相同作业时,能够及时采取最快的方法控制风险,使作业的危险性降低,确保自身和他人的安全。

二、责任分析对双重预防机制的重要意义

事故责任按照责任主体的不同,一般划分为直接责任和领导责任。领导责任又分为主要领导责任和重要领导责任。双重预防机制建设中,案例分析对于责任分析的意义在于,在风险管控和隐患排查治理中都明确了不同层级的管控人和排查治理人员。众所周知,重大风险由企业负责人管控、较大风险由分管领导或部门领导管控、一般风险由基层单位负责人管控、低风险由班组员工管控,同时上级管控的风险,在下级所属的责任范围内,下级也要同时管控。风险控制措施一般分为五种:管理(行政)类措施、技术措施、学习教育措施、个人防护措施、应急处置措施。某一项作业的风险控制措施是上述五种措施的任意组合,措施的落实依靠不同的人员完成。

三、责任追究对双重预防机制的重要意义

双重预防机制的良好运行,需要依靠制度的保障。在双重预防机制建设期,企业一般会建立各种制度,其中考核制度是确保双重预防机制稳健长远运行的有效手段。当风险管控或隐患排查治理不到位时,管理部门会对责任人进行考核。企业内部考核是依据公司内部的相关制度、章程对责任人进行相应处罚,一般以经济处罚为主,辅以记过、降职等。相较于事故责任追究,处罚力度较小。

案例分析中责任追究的对象包括事故企业、技术服务机构、监管机构,也包括相关人员。在进行责任追究时,充分考虑企业性质、有证据能够证明的主要错误或过失行为、因果关系、情节与动机(故意、放任、过失、不可预见)。处罚力度包括轻、重两种:轻——行政处罚、行政处分;重——司法机关追究刑事责任。当事故出现时,开展责任

追究工作一般以国家的法律法规为准绳，主要依据包括《中华人民共和国刑法》《中华人民共和国安全生产法》以及行业法律法规等。

双重预防机制中主要涉及三个责任主体，即：风险管控人、隐患排查人、隐患治理责任人。通过责任追究制的学习，能够有效增强管控人、排查人、治理人的法制意识，有效减少三个责任主体的渎职、失职行为，加强三个责任主体的危机感，使其认真落实主体责任，遏制重特大事故的发生。

四、防范和整改措施的落实对双重预防机制的重要意义

"安全第一，预防为主，综合治理"是我国安全生产工作的基本方针。安全事故发生后坚持"四不放过"原则，即：事故原因未查清楚不放过、责任人员未处理不放过、防范和整改措施未落实不放过、有关人员未受到教育不放过。其中防范和整改措施未落实不放过的原则也是对"预防为主"方针的落实。俗话说"亡羊补牢，未为迟也"，在事故后要从管理上和硬件上扎牢篱笆，防止"羊"再次丢失。事故案例中防范和整改措施包括安全技术措施和安全管理措施。

（一）防止事故发生和减少事故损失的安全技术措施

（1）消除危险源。通过选择合适的工艺、技术、设备设施和合理的结构形式，选择无害、无毒或不能致人伤害的物料来彻底消除某种危险源。

（2）限制能量或危害物质。减少和降低用量，防止能量积蓄，安全释放能量。

（3）隔离。按照被保护对象与可能致害对象的关系将工作区分为隔开区、封闭区和缓冲区。

（4）设置薄弱环节。利用事先设计好的薄弱环节，使事故能量按照设计者的意图释放，防止能量作用于被保护的人和物。

（5）设置安全监控系统和安全警示标识。安全监控系统可以早发现事故早救援，获得事故发生发展的数据，利用各种安全警示标识，提示人员哪些是危险和被禁止的，哪些是安全和要遵守的。

（6）设置避难和救援。当事故发生时和发生后，避难是人员暂时躲避灾难免遭受伤害、赢得救援时间、安全迅速撤离、实施迅速救护的有力保障，是减少事故人员伤亡和财产损失的有效措施。

（二）防止事故发生和减少事故损失的安全管理措施

（1）加强主要负责人的安全责任意识和落实法律责任，完善本单位安全管理机构和配备安全管理人员，健全和落实安全生产责任制。

（2）加大安全费用投入和安全教育培训力度，制定安全管理制度和操作规程，保证本单位安全生产投入有效实施。

（3）督促和检查安全生产工作，及时消除安全隐患，存在重大危险源的单位应制定

事故应急预案并组织培训和演练，提高员工的防范意识，避免安全事故的发生。

(4) 认真落实安全生产标准化规范。排查治理隐患和监控重大危险源，建立预防机制，规范生产行为，使各生产环节符合有关安全生产法律法规和标准化规范的要求，人、机、物、环处于良好的生产状态，不断加强企业安全生产规范化建设。

煤矿岗位事故案例分析涉及各个层面，包括调查人员组织、事故描述、原因分析、防范措施制定、事故处理等，这些工作能够促进双重预防机制开展、运行、考核，特别是防范措施的制定原则对风险管控有很好的借鉴意义。

第二节 对“五述”管理的重要意义

煤矿岗位事故案例分析是一个教学培训方法。煤矿岗位事故案例一般由真实的、最新的和相对有代表性的案例构成。在案例的选择上一般有以下要求：

(1) 煤矿岗位事故案例要真实。真实是对案例分析的基本要求，不仅整体案例要是真实发生的，部分细节也不能虚构。

(2) 案例选择要有代表性。煤矿岗位事故案例选择要有代表性，不在于数量的多少，而在于案例的全面，能够覆盖煤矿安全事故的所有类型。

(3) 案例选择紧贴岗位安全需求。煤矿事故产生的原因包括不可抗力因素(亦可表述为自然灾害)和人为因素。应重点选取人为因素的事故案例，特别是在工作中岗位发生的事故案例。

(一) 集中教学、专家指导开展煤矿岗位事故案例分析对深化“五述”管理的作用

事故案例分析极具有针对性，紧贴安全生产岗位实际，能够分析出岗位人员在生产过程中存在的风险隐患。由负责培训的教师组织煤矿岗位员工开展集体教学工作。通过案例教学中使用的多种教学设备，包括投影仪、道具等，使煤矿一线生产岗位人员能够身临其境地进行学习。最重要的是可以模拟操作，模拟某项作业并开展“五述”管理，同时分析该过程中存在的问题。教师指导学员正确的操作方法，学员可就此学习到相关经验。

(二) 煤矿岗位事故案例中关于追责处罚的内容对岗位职责描述的重要意义

追责处罚有利于促进煤矿企业职工对岗位职责的履行。《生产安全事故罚款处罚规定(试行)》第一条：为防止和减少生产安全事故，严格追究生产安全事故发生单位及其有关责任人员的法律责任，正确适用事故罚款的行政处罚，依照《安全生产法》《生产安全事故报告和调查处理条例》的规定，制定本规定。处罚案例：对一起顶板事故的处罚。吴××，三采区安全员，事故当班井下安全员。违反《××矿三采区切眼清理支护安全技术措施》规定，未到事故班组现场监督、指挥 301 工作面切眼清理支护工作，缺岗现场安全管理，对事故的发生负有重要管理责任，依据《安全生产违法行为行政处罚办

法》第四十四条的规定，由××煤矿安全监察局对其处5 000元人民币的罚款。通过处罚警示警告，确保煤矿职工能够绷紧安全生产这根弦，不触碰安全生产的红线，做到履职尽责，切实做好安全生产工作，落实安全生产主体责任。

（三）煤矿岗位事故案例中对事故原因的分析能够促进"岗位风险自述"中关于风险的辨识

事故调查分析必须要查明事故发生的时间、地点、原因、过程和损坏程度，确定事故的主要责任、次要责任。安全事故是指生产经营单位在生产经营活动（包括与生产经营有关的活动）中突然发生的，伤害人身安全和健康，或者损坏设备设施，或者造成经济损失的，导致原生产经营活动（包括与生产经营活动有关的活动）暂时中止或永远终止的意外事件。酿成安全事故发生的原因主要有人的不安全行为、物的不安全状态、管理上的缺陷和不安全的环境因素四个方面。

（1）人的不安全行为：指操作错误、忽视安全、忽视警告，造成安全装置失效；使用不安全设备；手代替工具操作；冒险进入危险场所；攀、坐不安全位置；在必须使用个人防护用品用具的作业或场合中忽视其作用；不安全装束；物体存放不当；对易燃易爆等危险物品处理不当或错误操作；有分散注意力的行为；机器运转时维修、清扫、加油等。

（2）物的不安全状态：指防护、保险、信号等装置缺乏或有缺陷，设备、设施、工具、附件有缺陷或强度不够，如机械强度不够、电气设备绝缘强度不够等；设备在非正常状态下运行，如设备带"病"运转、超负荷运转等；维修、调整不良，如设备失修、保养不当等；个人防护用品缺乏或不符合安全要求。

（3）管理上的缺陷：指技术和设计上缺陷，安全生产培训教育不符合要求，人员安排不当、劳动组织不合理，没有安全生产管理规章制度和操作规程或者不健全，没有事故防范和应急措施或者不健全，对事故隐患整改不力，安全投入不足等。

（4）不安全的环境因素：指照明不足，通风不足，温度、湿度不良，过度噪声，作业场所杂乱、狭窄，地面湿滑，消防疏散不良等。

通过上述分析可知，风险来自事故原因，即人、物、环、管。厘清了事故原因，才能防范和控制风险，防止风险演变成事故。

煤矿岗位事故案例是将不同事故处理的零散经验教训进行整合，形成一系列的安全防范措施，使职工在遇到类似或相似的作业或问题时能够安全可靠地进行处置。

第三章　一般安全事故分析方法

对事故的原因分析，通常分析其直接原因和间接原因。我国事故调查分析原因时按照“四不放过”原则进行。在调查处理伤亡事故时，首先要把事故原因分析清楚，找出导致事故发生的真正原因，不能敷衍了事，不能在尚未找到事故主要原因时就轻易下结论，也不能把次要原因当成主要原因，未找到真正原因决不轻易放过，找到事故发生的真正原因并搞清各因素之间的因果关系才算达到事故原因分析的目的。

直接原因通常是一种或多种不安全行为、不安全状态或两者共同作用的结果。间接原因可追踪于管理措施及决策的缺陷，或者环境的因素。分析事故时，应从直接原因入手，逐步深入间接原因，从而掌握事故的全部原因。在事故原因分析时通常要明确以下内容：

(1) 在事故发生之前存在什么样的征兆；

(2) 不正常的状态是在哪儿发生的；

(3) 在什么时候开始注意到不正常的状态；

(4) 不正常状态是如何发生的；

(5) 事故为什么会发生；

(6) 事件发生的可能顺序以及可能的原因(直接原因、间接原因)；

(7) 分析可选择的事件发生顺序。

在进行案例分析或案例教育时，通过分析事故直接原因和间接原因，可以加强对事故的正确认识，更有针对性，达到班组事故案例教育的效果。

第一节　事故原因分析

一、事故调查原因分析步骤

在事故调查原因分析时，通常按照以下步骤进行：

(1) 整理和阅读调查材料，分析伤害方式。

(2) 按以下七项内容进行分析：受伤部位、受伤性质、起因物、致害物、伤害方式、不安全状态、不安全行为。

(3) 确定事故的直接原因。

(4) 确定事故的间接原因。

(5) 确定事故的责任者。

二、事故调查原因分析方法

(一) 事故树分析法

1. 事故树分析法简介

事故树分析法(Fault Tree Analysis,FTA)又称为事故逻辑分析法,是对事故进行分析和预测的一种方法。事故树分析法是对既定的生产系统或作业中可能出现的事故条件及可能导致的灾害后果,按工艺流程、先后次序和因果关系绘制程序方框图,即表示导致事故的各种因素之间的逻辑关系,用以分析系统的安全问题或系统运行的功能问题,并为判明事故发生的可能性和必然性之间的关系提供的一种表达形式。

事故树分析方法起源于故障树分析,是安全系统工程的重要分析方法之一。它是运用逻辑推理对各种系统的危险性进行辨识和评价,不仅能分析出事故的直接原因,而且能深入地揭示出事故的潜在原因。用它描述事故的因果关系直观、明了,思路清晰,逻辑性强,既可定性分析,又可定量分析。在风险管理领域常用于企业风险的辨识。

事故树分析是由上往下的演绎式失效分析法,利用布林逻辑组合低阶事件,分析系统中不希望出现的状态。事故树分析主要用在安全工程以及可靠度工程的领域,用来了解系统失效的原因,并且找到最好的方式降低风险,或是确认某一安全事故或是特定系统失效的发生率。事故树分析也用在航空航天、核动力、制药、石化业及其他高风险领域的风险辨识。

2. 事故树分析法用途

事故树分析可以用于:

(1) 了解顶层事件和底层不希望出现状态之间的关系。

(2) 显示系统对于系统安全/可靠度规范的符合程度。

(3) 针对造成最顶层事件的各原因列出优先次序,针对不同重要性的量测方式建立关键设备/零件/事件的列表。

(4) 监控及控制复杂系统的安全性能(如某特定飞机在油料阀异常动作时是否可以安全飞行? 此情形下飞机可以飞行多久?)

(5) 最小化及最佳化资源需求。

(6) 协助设计系统。事故树分析可以作为设计工具,创建输出或较低层模组的需求。

(7) 诊断工具,可以用来识别及修正会造成顶层事件的原因,有助于创建诊断手册或诊断程序。

（二）事件树分析法

1. 事件树分析法简介

事件树分析法（Event Tree Analysis，ETA）是安全系统工程中常用的一种归纳推理分析方法，起源于决策树分析（Decision Tree Analysis，DTA），它是一种按事故发展的时间顺序由初始事件开始推论可能的后果，从而进行危险辨识的方法。这种方法将系统可能发生的某种事故与导致事故发生的各种原因之间的逻辑关系用一种称为事件树的树形图表示，通过对事件树的定性与定量分析，找出事故发生的主要原因，为确定安全对策提供可靠依据，以达到猜测与预防事故发生的目的。事件树分析法已从宇航、核产业领域进入一般电力、化工、机械、交通等领域，它可以进行故障诊断，分析系统的薄弱环节，指导系统的安全运行，实现系统的优化设计等。

2. 事件树分析法用途

（1）ETA 可以事前预测事故及不安全因素，估计事故的可能后果，寻求最经济的预防手段和方法。

（2）事后用 ETA 分析事故原因，十分方便明确。

（3）ETA 的分析资料既可作为直观的安全教育资料，也有助于推测类似事故的预防对策。

（4）当积累了大量事故资料时，可采用计算机模拟，使 ETA 对事故的预测更为有效。

（5）在安全管理上用 ETA 对重大问题进行决策，具有其他方法所不具备的优势。

第二节　事故直接原因的分析

直接原因（一般也是导火线）是指对事故的发生发展起到最直接的推动，并直接促成其发生变化的原因。一般直接原因只有一个，就是最直接的原因。直接原因是在时间上最接近事故发生的原因，又称为一次原因，它可分为以下三类。

物的原因：是指由于设备不良所引起的事故。所谓物的不安全状态，是指使事故能发生的不安全的物体条件或物质条件。

环境原因：指由于环境不良所引起的事故。

人的原因：是指由人的不安全行为而引起的事故。所谓人的不安全行为，是指违反安全规则和安全操作原则，使事故有可能或有机会发生的行为。

一、机械、物质或环境的不安全状态

（一）防护、保险、信号等装置缺乏或有缺陷

（1）无防护：无防护罩；无安全保险装置；无报警装置；无安全标志；无护栏或护栏

损坏；(电气设备)未接地；绝缘不良；局部通风机无消音系统、噪声大；危房内作业；未安装防止“跑车”的挡车器或挡车栏；其他。

(2) 防护不当：防护罩未在适当位置；防护装置调整不当；坑道掘进、隧道开凿支撑不当；防爆装置不当；采伐、集材作业安全距离不够；爆破作业隐蔽所有缺陷；电气装置带电部分裸露；其他。

(二) 设备、设施、工具、附件有缺陷

(1) 设计不当，结构不符合安全要求：通道门遮挡视线；制动装置有缺欠；安全间距不够；拦车网有缺欠；工件有锋利毛刺、毛边；设施上有锋利倒棱；其他。

(2) 强度不够：机械强度不够；绝缘强度不够；起吊重物的绳索不符合安全要求；其他。

(3) 设备在非正常状态下运行：设备带“病”运转；设备超负荷运转；其他。

(4) 维修、调整不良：设备失修；地面不平；保养不当、设备失灵；其他。

(三) 个人防护用品用具未按标准配备

个人防护用品用具缺少或有缺陷：无个人防护用品、用具；所用的防护用品、用具不符合安全要求。

(四) 生产(施工)场地环境不良

(1) 照明光线不良：照度不足；作业场地烟雾(尘)弥漫，视物不清；光线过强。

(2) 通风不良：无通风；通风系统效率低；风流短路；停电停风时爆破作业；瓦斯排放未达到安全浓度爆破作业；瓦斯超限；其他。

(3) 作业场所狭窄。

(4) 作业场地杂乱：工具、制品、材料堆放不安全；其他。

(5) 交通线路的配置不安全。

(6) 操作工序设计或配置不安全。

(7) 地面滑：地面有油或其他液体；冰雪覆盖；地面有其他易滑物。

(8) 储存方法不安全。

(9) 环境温度、湿度不当。

二、人的不安全行为

(一) 操作错误、忽视安全、忽视警告

未经许可开动、关停、移动机器；开动、关停机器时未给信号；开关未锁紧，造成意外转动、通电或泄漏等；忘记关闭设备；忽视警告标志、警告信号；操作错误(指对按钮、阀门、扳手、把柄等的操作)；奔跑作业；供料或送料速度过快；机械超速运转；违章驾驶机动车；酒后作业；客货混载；冲压机作业时，手伸进冲压模；工件紧固不牢；用压缩空气吹铁屑；其他。

（二）安全装置失效

拆除了安全装置；安全装置堵塞，失去作用；调整不当造成安全装置失效；其他。

（三）使用不安全设备

临时使用不牢固的设施；使用无安全装置的设备；物体（指成品、半成品、材料、工具、切屑和生产用品等）存放不当；其他。

（四）用手代替工具操作

用手代替工具；用手清除切屑；不用夹具固定，用手拿工件进行机加工。

（五）冒险进入危险场所

冒险进入危险场所；接近危险设施；搬运、装车时，未撤离危险区；未经安全监察人员允许进入危险区域；未"敲帮问顶"便开始作业；冒进信号；在易燃易爆场所使用明火；私自搭乘矿车；在绞车道行走；未及时瞭望；攀、坐不安全位置（如平台护栏、汽车挡板、吊车吊钩）；在起吊物下作业、停留；在机器运转时进行加油、修理、检查、调整、焊接、清扫等工作；有分散注意力行为。

（六）未使用个人防护用品用具

未戴护目镜或面罩；未戴防护手套；未穿安全鞋；未戴安全帽；未佩戴呼吸护具；未佩戴安全带；其他。

（七）不安全装束

在有旋转零部件的设备旁作业时穿过肥大服装；操纵带有旋转零部件的设备时戴手套；其他。

第三节　事故间接原因的分析

间接原因指引起事故原因的原因，间接原因主要有以下几点。

一、技术原因

包括：主要装置、机械、建筑的设计，建筑物竣工后的检查保养等技术方面不完善；机械装备的布置，工厂地面、室内照明以及通风、机械工具的设计和保养，危险场所的防护设备及警报设备，防护用具的维护和配备等存在技术缺陷。

二、教育原因

包括：与安全有关的知识和经验不足，对作业过程中的危险性及其安全运行方法无知、轻视不理解、训练不足，没有良好的习惯及丰富的工作经验等。

三、身体原因

包括：身体有缺陷或由于睡眠不足而疲劳、酩酊大醉等。

四、精神原因

包括：怠慢、反抗、不满等不良态度，焦躁、紧张、恐怖、抑郁等精神状况，偏狭、固执等性格缺陷。

五、管理原因

包括：企业主要领导人对安全的责任心不强，作业标准不明确，缺乏检查保养制度，劳动组织不合理等。

第四节　责任分析与追究

事故调查处理应当按照"四不放过"原则，坚持实事求是、尊重科学，及时、准确地查清事故经过、事故原因和事故损失，查明事故性质，认定事故责任，总结事故教训，提出整改措施，并对事故责任人依法追究责任。

一、责任分析与追究的"四不放过"原则

事故处理的"四不放过"原则是要求对安全生产工伤事故必须进行严肃认真的调查处理，接受教训，防止同类事故重复发生。国家对发生事故后的"四不放过"处理原则，其包含四层含义。

（一）第一层含义

第一层含义是要求在调查处理伤亡事故时，首先要把事故原因分析清楚，找出导致事故发生的真正原因，不能敷衍了事，不能在尚未找到事故主要原因时就轻易下结论，也不能把次要原因当成真正原因，未找到真正原因决不轻易放过，直至找到事故发生的真正原因，并搞清各因素之间的因果关系才算达到事故原因分析的目的。

（二）第二层含义

第二层含义也是安全事故责任追究制的具体体现，对事故责任者要严格按照安全事故责任追究规定和有关法律、法规的规定进行严肃处理。

（三）第三层含义

第三层含义是要求在调查处理工伤事故时，不能认为原因分析清楚了，有关人员也处理了就算完成任务了，还必须使事故责任者和广大群众了解事故发生的原因及所造成的危害，并深刻认识到搞好安全生产的重要性，使大家从事故中吸取教训，在今后工

作中更加重视安全工作。

（四）第四层含义

第四层含义是要求必须针对事故发生的原因，在对安全生产工伤事故必须进行严肃认真的调查处理的同时，还必须提出防止相同或类似事故发生的切实可行的预防措施，并督促事故发生单位加以实施。只有这样，才算达到了事故调查和处理的最终目的。

二、责任分析与追究依据

对安全工作责任不落实，发生重特大事故的，要严格按照事故处理“四不放过”原则和《国务院关于特大安全事故行政责任追究的规定》（国务院令第 302 号），严肃追究有关领导和责任人的责任。

为了进一步规范生产安全事故的报告和调查处理，落实安全生产责任追究制度，防止和减少生产安全事故发生，2007 年公布了《生产安全事故报告和调查处理条例》，条例于 2007 年 6 月 1 日起施行。

《生产安全事故报告和调查处理条例》作为全面、系统地规范生产安全事故报告和调查处理的综合性行政法规，对生产安全事故的报告、事故的调查、事故处理以及违法行为应当承担的法律责任作出了明确规定。《生产安全事故报告和调查处理条例》贯彻落实“四不放过”这一事故调查处理工作的根本要求，坚持“政府负责，分级管理”的原则，与有关法律、行政法规相衔接，重在明确责任、程序和行为规范，并进一步加大了对违法行为的处罚力度，为事故报告和调查处理工作提供了明确的法律依据。

第五节　利用“双防流程分析与‘五述’管理防治”进行事故分析

事故发生后，首先通过事故发生前职工在岗位“五述”管理操作流程中是否存在遗漏从而确定是否为遗漏环节导致事故的发生，然后通过“五述”管理操作的全过程分析倒推出事故发生的原因，从而确定事故发生的直接原因、间接原因，最后举一反三避免类似事故的发生。

第四章　煤矿岗位事故案例“双防流程分析与‘五述’管理防治”理论

第一节　岗位“五述”管理源起

从国家层面来说，新修订的《安全生产法》第四十四条、第五十三条、第五十七条、第五十八条明确规定，生产经营单位要严格落实岗位安全生产责任制，教育和督促从业人员严格执行本单位的安全生产规章制度和安全操作规程，并向从业人员如实告知作业场所和工作岗位存在的危险因素、防范措施。

从地方行业标准来说，《山西省煤矿安全风险分级管控和隐患排查治理双重预防机制实施指南》中将风险管控进一步细化到位，提出了管理层和岗位层各负其责的风险管控新体系，基层岗位作为安全管理工作的排头兵，把风险管控延伸到岗位层级是风险分级管控的必然趋势，在全员风险告知和培训的基础上，加强岗位层级的风险管控，也是实现安全管理关口前移的关键一步。

从企业层面来说，山西焦煤集团新一届领导班子成立以来，先后提出了一系列新发展理念，明确提出了精益化管理。在精益安全管理中涉及的“十个抓手”中就包含了岗位作业标准化、风险排查常态化、隐患治理清单化等内容。

因此，煤矿岗位事故案例双防流程分析与“五述”管理防治和一般事故案例分析方法不同，该管理方法着重事故发生时的双防流程分析和“五述”管理防治，旨在让职工在作业时能够按照双防流程进行风险管控、隐患排查治理，并结合岗位“五述”内容、岗位流程标准化进行作业，从而掌握事故发生的流程并采取相应措施防止事故的发生。

第二节　岗位“五述”管理逻辑关系

如何将岗位责任、风险管控、标准执行、开工确认、现场操作等有机融合，笔者从岗位管理要求方面思考，认为员工不仅要掌握岗位操作常识和技能，更应系统掌握岗位能干什么、有啥风险、标准是啥、现场能不能干、施工要达标等五方面的要求，所以提出以岗位职责描述、安全风险自述、流程标准阐述、作业环境评述、操作手指口述为主的“五述”管理。

一、岗位“五述”管理的定义

（一）岗位职责描述

作业人员应掌握工作内容、施工工艺，掌握作业期间的安全注意事项，按照作业流程、作业顺序进行操作，保证作业安全。

目的是让员工明白自己的工作内容、岗位环境、工作责任、安全生产责任制。

（二）安全风险自述

安全风险的认知作为评价员工安全意识的一个主要依据，岗位员工要知道自己岗位存在哪些风险，可能造成什么样的伤害和意外事件，并对岗位作业流程中存在的风险进行辨识评估，制定有针对性的管控措施。

（三）流程标准阐述

岗位作业人员要掌握岗位作业流程标准，知道如何标准化、规范化作业，实现岗位安全。岗位工作流程标准，体现了工作流程的合理性、数据化、制度化。

（四）作业环境评述

岗位作业时对外部条件的人、机、环、管等因素进行隐患排查，并对岗位中存在的隐患进行治理或上报，以确保作业环境的安全。

对标开工前检查作业环境，排查隐患分级处理，不安全不作业；作业人员排查出隐患，自己不能处理的，有权不作业。

（五）操作手指口述

在岗位作业过程中，根据岗位作业标准对作业过程中的关键环节进行手指口述、安全确认，以保证作业流程的规范及完整。同时确认作业活动是否达到既定的作业标准，以保证作业安全。体现工作安全达标，重在警示、提醒、确认，不拘泥于形式。

二、岗位“五述”管理的逻辑关系

“岗位职责描述”是“安全风险自述”的前提，“安全风险自述”是“流程标准阐述”的基础，“流程标准阐述”为“作业环境评述”和“操作手指口述”提供依据，“作业环境评述”是保证，“操作手指口述”是要安全达标的结果。前三述是认知层面的保证；后两述是执行层面的保证。如图 4-1 所示。

三、岗位“五述”管理的建设

（一）管理体制

以区队为单元，区队长是组织管理的责任主体；副队长是现场安全管理的责任落实主体；班组长是现场安全生产的第一责任者；岗位操作职工是安全生产的执行人。

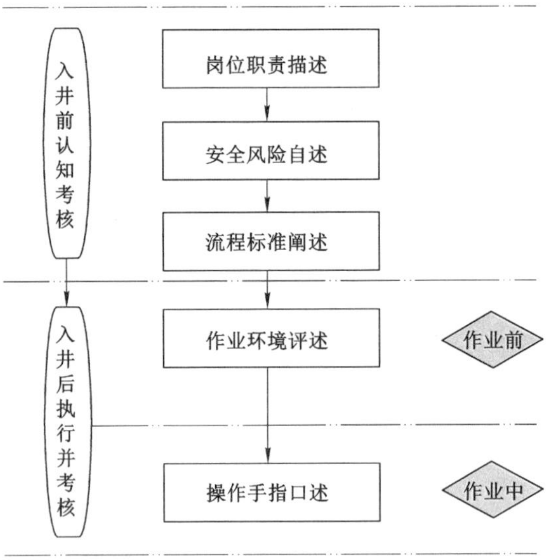

图 4-1　岗位“五述”管理逻辑关系

（二）考核机制

岗位安全管理评价实行“日清日结”，与当班工资联责执行累计，与月度、季度、年度考核挂钩。如图 4-2 所示。

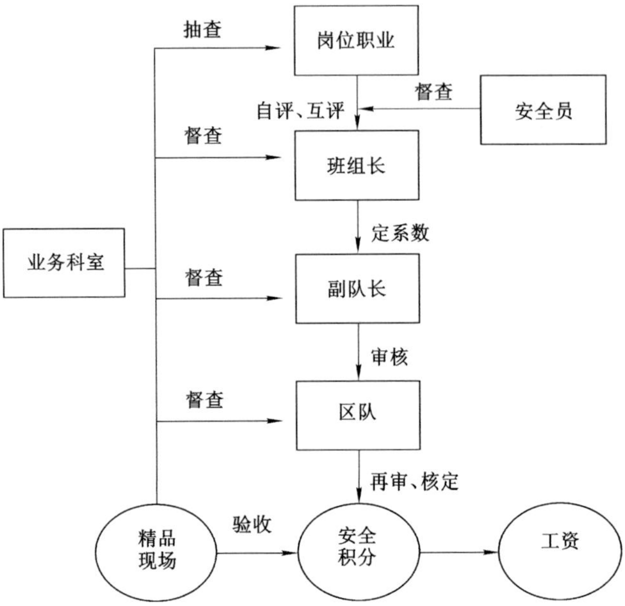

图 4-2　岗位“五述”管理建设考核机制

四、岗位“五述”管理的推动方式

（一）试点区队先行

前期在综采队、掘二队进行试点运行 2 个月，针对运行中的不足进行改进。

（二）完善“五述”标准

组织以科室、试点区队为主的管理人员制定并完善“五述”管理标准。

（三）重点监管执行

通过利用小分队抽查讲评、周抽考、月考评、安全风险大家谈等方式全面推动开展。

（四）竞赛活动推动

开展岗位竞赛活动，树立标杆模范，通过大力宣传，实现以一带十，全面提升。

（五）以点带面推广

开展示范岗创建活动，树立标杆模范，通过大力宣传，实现以一带十，全面提升。

（六）评模评先奖励

对“五述”工作开展较好的单位进行奖励。形成“职工自评→科室审核→队干评价→职工学习”的评模评先奖励闭环模式。

五、岗位“五述”管理的成效

“五述”管理是“双重预防机制”落实到岗位的具体举措。

“五述”管理合理解决“岗位描述，手指口述”之间的连接，实现以结果为导向的理论支撑，达到“岗位安全达标”效果。

第三节　双防流程分析

一、双防流程分析概念

针对事故案例进行双防流程分析，分析事故发生时的现场情况：职工在作业前是否进行风险管控和隐患排查治理，是否在保证安全的前提下进行作业。

二、双防流程分析方法

作业前按照风险管控措施对现场存在的风险进行管控，防止因管控措施落实不到位导致风险失控形成隐患；同时需要对现场存在的隐患进行排查治理，防止因隐患未及时处理导致事故的发生。

第四节 "五述"管理防治

一、"五述"管理防治的概念

根据岗位"五述"管理要求，结合岗位流程标准化，从岗位职责描述、安全风险自述、流程标准阐述、作业环境评述、操作手指口述五个方面制定"五述"管理操作流程，使职工作业时有章可循、有据可依，同时也规范了作业流程，保证了作业安全，杜绝了事故的发生。

二、"五述"管理防治的措施

为加强作业行为管理、杜绝类似事故的发生，根据不同类型的事故案例，按照"五述"管理要求，采取防治措施。

（一）岗位职责描述

作业人员应掌握工作内容、施工工艺，掌握作业期间的安全注意事项，按照作业流程、作业顺序进行操作，保证作业安全。

（二）安全风险自述

岗位员工要知道自己岗位存在哪些风险，并对岗位作业流程中存在的风险进行辨识评估，制定有针对性的管控措施。

（三）流程标准阐述

岗位作业人员要掌握岗位作业流程标准，知道如何标准化、规范化作业，实现岗位安全。

（四）作业环境评述

岗位作业时对外部条件的人、机、环、管等因素进行隐患排查，并对岗位中存在的隐患进行治理或上报，以确保作业环境的安全。

（五）操作手指口述

在岗位作业过程中，根据岗位作业标准对作业过程中的关键环节进行手指口述、安全确认，以保证作业流程的规范及完整。同时确认作业活动是否达到既定的作业标准，以保证作业安全。

第五节 双防流程分析与"五述"管理防治

根据煤矿岗位"五述"管理理论，结合双重预防机制、岗位作业流程标准化要求，对事故案例进行双防流程分析、制定针对性的"五述"管理防治措施，旨在让员工了解"岗位主要风险向事故演变”的流程、掌握防范事故的“五述”管理工作办法，加强安全生产过程管理，增强全员岗位风险辨识与管控能力，实现岗位安全作业。

双防流程分析体现的是通过靠前管理实现“防事故”，即：风险管控在隐患排查治理前，隐患排查治理在事故发生前，切断导致事故发生的链条，从而避免事故的发生。

事故追究分析要从源头开始。通过将“双防流程分析”与“‘五述’管理防治”两者相结合的方式进行事故追究分析。提出“五述”管理标准制定的是否详细、岗位作业是否严格执行“五述”作业流程等问题，通过分析查找事故原因。

第六节　岗位“五述”安全考核

一、安全管理形势分析

法律法规层面：严！

新修订的《安全生产法》的执行，要求建立全员安全生产责任制，实施双防管理，事故隐患纳入问刑追究。

部门规章层面：实！

开展标准化建设，按照省地的标准及规定要求，把风险管控、流程标准延伸到岗位。

企业层面：细！

零隐患、零伤害，实现岗位动态达标，推进安全工作。

二、岗位管理措施

当前社会生活节奏较快，人们的生活方式丰富多彩，煤矿职工受到各种新思维、新观念、新矛盾、新问题的冲击，往往处在忧虑、迷茫、波动的不稳定状态，给安全工作带来了巨大的压力和挑战。因此，加强煤矿职工安全教育，提高其安全意识，最大程度上提高职工的安全素质显得越来越有必要。

强化职工安全责任感，保证岗位安全采取的主要措施主要有以下四个方面。

（一）狠抓教育培训

（1）分层次、有针对性地开展培训活动。

煤矿由于井下条件复杂、恶劣，不可预料的安全隐患时有发生，这就要求从事井下工作的职工有较强的安全意识和较高的安全操作技能。要提升职工素质，教育培训是关键，培训要结合职工实际采取分层次、分工种、分级别的业务知识培训。分层次即要注意职工的文化程度和技术知识掌握程度，将职工的文化程度和技术程度分为好、中、差三类，根据人员类别讲解的内容和方法也应有所不同，对文化程度和技术程度强的一类职工要多讲理论，弱的一类职工要多讲操作，且要结合实物进行讲解。分工种培训即指对各工种进行分别培训，培训要有专业特色，即使一个工种也要考虑是初次培训还是复训，做到培训了就能用得上。分级别培训指根据职工的技术水平进行培训，如技工、技师、中级技工、高级技工等，对这些人的培训也不能混合培训，要有层次、有针对性、有重点、有实效性地进行培训。

(2) 采取系列措施加强安全意识教育，营造安全氛围。

抓住重大活动日广泛开展安全宣传教育活动，在职工中形成一种大安全观，让安全意识在每一个职工的思想中根深蒂固。区队和班组要利用班前会、学习会、安全分析会等会议宣传安全意识，讲清安全与生产、安全与效益、安全与发展、安全与家庭幸福的关系，让职工感觉到安全是光荣的，违章是可耻的，这样职工的安全意识和安全责任心就会更强。

(二) 开展警示教育

(1) 利用历年来发生的安全事故教育职工。

多编制一些类似于《安全小故事汇编》《安全文化手册》《警钟365》等安全案例方面的书籍发放到职工手中，促使他们通过那些触目惊心的事故案例自觉绷紧"安全弦"。也可以将事故制作为漫画，张贴在安全事故宣教室的墙上，让职工家属、新工人、"三违"人员、受伤人员等进行观看，接受警示教育。

(2) 利用身边的事故教育职工。

要发动区队利用各种学习时间对职工进行事故案例教育，请职工上台讲安全故事、分析安全案例，总结身边或自己发生的安全事故教训。或是让违章者现身说法教育职工，通过讲述违章给自己带来的苦果使听众感同身受，起到警示作用。也可以请部分职工到安全事故现场进行观看，通过现场分析让职工明白以后怎样预防类似事故发生，这样的警示教育更能震撼职工心灵。

(三) 抓好互动学习

(1) 抓好现场安全操作互助。

建立现场安全操作互助制度，在安全生产现场，管理人员不能只做监工，更要做安全技术知识"传、帮、带"的帮工，要主动询问职工(尤其是新工人)的工作情况，与他们一起探讨工作中遇到的问题，帮助他们解决技术上的难题；要求带班领导、班组长和安监员要划分区域，责任到人，每人要具体负责几名职工，从现场问题到安全意识、业务知识，都要进行认真的辅导、帮助，促使职工快速提升业务能力，提高安全意识，减少甚至杜绝人为违章现象的发生。

(2) 抓好区队学习会上的互动学习。

要求区队定期召开学习会，会上要改变以往"填鸭式"的灌输学习，多发挥职工的主观能动性，让职工多动手、动口、动脑，适当的时候可以请班组长来组织一些安全学习活动，让职工上台开展安全知识竞赛。每一次学习要有针对性，可以一次一个主题，也可以开展一些安全大讨论活动，让职工动脑、动口、入心，使职工成为安全思想教育的主人，从而实现“要我安全”到“我要安全”的转变。

（四）利用亲情感化

（1）推出安全处罚公开制，对职工进行公开式教育。

一是让安监员叙述“三违”人员违章经过及违章后的认识态度，介绍违章行为的性质和危害性，对“三违”人员进行现场安全思想帮教；二是安全科要组织学习相关的安全规章制度，提出违章处罚意见；三是工会组织对违章处罚的金额提出意见和建议；四是“三违”人员所在区队负责人要针对违章行为、违章处理、思想认识进行发言；五是“三违”人员要从思想上剖析违章的根源，阐明对违章和违章处罚的认识态度，并可对不合理违章处罚进行申辩；六是同班组职工或区队安全意识差的职工也可以参与旁听，接受安全意识教育。这样的人性化处罚不但体现了管理的民主化，而且会让职工心悦诚服，还给“三违”人员上了一堂生动的安全教育课，其效果会很好。

（2）深层次地调查违章人员的思想根源。

职工违章后，管理人员不能只对其进行严厉的处罚和不休的责备，还要查明职工违章或受伤的思想根源，有针对性地给职工提出帮教意见。可以利用工余时间到职工家中进行家访，了解职工的家庭情况，结合职工的家庭背景给其家属做好安全思想教育工作，让职工家属利用亲情感化等形式对职工进行安全思想教育。

三、岗位管理存在的问题

（1）员工安全意识不强，岗位安全风险落实不到位，重复隐患“三违”多。

（2）政出多门的岗位管理要求。管理科室制定标准多而杂、不系统、不能长期有效坚持。

（3）作业行为管理长效机制有待完善。员工安全考核重结果，不能体现履行岗位安全生产责任制。

第五章　煤矿岗位事故案例"双防流程分析与'五述'管理防治"现场实践

第一节　××煤矿双重预防机制建设情况

2015年12月，习近平总书记关于安全生产发表重要讲话，强调对易发重特大事故的行业和领域采取风险分级管控和隐患排查治理双重预防性工作机制，推动安全生产关口前移。随后，国务院、国家煤矿安全监察局、山西省安全生产委员会办公室下发相关文件，要求将安全风险分级管控和隐患排查治理作为两个标准化专业，纳入煤矿安全生产体系建设，作为煤矿企业遏制重特大事故、建立安全长效机制的治本之策。对此，××煤矿党政领导高度重视，2017年6月××煤矿制定并印发了《关于构建矿井安全风险分级管控和隐患排查治理双重预防机制的通知》，要求各单位立足矿井实际，积极探索双防建设方法，迅速开展双重预防机制建设工作。

经过统筹安排和扎实推进，××煤矿双重预防机制进入科学、系统、全面建设阶段，并逐渐形成"两库（风险数据库和隐患数据库）、一图（四色安全风险空间分布图）、两清单（风险点清单和风险管控措施清单）、一卡（岗位风险数据卡）、一档案（重大安全风险跟踪落实档案）"的双重预防机制动态化管理格局。

××煤矿双重预防机制建设可分为三个阶段：第一阶段是双重预防机制初期准备阶段（2017年6月至2017年10月底）；第二阶段是实施阶段（2017年11月至2018年3月）；第三阶段是双重预防机制提升阶段（2018年6月至今）。

一、准备阶段

××煤矿完成了以下工作：建立机构、配备人员；完善制度、明确责任；编制实施细则；开展思想教育和培训工作。

2017年6月底，××煤矿双重预防工作成立了以矿长为组长，各分管领导为副组长，各科室区队为成员的组织机构，明确了各级人员的工作职责。领导组下设双重预防机制办公室，办公室设在安全管理科，主任由安全管理科科长担任。

按照《煤矿安全生产标准化基本要求及评分办法（试行）》要求，2017年7月××煤矿下发了《安全风险分级管控工作制度》和《事故隐患排查治理工作制度》，制定了风险辨识、评估及管控工作制度，隐患分级排查、治理、督办、验收及考核工作制度，以及风险和隐患培训教育、信息化管理保障制度，并积极推行、严格落实，为××煤矿标准化工作的落实奠定了制度基础。

二、实施阶段

在实施阶段，××煤矿在安全风险分级管控方面完成了风险辨识、评估与分级，制定了管控措施，建立了风险数据库，编制了年度和专项风险辨识评估报告，制作了四色安全风险空间分布图，制定了风险分级管控责任清单，实施了现场管控风险等工作；在事故隐患方面，对标新标准化要求梳理现有工作流程，严格按要求执行隐患专业各项工作。

（一）形成矿井风险辨识结果

2017 年 12 月，××煤矿成立了风险辨识小组，集中办公，邀请中国矿业大学安全科学与应急管理研究院咨询专家辅导，进行信息化系统数据库的建设。按照“点、线、面”相结合的原则，共划分出 14 处地面风险点，137 处井下风险点。所有风险点逐个辨识，形成了风险数据 437 条。同时，开展新工作面、新设备、新工艺安全风险专项辨识 11 次。风险辨识小组成员将风险库导入双重预防管理信息系统，把风险与矿井各风险点进行关联，风险点按照红、橙、黄、蓝四色显示风险等级，制作出××煤矿四色安全风险空间分布图。

针对各项重大风险，××煤矿制定了“××煤矿重大风险管控措施实施方案”，明确了管控措施、管控责任、资金投入等具体工作方案。

在职工入井大厅，管理人员公示矿井存在的重大风险区域、重大风险内容、重大风险管控措施、重大风险区域限员人数、管控责任人，及时让入井人员了解矿井各个作业区域存在的安全风险和隐患，增强其安保意识。同时，在煤矿井下重大风险区域设置重大风险公告警示牌 13 块，明确重大风险管控责任，限定作业人数上限。

针对班组和岗位人员，××煤矿依据风险库制作“岗位风险告知卡”1 400 余张，人手一张，指导岗位人员了解岗位作业潜在的各种安全风险，积极落实管控措施，确保安全作业。

（二）充分运用风险辨识结果指导矿井安全生产

2018 年 1 月，××煤矿完成了年度风险辨识评估报告及标准化要求的各类专项辨识报告。结合工作实际，形成具有××煤矿特色的“511”双重预防建设格局，即 5 个结合：风险辨识评估与灾害治理相结合，风险辨识评估与作业规程相结合，风险辨识评估与隐患排查治理相结合，风险辨识评估与安全培训相结合，管控措施与安全检查清单相结合；1 个指导：用风险辨识评估指导生产设计、下年度救援预案、灾防处理计划及作业规程；1 个应用：把风险管控应用到管理人员带班中。

在双重预防机制运行过程中，××煤矿形成岗位班排查、安全管理人员日排查、专业科室旬排查、矿井月排查的模式，如管控措施现场未落实，则及时把排查出的各类隐患录入系统，按照隐患分级治理要求下发责任单位整改，并积极督办、落实，确保隐患在限期内被消除，并通过每月、每旬的"双预控"会议分析调整管控措施、落实隐患分级治理责任，促进双防机制持续改进。

经过全矿各专业人员的共同努力，各项工作稳扎稳打，稳步推进。2018 年 3 月，××煤矿顺利通过了国家一级安全生产标准化矿井验收。

三、提升阶段

××煤矿按照 PDCA 循环的方法，进一步深化细化，做到责任更明确、程序更规范、单元划分更适中、辨识更全面、评估更准确、分级更合理、措施更实用、队伍更熟练、管控更有力、保障更到位；使用双重预防管理信息系统，实现双控体系的标准化、规范化和信息化，进一步提升矿井安全工作水平。

坚持安全发展、全面覆盖、源头防控和持续改进的原则，实现隐患排查治理体系更加规范，做到隐患自排自治；风险分级管控体系建立运行，管控风险的理念得到普遍认可，构建四色安全风险空间分布图，认清"想不到"的风险，做到风险自辨自控；实现风险分级管控和隐患排查治理两个体系的标准化、规范化、信息化管理和有机融合；杜绝重特大事故，有效防控零星事故和职业危害。

四、双重预防机制建设成果

双重预防工作机制在××煤矿安全生产管理工作中发挥了重要作用，实现了事故从事后调查处理向事前预防转变，从单纯的隐患排查治理向双重预防转变，从传统安全管理方式向信息化管理方式转变，全面提高了企业的安全生产防控能力和水平。

不仅如此，通过开展风险分级管控和隐患排查治理，各专业、系统、区域严格对照标准进行整改提升，建立了安全风险分级管控、事故隐患排查治理和安全生产标准化"三位一体"的工作考核体系，形成了安全风险自辨自控、隐患自查自改、安全生产标准化自评自升的安全管理运行机制，使双重预防与标准化工作互为促进。在双重预防管理信息系统运行过程中，××煤矿结合安全生产实际不断完善，取得了以下四大成果。

（一）成果一

为矿井各级管理人员提供准确、完整的双重预防机制管理数据，实现了风险和隐患记录、跟踪、统计、分析的全过程信息化管理，使安全生产工作切实融入双重预防机制中，实现了矿井安全监管工作的自动化、高效化、精确化。

（二）成果二

安全风险评估与预警：建立了具有××煤矿特色的风险数据库，将各种风险和隐患进行内在关联，为××煤矿提供了安全状况数据参考。

（三）成果三

安全决策分析：从专业、风险点、等级、检查类型等方面对隐患进行统计。系统从大量的隐患数据中提取关键信息，分类统计分析，提出当前矿井安全管理的薄弱环节和安全重点区域；为管理人员决策提供数据支撑，便于分析隐患产生的原因，补充、完善管控措施，加强隐患源头治理，从而达到把风险挺到隐患前面、把隐患挺到事故前面的目的。

（四）成果四

安全风险可视化预警。建立××煤矿四色安全风险空间分布图，各生产区域风险等级根据关联的风险等级及数量动态调整，按照经验类比法，实现风险动态预警。

第二节　现场运行情况

为进一步增强岗位风险辨识和管控效果，根据《煤矿安全生产标准化管理体系基本要求及评分方法（试行）》和《山西省煤矿安全风险分级管控和隐患排查治理双重预防机制实施指南》中“把风险管控细化到岗位”的要求，作者收集整理了矿井近年来发生的涉险行为、轻伤事故等130余例，并精选出100例对事故案例进行了双防流程分析，旨在让员工了解“岗位主要风险向事故演变”的流程、掌握防范事故的“五述”管理工作方法，增强全员岗位风险辨识与管控能力，实现岗位作业安全。

同时，结合岗位“五述”管理规定，分别对事故案例制定了“五述”管理防治措施，按“采煤、掘进、机电、运输、通风、地测、其他”七个专业整理成《煤矿岗位事故案例“双防流程分析与‘五述’管理防治”》汇编，组织各单位全员认真学习、领会实质，并把“双防流程分析与‘五述’管理防治”作为一项基本工作要求和工作方法，运用到日常安全生产过程中，加强了安全生产过程管理。双防流程分析与“五述”管理防治的实施实现了职工从“要我干”到“我要干、如何干”，从“跟着干、等着干”到“主动干、按照标准干”的大转变，增强了职工的安全理念，保证了作业安全。

第三节　具体案例分析

一、一般事故案例分析流程

案例：综采队地面吊装伤人事故分析

2020年10月6日18:00左右，综采队职工A在地面装料期间，被端头架顶盖侧护板擦伤，造成右脚趾骨折轻伤事故。10月7日上午9:30，由安全处长、机电矿长牵头，纠察执法科组织，安全管理科、机电科、机分厂、综采队相关人员参加，对本起事故进行分析追究,具体如下。

(一) 基本情况及事故经过

1. 综采队地面装料班前安排

(1) 人员出勤情况:地面当班出勤5人,负责人A,职工B、C、D、E。

(2) 班前会简要安排:当班班前会议由队长主持召开,队干在班前会上主要强调了拆卸、吊装副巷端头支架期间的安全注意事项,行车下作业安全注意事项及人员的规范操作,严禁动态作业,同时强调了装车捆绑必须牢固可靠等。

2. 事故简要经过

人员分布情况:地面装料当班5人,其中负责人A对端头架前顶盖进行挂钩吊装,安排C、E、B和D拆卸端头支架其余部件及准备捆车材料。

当日早班根据工作计划安排,由负责人A带领职工B、C、D、E四人在地面行车大院对新端头架部件进行捆绑装车入井,机分厂负责安排行车司机配合作业。至17:00左右,1#顶盖捆绑装车,2#顶盖平板车的道木放置工作准备就绪,A对2#顶盖进行挂钩作业,因从厂家拉回的端头架右侧护板缺少一个端头固定销,A现场对右侧护板没有销子的一头采用单股8#铁丝进行了简单捆绑固定(两股铁丝交叉拧一圈),当班18:00左右,A站在顶盖右侧护板处准备用行车挂钩进行起吊作业,此时行车司机操作遥控器将行车开往被吊设备地点同时左右调整钩头并下落,操作过程中,钩头摆动幅度较大,与端头支架右侧护板发生碰撞,导致捆绑端头支架右护板的8#铁丝断裂,右侧护板侧滑,A躲闪不及时被侧滑的右侧护板擦伤,造成右脚脚趾骨折。

(二) 事故性质

责任事故。

(三) 事故类型

其他事故。

(四) 事故原因

(1) 职工A在明知端头支架缺少一个护板固定销的情况下,违规使用铁丝捆绑端头支架右侧护板,且未安排人员现场监护,挂钩时,未等到行车起吊钩头停稳就直接靠近护板进行吊装作业,起吊钩头晃动撞到护板,捆绑铁丝断裂,护板落下,致使A脚部受伤,是事故发生的直接原因。

(2) 机分厂行车司机在运行行车时下放钩头,没有将钩头下方的人员撤离至安全区域,同时违反了《行车工安全操作规程》第十条捆绑吊挂不牢不吊的规定,便开始放钩作业,没有对起吊物的捆绑情况进行验收,是事故发生的间接原因。

(3) 综采队、机分厂日常安全培训教育工作落实不到位,对于吊装期间的警戒设置没有做到明确化、细致化,尤其是在行车作业地点存在的安全风险辨识及管控措施落实不到位，是造成本起事故的安全管理原因。

（五）责任追究

本起事故造成综采队职工 A 右脚脚趾骨折。根据《××煤矿基本安全管理制度》《××煤矿安全工资考核实施办法》及××矿党发〔2020〕1 号文等相关规定，对事故的主要责任者和事故单位管理人员按照轻伤事故进行追究，具体如下。

(1) 否决综采队 10 月份安全绩效 2.5 万元，事故后安全绩效下浮 1 万元；否决机分厂 10 月份安全绩效 5 000 元；区队安全绩效考核分配过程中严格按下列规定执行：

① 直接责任者 A，吊销安全资格证并调整岗位，返岗后按严重"三违"进入"三违"学习班强化培训学习 30 天，合格后方可上岗；另外按新分职工进行管理，执行 4 个月的师徒合同，此期间不享受安全奖励，取消年度安全评先评模资格。同时否决 10 月份安全绩效 100%，安全业绩下浮 50%，否决下半年安全技能账户工资 100%。

② 否决综采队当班地面作业人员 10 月份安全技能账户工资 50%，事故后安全绩效下浮 25%，否决下半年安全技能账户工资 100%。

③ 综采队队长、书记、主管技术员作为区队的主要管理人员，对职工培训教育工作落实不到位，负有安全管理责任，10 月份只发放生活费。

④ 机分厂行车司机安全互保意识差，对作业期间的安全风险预判不到位，否决 10 月份安全绩效 100%，否决下半年安全技能账户工资 100%。

⑤ 机分厂厂长、书记、技术员作为机分厂的主要管理人员，对职工培训教育工作落实不到位，负有安全管理责任，联责考核安全绩效不低于 50%。

(2) 机电科作为业务保安科室，对日常监管工作落实不到位，考核科室 10 月份安全绩效 2 000 元。

(3) 纠察执法科作为地面安全管理科室，对地面单位日常安全监管督察不到位，考核科室 10 月份安全绩效 1 000 元。

（六）采取措施

(1) 全矿各单位要深刻吸取本起事故教训，认真反思、举一反三。

① 各单位管理人员要进一步认识到"私自进入警戒范围、动态作业"的行为给安全管理带来的风险。做到"思想重视高度一致，追究考核区别对待"。要加强对本单位职工的教育管理工作，做到问题反馈及时、汇报清楚，起到"吸取事故教训、强化安全管理"的作用。

② 各单位要加强职工作业行为规范的教育，培养职工的风险辨识能力，不能存在侥幸心理，确保安全施工。

③ 各单位要认真吸取此起事故教训，进一步查找并收集此类隐蔽性、习惯性"三违"的案例，组织队干、班组长分析总结，有针对性地采取整改措施，在班前向职工重点强调、学习，使职工养成良好的作业行为习惯；工作安排中要进一步细化落实，切实把可

能涉及人员伤害、发生事故的环节考虑清楚，工作安排落实责任到人，坚决杜绝类似“注意安全”等笼统性、口号性的工作安排方式，加强安全过程管理、细节管理，确保安全秩序。

④ 各单位通过开展各种安全知识学习活动来树立牢固的安全意识，不定期组织职工观看事故案例警示教育片，在别人的事故中总结经验，吸取教训；利用周三学习开展安全座谈、安全大讨论活动；结合岗位实际，剖析自身在安全意识、安全操作等方面存在的不足，制定行之有效的措施，进一步强化安全意识培养及规范操作养成。

⑤ 结合事故教训，各单位要认真组织学习《××煤矿基本安全管理制度》及其他安全管理规定，同时要从规章制度、安全管理、作业标准等方面进行深刻反思，查找漏洞、拾遗补阙，进一步细化完善。

(2) 机分厂要完善行车下作业范围及作业人员操作，明确行车运行期间的警戒范围、警戒设置，并落实到人。

(3) 各单位要积极加强各专业、各岗位的危险源辨识、风险预评估工作，规避因安全周期长存在的安全意识淡薄、现场操作马虎、制度执行不力等应付思想。要切实做到安全人人抓、安全人人管、一级为一级负责。

(4) 各单位要加强职工的培训教育工作，全面提升业务知识学习及安全意识培养，强化职工素质提升，规范职工操作行为，提高职工的自保、互保意识，对现场生产过程中的重点区域、重要环节要严格执行手指口述、岗位安全确认。

(5) 各单位要加强安全警示教育工作，开展“班班有警示、周周有提醒、月月有反思”活动，不断强化安全意识，保持安全工作的警惕性。做到事故警示不间断、安全思想不松懈。

(6) 提高地面周检及小分队活动质量，加强重点区域、重点环节的检查力度，查找问题、整改问题。

二、双防流程分析与“五述”管理防治事故案例分析流程

案例：移设π梁煤壁片帮伤人事故

(一) 事故案例简况

2008年4月27日0点班，综采队220工作面职工××在×××工作面端头区域移设π梁过程中，帮部矸石滑落，砸伤腿部。

(二) 双防技术分析

此事故发生原因为，责任者对“顶帮活矸危岩”危险因素存在“片帮伤人”的安全风险认识不足，对“检查顶帮支护情况，并执行敲帮问顶制度”的操作要求执行不到位，导致煤壁片帮伤人事故发生。

(三) “五述”管理防治措施

为加强此类作业行为管理，杜绝类似事故发生，按照岗位“五述”管理要求，采取以

下防治措施(图 5-1)。

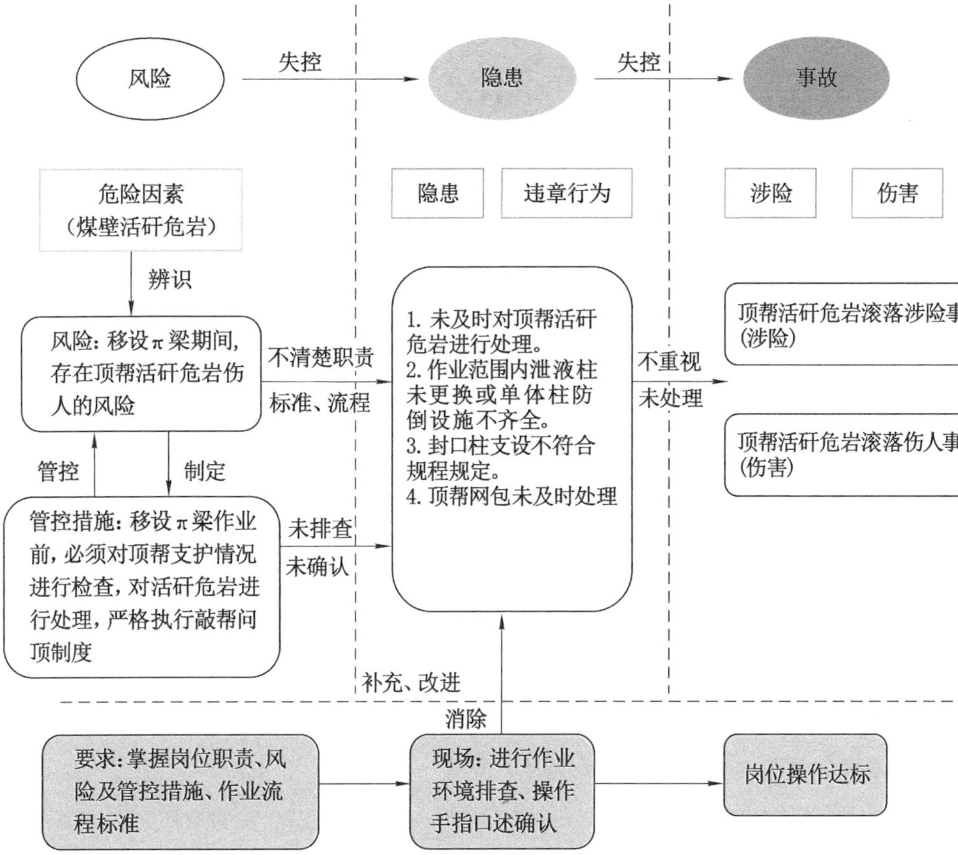

图 5-1 “五述”管理防治措施

1. 岗位职责描述方面

作业人员应掌握综采工作面端头支护的工作内容、施工工艺;掌握移梁回柱期间作业的安全注意事项,按照端头支护作业的工作流程、顺序进行操作,保证作业安全。

2. 岗位风险自述方面

此作业过程中存在的岗位风险及管控措施如下。

(1) 移设π梁期间,存在顶帮活矸危岩伤人的风险。

管控措施:移设π梁作业前,必须对顶帮支护情况进行检查,对活矸危岩进行处理,严格执行敲帮问顶制度。

(2) 移设π梁期间,存在泄液柱倾倒伤人的风险。

管控措施:移设π梁前,必须对作业范围内的单体柱支护情况进行检查,对泄液柱进行更换,并确保单体柱防倒设施齐全有效。

(3) 移设π梁期间存在端头支架后采空区矸石滚落伤人的风险。

管控措施：综采工作面下隅角封口柱必须严格按作业规程规定支设，确保有效防止老山区域矸石滚落。

3. 流程标准阐述方面

移设 π 梁的作业流程：作业区域设置警戒→执行敲帮问顶制度→检查并处理单体柱支设情况→移设 π 梁。

(1) 在作业地点前后范围 10 m 位置设置警戒。

(2) 严格执行敲帮问顶制度，执行期间由有经验的职工站在可靠支护下持长柄工具敲帮问顶，并安排一人观察顶板，确保退路畅通；敲击由轻到重，由上到下，由外向里；工作面应配备专用长柄工具，长度不小于 2 m。

(3) 作业范围内单体柱支设应初撑力合理，迎山角合理，防倒设施齐全有效，单体柱穿鞋戴帽，并无泄液漏液。

4. 作业环境评述方面

移梁作业前对施工区域作业环境进行检查，隐患问题处理合格后，方可拆卸作业。

(1) 顶帮活矸危岩是否处理到位。

(2) 作业范围内泄液单体柱是否更换。

(3) 单体柱防倒设施是否齐全有效。

(4) 封口柱支设是否符合规程规定。

(5) 顶帮网包是否处理到位。

5. 操作手指口述方面

主要的操作手指口述安全确认环节如下：

(1) 手指：警戒。口述：作业区域警戒设置到位，确认完毕。

(2) 手指：巷道顶板、巷道帮部。口述：作业区域巷道顶帮支护安全可靠，确认完毕。

(3) 手指：巷道单体柱支护设施。口述：作业区域单体柱支护安全可靠，确认完毕。

第六章 效益分析

对企业而言，安全生产与经济效益是对立统一的关系，二者既相互矛盾，又辩证统一。煤炭开采的特殊环境，对人的自由度的限制，较之其他行业大得多。水、火、瓦斯、煤尘、顶板等五大灾害时刻威胁着员工的生命安全与健康，煤炭行业的职工相对较低的文化素质，简单的劳动技能和闭塞的社会视野，又制约着矿产安全生产、科学开采。

虽然企业是以盈利为目的的，但是也不能忽视安全而单纯地去追求经济效益。安全生产是一个企业的责任。没有安全，企业很难维持正常运转，事故发生后，需要大量人力、物力和财力去处理，直接影响经济效益。实践中，安全生产与经济效益的矛盾始终存在，合理的安全投入能减少和防止事故的发生、保证生产的顺利进行，从而提高企业的经济效益。所以，安全管理与企业经济效益的理想状态是"双赢"。随着安全管理水平的提高、安全投入的增加、安全意识的增强，安全生产有了保障，企业的经济效益也会随之提高。因此，如何在保障安全生产的基础上最大限度地提高企业的经济效益，保证企业持续健康发展，是煤矿企业面临的一个相当重要的问题。

"五述"管理是将双重预防机制、岗位作业流程标准化进行有机结合的成果；而双防流程分析与"五述"管理防治是"五述"管理的具体实践，实现了煤矿岗位的安全作业。

第一节 安全生产的重要性

要做好煤矿企业的安全生产工作，首先在思想认识上要有足够的提高，应当时刻把生命、企业效益和社会责任联系在一起。党中央、国务院非常重视安全工作，提出"以人为本、构建和谐社会"的安全生产理念，更体现了安全的重要性。当然，作为一个企业只讲安全不追求经济效益是不切合实际的，应该说，安全是实现经济效益的前提条件，安全是不能用经济效益来弥补的，它是我们对自己、对他人的责任，在现代化的生产建设中，占据着十分重要的保障地位。只有大家都充分意识到安全生产对人、对企业、对社会的极端重要性，才能通过社会全员的主动、积极参与减少事故的发生，减少人员伤亡和财产损失，减少生产过程中出现的负面经济效益。

只有具备健康的安全文化氛围、正确的安全文化理念、有效的安全管理手段和方法，才可以提高煤矿企业员工的安全生产积极性，从而提高生产效率，间接地增加企业的经济效益。企业安全文化建设的核心是人，其关键是通过宣传、教育培训、建立制度、开展活动、采取激励措施等来转变员工的安全价值观,使实现职业安全健康成为全体员工的共同的价值观,保证生产安全、防止事故发生成为员工共同追求的目标,实现企业生产价值与实现员工自身价值的高度统一成为全体员工共同的行为准则。建设企业安全文化就是要在企业各个方面营造出一个强大的安全文化氛围。使全体员工在企业安全生产的文化氛围中,思想上崇尚安全价值取向,行为被潜移默化地规范,用安全文化培养具有健康完善的心理定式、正确的安全理念、科学的思维方式、高尚的行为取向和文明的生产秩序的现代化员工队伍。

第二节　从安全经济学角度看待安全投入

一、安全投入的特殊性

谈到安全投入,很多人认为只要增加安全投入就增加了企业的成本,减少了收入和利润,这种观点是片面的。安全投入不应该是企业的负担,它所产生的也不是简单的成本增加。但是,就其本质而言,安全投入应算是一种特殊的投资,安全投入所产生的效益不像普通的投资那样直接反映在产品的数量增加和质量的提升上,而是体现在生产的全过程,保证生产的正常和连续进行。这种投入的直接结果是,企业不发生或少发生事故、人员伤亡和财产损失。而这个结果是企业持续生产、保证正常效益取得的必要条件,安全与效益之间是一种相互依存、相互促进的关系。从经济的角度看,如果安全生产做好了,我们的企业效益就有保证,人们的生活和生产秩序才能有保证,从而可以发挥极大的社会效益。如果安全生产工作做不好,不但会危及个人的生命安全,而且会给企业造成极大的经济损失和浪费,并危及企业的正常生产,给人们的生活造成极大的不便,甚至造成负面的社会影响和政治影响。所以,安全投入并不是单纯的支出,只是安全效益具有间接性、滞后性、长效性和实效性的特点。

二、安全工作追求的最佳状态

运用科学的管理手段,合理控制安全投入,从哲学的角度看,在任何一对矛盾的事物间都可找到最佳平衡点;从经济学角度看,安全投入并非越多越好。合理的安全投入可以促使经济效益增长,如果一旦超过某一限度,就变成无谓的损失浪费,甚至可能降低企业的经济效益。企业正常的安全投入都应该在安全的失稳点与安全的保障点之间,超过安全保障点的安全投入可能就是盲目的投入,得到的效果必然适得其反,不但增加了安全管理的难度,还有可能真的影响企业的经济效益。如果安全投入不足,企业盲目生产,不能从根本上消除事故的发生,将直接影响安全工作,影响企业的经济效益,所以,企业对安全的投入应该有预算,力争投入合理的安全费用,发挥其最大的效益,同时,还需要用监督检查等手段对企业安全资金投入的使用情况进行必要的监督检查。

另外，企业应当制定切实可行的管理制度，并且通过加大科学技术的应用和培训力度，以努力提高自身的安全生产能力和管理水平。力争对有限的人力、物力、财力作最合理的投入，最大限度地发挥安全投入的作用，减少事故经济损失。以最少的投入换取最大的经济效益，这就是安全工作所追求的最佳状态。

三、安全投入与经济效益“双赢”

企业的安全工作来不得半点侥幸心理，安全生产就是企业最大的效益，是企业生存发展的保障。始终把安全工作放在第一位是实现企业经济效益的前提条件，我们绝不能为一时的眼前利益去铤而走险，而是应该摆正安全生产与经济效益之间的关系，实现安全投入与经济效益的“双赢”。

第三节　安全生产和经济效益的关系

安全生产与经济效益的理想状态是“双赢”。因此，在保障安全生产的基础上最大限度地提高企业的经济效益，保证企业持续、健康、稳定地发展，正确处理和摆正安全生产与提高经济效益的关系，是企业当前面临的一个十分重要的问题。

一、当前企业在安全生产和经济效益关系认识上存在的误区

(一) 重经济效益轻安全生产

个别领导只重视生产效益，忽视安全资金投入、安全管理和安全教育，认为有了经济效益就有了一切。这种认识上的片面性，导致生产组织中的主观臆断，使生产决策者不能正确处理“生产必须安全，安全促进生产”的辩证关系，导致了一系列事故的发生和效益的下降，甚至导致企业停产或关闭。

(二) 把生产与安全对立起来

把效益放在第一位，把安全摆在第二位，认为只要效益上去了，出点事故也是正常的，在思想认识上出现了严重的偏差，背离了党的安全生产方针和以人为本、本质安全的安全工作理念。

(三) 职工目无章纪、冒险蛮干

有的职工为了多拿奖金而违章违纪、冒险蛮干，对待“三违”现象麻木不仁。

二、正确认识和处理安全生产与经济效益的辩证关系

(一) 解决思想认识问题

安全生产与经济效益之间的关系是相对统一的整体，相辅相成、互为条件又互为目的。安全生产是经济效益的前提和保证，经济效益是安全生产的必然结果。只有搞好

安全工作,才能保证正常的生产秩序,才能提高经济效益;有了经济效益,安全防范设施才有条件得以保障和改善,两者不可偏废,但安全是重中之重和基础之基础。

（二）安全是潜在的效益

所谓潜在就是在初期看不见、摸不着,存在于事物内部不容易被发现或发觉,潜含在整个生产的全过程或结果之中。安全具有正、负效益的两重性,安全生产是潜在的正效益,不安全生产(或发生事故)就是潜在的负效益。潜在的正效益来自安全生产的全过程,反之都是潜在的负效益。正效益蕴含在整体效益中,不明显;而负效益则非常明显,经济损失相当严重,有的甚至无法估量。即使经济效益好的企业,只有确保安全生产,取得的效益才是实实在在的,否则,就有可能产生负效益。因此,我们要从安全与效益潜在的两重性中,进一步认识安全工作的重要性,把它看成企业整体效益的一部分。

（三）找出安全生产与经济效益的平衡点

对企业而言,安全生产与经济效益两者之间既辩证统一,又相互矛盾,解决这对矛盾的关键就是找出两者之间的平衡点。作为一个企业,应该明确企业的责任和目的。我们不能忽视安全,也不能不要效益,要确保国有资产的保值增值和职工的切身利益,这是责任的体现和每一个企业的根本目的。没有安全,企业很难维持正常运转。合理的安全生产投入,能减少或防止事故的发生,能保证生产的顺利进行,从而也就提高了企业的经济效益。找准了这个平衡点,企业的安全投入就能充分保障,基础就会不断巩固,管理水平就会提高,经济效益就会随之增长,企业就能持续、健康、稳定发展。

三、通过做好安全工作促进经济效益的提高

（一）正确认识安全生产的重要性

党中央、国务院非常重视安全工作,《中华人民共和国安全生产法》第一章第三条规定,安全生产工作应当以人为本,坚持人民至上、生命至上,把保护人民生命安全摆在首位,树牢安全发展理念,坚持安全第一、预防为主、综合治理的方针,从源头上防范化解重大安全风险。当然,企业只讲安全、不追求经济效益是不切合实际的。但安全是提高经济效益的前提和条件,安全是不能用经济效益来弥补的,它体现的是我们对自己、对他人的责任。在现代社会中,它占据着十分重要的地位。只有大家都充分意识到安全生产对人、对企业、对社会的极端重要性,才能通过全员的积极参与而减少事故的发生,减少人员伤亡和财产损失,减少生产过程中出现的负面经济效应,实现和落实党的安全生产方针。

（二）构建良好的企业安全文化

在企业,只有构建健康的安全文化、正确的安全文化理念、有效的安全管理手段和方法,才能提高职工的安全生产积极性和安全素质,从而提高生产效率,间接地增加企业的经济效益。企业安全文化建设的核心是人,其关键是通过建立制度、宣传贯彻、教

育培训、开展活动、采取激励措施等来转变职工的安全价值观，促使全体职工形成安全健康的共同价值观，保证安全生产、防止事故发生成为职工共同追求的目标，实现企业生产价值与实现职工自身价值的高度统一成为全体职工共同的行为准则。

（三）保证必要的安全投入

安全投入是一种特殊的投资，安全投入所产生的效益也不像普通的投资那样能够直接反映在产品数量的增加和质量的提升上，投入的直接结果是，企业不发生或少发生人员伤亡和财产损失。只有在稳定的生产环境中人们的生活和生产秩序才有保证，才会创造出一定的经济效益和社会效益。安全做不好，不但会危及个人的生命安全，造成经济损失，甚至会产生不好的社会影响。企业经营运作中的一些典型事例和安全案例就充分证明了这一点。

（四）加强安全管理

制定切实可行的管理制度，加大科学技术的应用和培训力度，努力提高自身的安全生产能力和管理水平。要建立和完善安全管理制度，加大安全监察和处罚力度，规范安全管理行为，合理利用人力和物力，力争使有限的人力和物力发挥最大的效能，最大限度地发挥安全投入的作用，减少事故带来的经济损失，始终把安全工作放在第一位，绝不能为了一时的眼前利益铤而走险，而是应该尽力在安全生产和经济效益之间找到最佳的平衡点，实现安全生产与经济效益的同步提高，以最少的资金投入取得最大的经济效益。

第二篇

案例详解

第一章　采煤专业事故案例分析与防治

案例 1　移梁作业 π 梁滑落伤人事故

一、事故案例简况

2009 年 5 月 24 日零点班 7:30 分左右，综采队职工马××在 601 工作面正巷移完转载机，进行端头支护搭排梁时，在移大梁过程中，大梁滑落砸到马××的左手部，造成马××左手第二指掌骨骨裂。

二、双防技术分析及过程演变图例

此事故中，责任者对“移梁作业”危险因素存在“作业人员精力不集中未抓紧 π 梁，造成 π 梁滑落伤人”的安全风险认识不到位，责任人未执行“井下作业人员作业期间必须精力集中”的操作要求，导致移 π 梁期间手未抓紧 π 梁，π 梁滑落伤人事故发生。

三、五述管理防治措施

为加强此类作业行为管理，杜绝类似事故发生，按照岗位“五述”管理要求，采取以下防治措施：

1. 岗位职责描述方面

作业人员应掌握移梁作业的安全注意事项，按照移梁作业的工作流程、顺序进行操作，保证作业安全。

2. 岗位风险自述方面

此作业过程中存在的岗位风险及管控措施如下：

(1) 移梁前未合理配备作业人员，移梁作业人员不足。管控措施：班组长必须针对工作任务合理分配人员，确保人员数量满足作业要求。

(2) 移梁作业人员精力不集中，作业人员未能站稳扶好。管控措施：作业期间，由作业负责人负责对人员进行全程监管，对精力不集中的立即让其停止作业。

(3) 移梁时存在登高作业未系保险带，无专人扶梯。管控措施：登高作业必须系保险

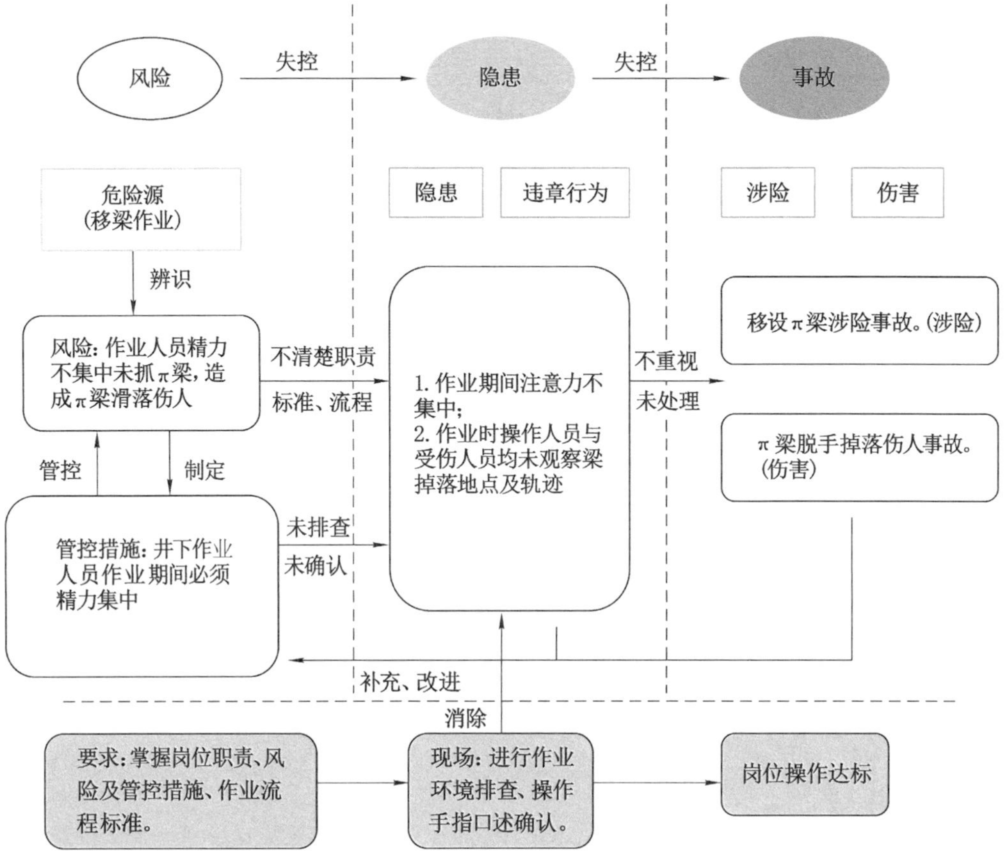

带且合理使用平台或梯子,使用平台必须保证平台的稳固性,使用梯子必须由专人扶梯。

3. 流程标准阐述方面

移梁作业的流程:敲帮问顶→扶好π梁→拆一侧单体支柱→拆卸π梁→拆另一侧单体支柱→上π梁(同时支设一侧单体柱)→支设另一侧单体支柱。

标准:① 扶π梁登高作业必须由专人扶梯子,登平台作业必须保证平台稳固;② 单体柱支设必须迎山有力,初撑力不得小于11.5 MPa。

4. 作业环境评述方面

移梁前应对作业地点的环境及平台、梯子完好情况进行检查,隐患问题处理合格后,方可作业:① 作业点顶帮是否存在活矸危岩;② 安全出口及行人通道是否畅通;③ 登高使用的平台和梯子是否完好。

5. 操作手指口述方面

主要的操作手指口述安全确认环节如下:

(1) 手指:顶、帮。口述:顶板和帮部无活矸危岩,确认完毕。

(2) 手指:平台、梯子。口述:平台、梯子完好,确认完毕。

案例 2　皮带搭接点矸石弹出伤人事故

一、事故案例简况

2020 年 6 月 4 日 0 点班 8 点左右，工作面停机且皮带拉空后，皮带（带式输送机）司机张××站立在皮带电机风机侧面观察确认皮带是否拉空，准备停机，突然从皮带上拉出一块长 0.7 m、厚 0.2 m 的矸石掉落在强力皮带上弹出（强力皮带搭接处 616 工作面侧无防护措施），砸落到张××的左脚前脚掌。

二、双防技术分析及过程演变图例

此事故中，责任人对“皮带运输”危险因素存在“大块矸石弹出伤人”的安全风险认识不足，对“皮带搭接点处设置挡矸防护措施”的操作要求执行不到位，导致大块矸石弹出伤人事故发生。

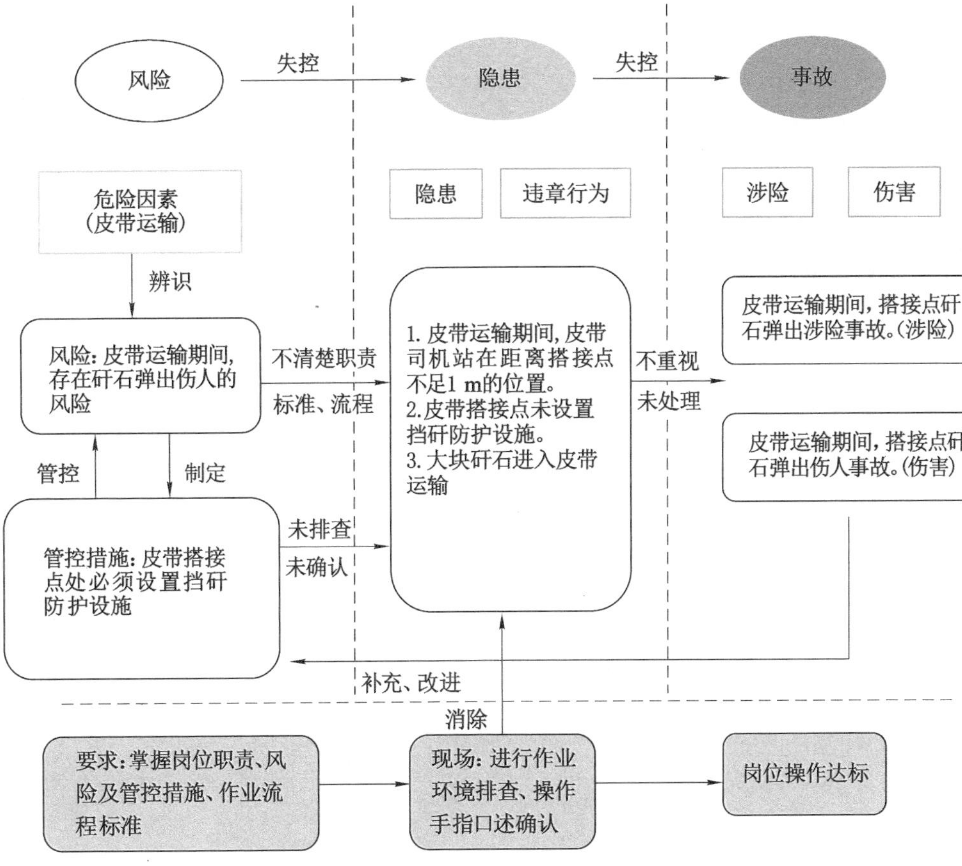

三、"五述"管理防治措施

为加强此类作业行为管理，杜绝类似事故发生，按照岗位"五述"管理要求，采取以下防治措施：

1. 岗位职责描述方面

作业人员应掌握带式输送机作业的工作内容、操作流程、操作标准，完成工作任务；掌握带式输送机操作的安全注意事项，保证作业安全。

2. 安全风险自述方面

拉空皮带作业过程中存在的岗位风险及管控措施如下：

(1) 皮带运输期间，存在矸石弹出伤人的风险。管控措施：皮带运行期间，人员不得靠近皮带搭接点1 m范围；皮带搭接点两侧必须设置挡矸防护设施；大块矸石未经破碎，严禁进入皮带运输。

(2) 皮带运输期间，存在废旧锚杆、菱形网等杂物拉出伤人的风险。管控措施：严禁废旧锚杆、菱形网等杂物上皮带，发现废旧锚杆、菱形网等杂物上皮带，皮带司机应及时停机捡出。

(3) 皮带运输期间，存在违规运输材料、设备，导致皮带受损或人员受伤的风险。管控措施：带式输送机严禁运送材料、设备、人员。

3. 流程标准阐述方面

拉空皮带的流程：班组长发出收工命令→工作溜子拉空停机并通知转载机司机→转载机拉空停机并通知皮带司机→皮带司机拉空停机。

标准：① 转载机司机拉空停机后，必须电话通知皮带司机；② 皮带司机接到通知后，必须将皮带拉空，并停机闭锁开关；③ 转载机司机发现有大块矸石、杂物等上皮带，必须立即打信号通知皮带停机，并汇报班组长处理；④ 皮带运行期间，严禁人员站在皮带机头正对方向；⑤ 作业人员必须与带式输送机保持安全距离，严禁近距离作业。

4. 作业环境评述方面

皮带司机必须对作业环境进行检查：① 挡矸防护措施是否安设可靠；② 皮带运输期间搭接点1 m范围内是否有人员；③ 是否有大块矸石或其他杂物进入皮带运输；④ 声光信号安设位置是否合理，是否灵敏可靠。隐患问题处理合格后，方可开启作业。

5. 操作手指口述方面

主要的操作手指口述安全确认环节如下：

(1) 手指：岗位作业区域。口述：无人员进入皮带运行警戒范围，确认完毕。

(2) 手指：带式输送机。口述：无矸石或杂物进入皮带运输，确认完毕。

(3) 手指:搭接点。口述:搭接点已安设挡矸防护措施,确认完毕。

(4) 手指:带式输送机。口述:皮带已拉空,确认完毕。

(5) 手指:带式输送机操作台。口述:皮带已停机,确认完毕。

(6) 手指:带式输送机开关。口述:开关已闭锁,确认完毕。

案例3　构顶道木掉落伤人事故

一、事故案例简况

2011年5月13日8点班9:10左右，综采队226工作面构顶期间，构顶人员赵×不慎将放置于平台上的一根道木碰落，道木掉下造成赵×右脚大拇指骨裂。

二、双防技术分析及过程演变图例

此事故中，责任人对“构顶道木”危险因素存在“掉落伤人”的安全风险认识不到位，未执行“构顶平台下方严禁人员通过”的操作要求，导致道木掉落伤人事故发生。

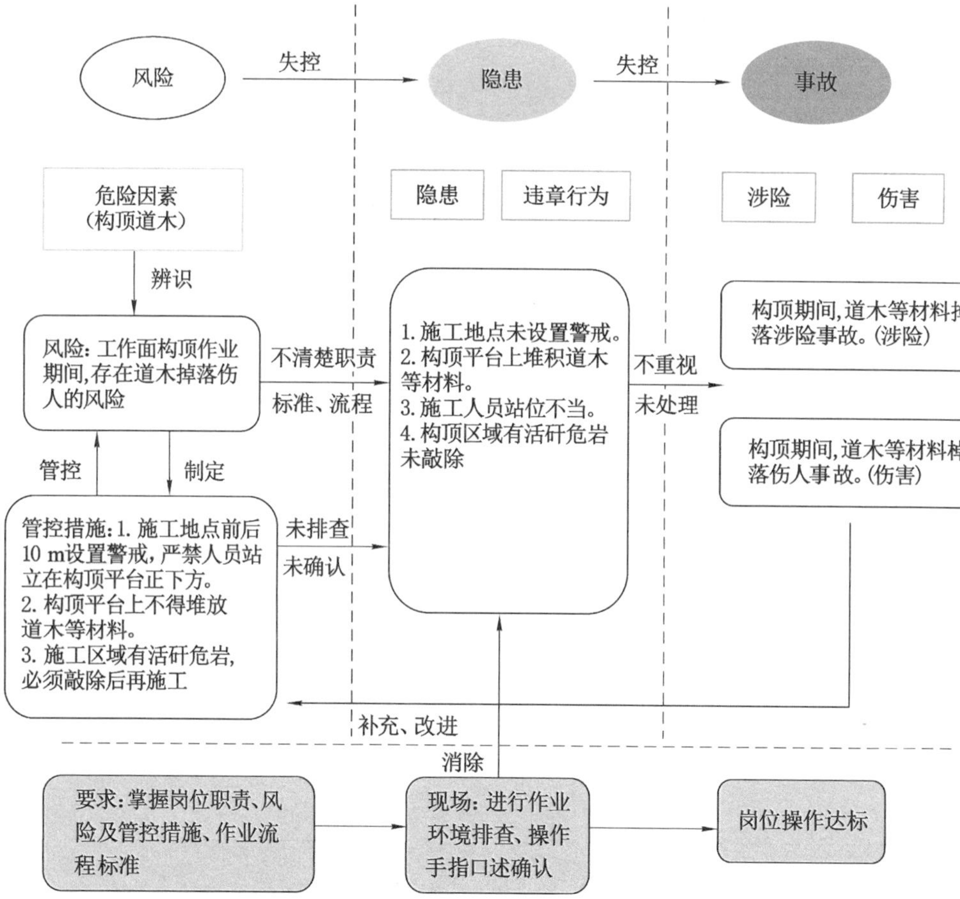

三、“五述”管理防治措施

为加强此类作业行为管理，杜绝类似事故发生，按照岗位“五述”管理要求，采取以下防治措施：

1. 岗位职责描述方面

作业人员应掌握综采工作面构顶的工作内容、操作流程、操作标准，完成工作任务；掌握构顶作业期间的安全注意事项，保证作业安全。

2. 岗位风险自述方面

此作业过程中存在的岗位风险及管控措施如下：

(1) 综采工作面构顶期间，存在道木等材料掉落伤人的风险。

管控措施：施工地点前后 10 m 设置警戒，严禁人员站立在构顶平台正下方；构顶平台上不得堆放道木等材料。

(2) 综采工作面构顶期间，存在构顶区域活矸危岩掉落伤人的风险。

管控措施：构顶前，必须安排有经验的职工对构顶区域执行敲帮问顶制度。构顶施工区域有活矸危岩时，必须先敲除后再施工。

(3) 综采工作面构顶期间，存在人员高处坠落受伤的风险。

管控措施：构顶作业平台应加设专用平台，确保牢固可靠，便于职工作业。登高作业人员必须佩戴保险绳。

3. 流程标准阐述方面

构顶作业的流程：作业地点设置警戒→检查构顶平台→人员佩戴安全绳→执行敲帮问顶制度→逐次递送道木、板梁等材料→完成构顶作业。

标准：① 施工地点前、后方 10 m 设置警戒，严禁任何人员通过；② 构顶平台加设必须牢固可靠，并加设戗柱；③ 登高作业人员必须佩戴保险绳；④ 平台上构顶人员不得超过 1 人；⑤ 敲帮问顶工作必须安排有经验的职工操作，并使用专用长柄工具；⑥ 逐次递送构顶材料，构顶平台存放的材料不得超过一次构顶所需用料。

4. 作业环境评述方面

构顶前对作业环境及平台搭设的完好情况进行检查：① 警戒是否设置到位；② 构顶平台是否存放材料；③ 作业区域人员站位是否安全；④ 构顶平台加设是否安全可靠；⑤ 登高人员是否佩戴保险绳；⑥ 敲帮问顶制度是否执行到位。隐患问题处理合格后，方可作业。

5. 操作手指口述方面

主要的操作手指口述安全确认环节如下：

(1) 手指：警戒。口述：警戒已设置，确认完毕。

(2) 手指:登高平台。口述:登高平台未摆放其他材料,确认完毕。

(3) 手指:作业区域。口述:作业区域人员站位安全,确认完毕。

(4) 手指:登高平台。口述:登高平台架设安全可靠,确认完毕。

(5) 手指:登高人员。口述:登高人员已佩戴安全绳,确认完毕。

(6) 手指:构顶区域。口述:构顶区域活矸危岩已处理,确认完毕。

案例 4　单体柱倾倒伤人事故

一、事故案例简况

1997 年 11 月 14 日 8 点班，综采队当班出勤 30 人，工作面正常生产，工作面平均分成 7 段，每段 3 人负责回柱、支柱，其中卫××、李××及董××三人负责机头段回柱、支柱。在作业过程中，单体柱突然倾倒砸在董××头部右侧耳朵上方，造成该职工受伤。

二、双防技术分析及过程演变图例

此事故中，责任者对单体柱危险源存在“倾倒伤人”的安全风险认识不到位，未严格执行“检查作业区域单体柱支设情况”的操作要求，导致单体柱倾倒伤人事故发生。

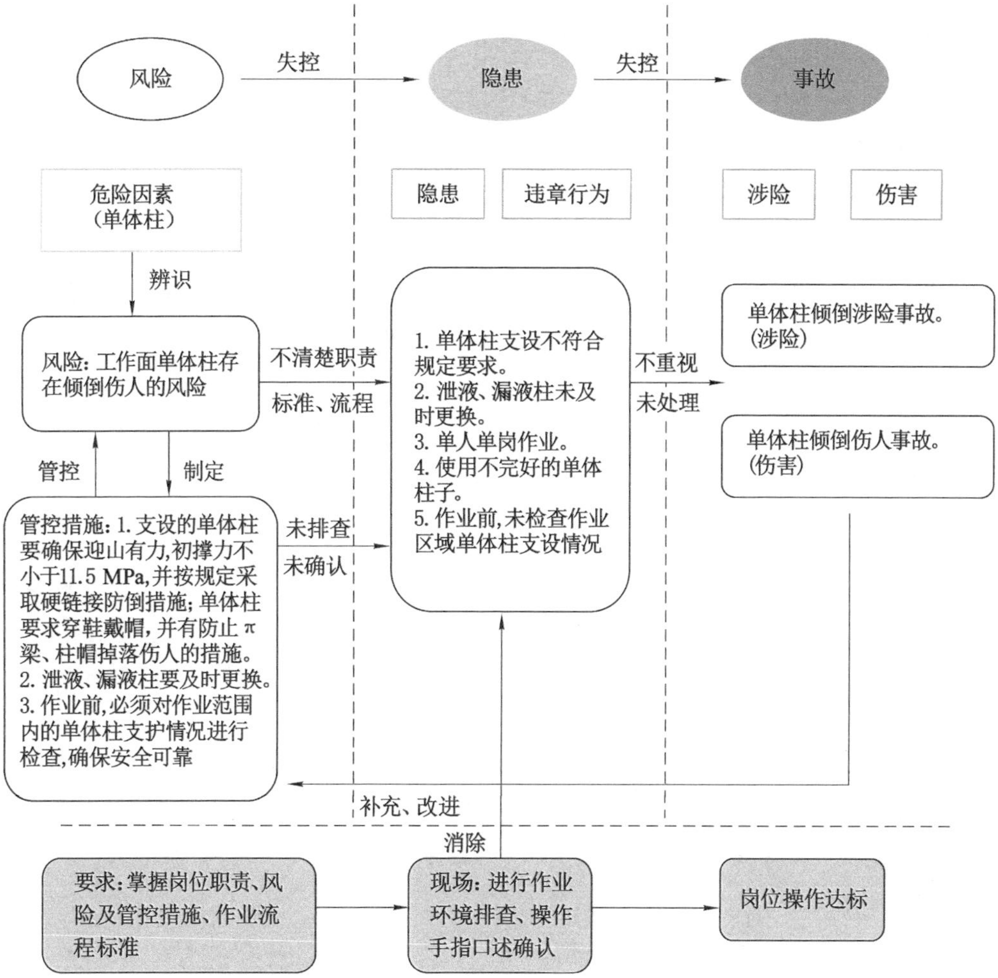

三、"五述"管理防治措施

为加强此类作业行为管理，杜绝类似事故发生，按照岗位"五述"管理要求，采取以下防治措施：

1. 岗位职责描述方面

作业人员应掌握综采工作面支设单体柱的工作内容、操作流程、操作标准，完成工作任务；掌握支设单体柱作业期间的安全注意事项，保证作业安全。

2. 岗位风险自述方面

此作业过程中存在的岗位风险及管控措施如下：

(1) 支设单体柱存在单体柱倾倒伤人的风险。管控措施：支设的单体柱要确保迎山有力，初撑力不小于 11.5 MPa，并按规定采取硬链接防倒措施；单体柱要求穿鞋戴帽，并有防止 π 梁、柱帽掉落伤人的措施；泄液漏液柱要及时更换；作业前，必须对作业范围内的单体柱支护情况进行检查，确保安全可靠。

(2) 支设单体柱范围内存在顶板破碎掉矸伤人的风险。管控措施：支设单体柱时必须先对顶板进行检查，发现有活矸必须先处理，否则严禁作业。

(3) 抬运单体柱过程中存在单体柱掉落伤人的风险。管控措施：抬运时两人必须同肩，同起同放，提前清理抬运路线。

3. 流程标准阐述方面

支设单体柱流程：先检查顶板完好情况→检查作业范围内单体柱支设情况→检查单体柱完好情况→检查注液枪及管路完好情况→支设单体柱。

标准：① 作业范围内单体柱无泄液，穿鞋戴帽，迎山有力，防倒设施齐全有效，初撑力不小于 11.5 MPa；② 作业范围内顶帮无活矸危岩；③ 单体柱三用阀完好无变形，顶盖卡爪完好；④ 注液枪完好无变形，出液正常，密封圈齐全。

4. 作业环境评述方面

支柱前应对作业环境及单体柱的完好情况进行检查：① 单体柱是否有泄液现象；② 单体柱防倒设施是否齐全有效；③ 作业地点顶帮是否安全、退路是否畅通等；④ 单体柱、注液枪及管路是否完好。隐患问题处理合格后，方可进行支柱、回柱作业。

5. 操作手指口述方面

主要的操作手指口述安全确认环节如下：

(1) 手指：顶板。口述：顶板完好无活矸危岩，确认完毕。

(2) 手指：单体柱支护。口述：作业范围内单体柱无泄液，穿鞋戴帽，防倒设施齐全有效，确认完毕。

(3) 手指：单体柱、注液枪及管路。口述：单体柱、注液枪及管路完好，可正常使用，确认完毕。

案例5　安装对接大型设备伤人事故

一、事故案例简况

2010年4月4日4点班，对装减速器期间，用两台5 t手动葫芦将其吊挂在支架上，前后牵引，起吊减速器向机尾移位。在移动过程中(减速器前后均已离地10 cm以上)，减速器圆盘被卡住，无法移动。此时，陈××拉一台手动葫芦，周××、郭××拉另一台手动葫芦，张××自行爬下查看原因。突然陈××侧手动葫芦与减速器连接的小链崩动，减速器晃动将张××顶在支架上，造成其肩胛骨骨折。

二、双防技术分析及过程演变图例

此事故中，责任者对“起吊大型设备”危险因素存在“设备晃动伤人”的安全风险认识不到位，责任人未执行“严禁进入危险区域，并与起吊设备保持安全距离”的操作要求，导致减速器挤压伤人事故发生。

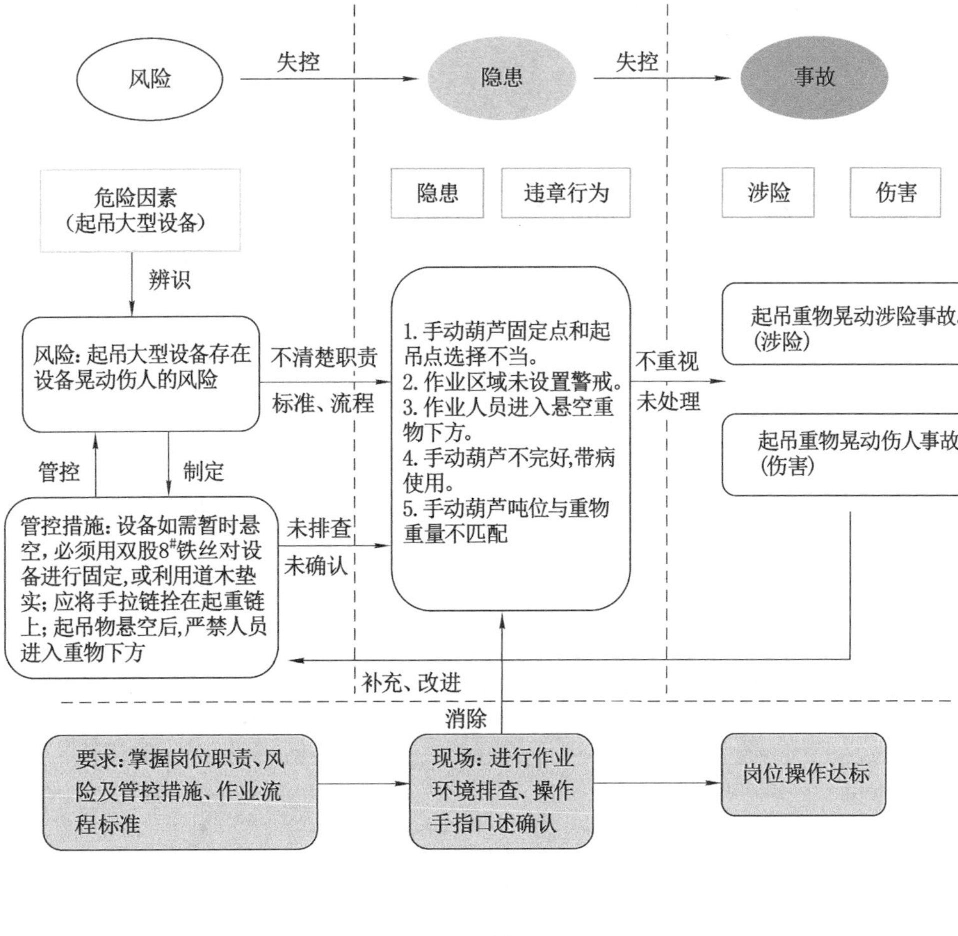

三、"五述"管理防治措施

为加强此类作业行为管理，杜绝类似事故发生，按照岗位"五述"管理要求，采取以下防治措施。

1. 岗位职责描述方面

作业人员应掌握起吊大型设备的工作内容、操作流程、操作标准，完成工作任务；掌握大型设备起吊作业期间的安全注意事项，保证作业安全。

2. 岗位风险自述方面

此作业过程中存在的岗位风险及管控措施如下：

(1) 起吊大型设备存在悬空设备晃动伤人的风险。管控措施：设备如需暂时悬空，必须用双股8#铁丝对设备进行固定，或利用道木垫实；应将手拉链拴在起重链上；起吊物悬空后，严禁人员进入重物下方。

(2) 起吊大型设备存在悬空设备脱落伤人的风险。管控措施：起吊大型设备前，必须在作业区域设置警戒，严禁无关人员进入；起吊大型设备前，必须对起吊用具(手动葫芦、锚链等)的完好情况进行检查；起吊前，手动葫芦必须选择可靠的固定点和起吊点；起吊前应核实重物重量，选择适当吨位的葫芦，严禁超负荷起吊；起吊物悬空后，严禁人员进入重物下方。

3. 流程标准阐述方面

安装对接大型设备流程：施工地点设置警戒→起吊设备→设备被卡住→对悬空设备采取稳固措施→处理问题→重新开始设备对接作业流程。

标准：① 安装大型设备前，必须在作业地点前后10 m范围吊挂警戒牌。② 设备如需暂时悬空，必须用双股8#铁丝对设备进行固定，或利用道木垫实；应将手拉链拴在起重链上。③ 起吊物悬空后，严禁人员进入重物下方。④ 操作人员在对接设备时，站在安全区位置进行作业。

4. 作业环境评述方面

处理起吊重物被卡情况要检查：① 警戒设置是否到位；② 悬空设备是否采取稳固措施。③ 人员站位是否安全。必须对隐患问题处理合格后，方可作业。

5. 操作手指口述方面

主要的操作手指口述安全确认环节如下：

(1) 手指：警戒。口述：警戒设置到位，确认完毕。

(2) 手指：悬空设备。口述：悬空设备已采取稳固措施，确认完毕。

(3) 手指：作业人员。口述：作业人员站位安全，可以开始处理。

案例6　运输溜尾夹伤人事故

一、事故案例简况

2008 年 11 月 20 日 8 点班 14:10 时，综采队 601 工作面安装正巷转载溜子，由当班班组长李××和职工张××、王××负责运输溜尾，张××在巷道运输过程中站位不当，溜尾和槽子夹伤张××左手，致其左手掌骨折。

二、双防技术分析及过程演变图例

此事故中，责任者对“运输过程”危险源存在“溜尾和槽子夹伤人”的安全风险认识不到位，未严格执行“人员站位”的操作要求，导致溜尾和槽子夹伤事故发生。

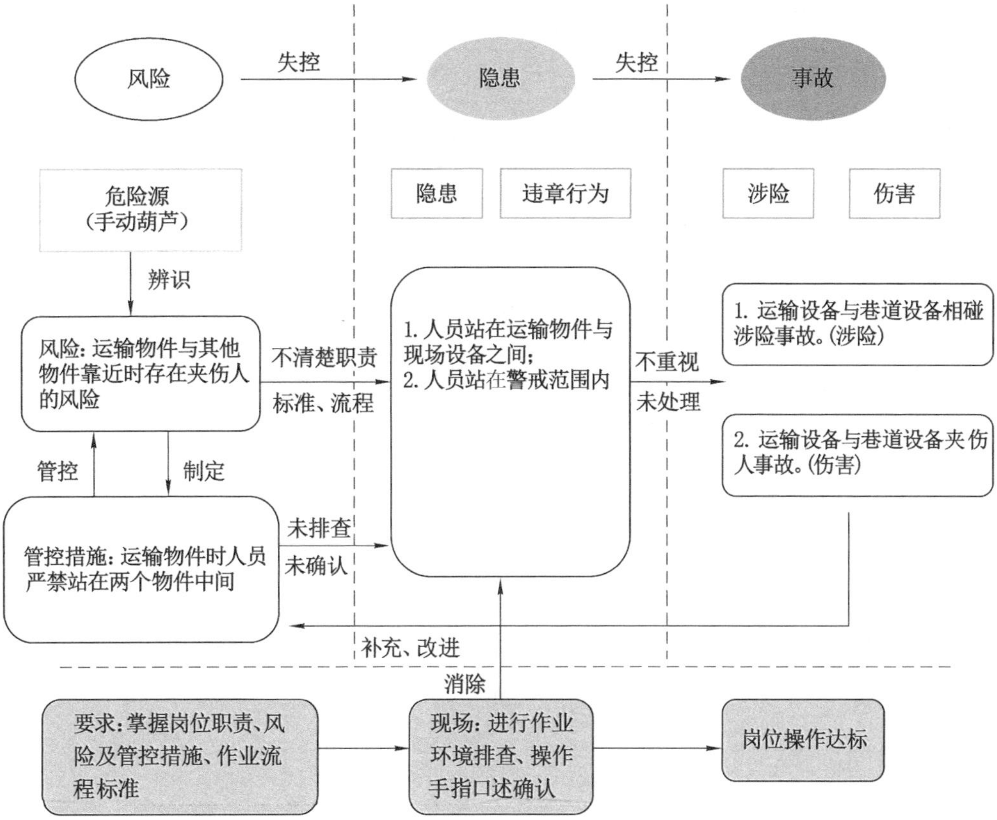

三、"五述"管理防治措施

为加强此类作业行为管理，杜绝类似事故发生，按照岗位"五述"管理要求，采取以下防治措施：

1. 岗位职责描述方面

作业人员应掌握运输设备的工作内容、施工工艺；掌握运输设备期间的安全注意事项，按照运输设备的工作流程、顺序进行操作，保证作业安全。

2. 岗位风险自述方面

此作业过程中存在的岗位风险及管控措施如下：

(1) 人员站在设备运输警戒范围内，存在钢丝绳断裂钢丝绳甩伤人员风险。管控措施：运输时设置前后警戒，严禁有人员站在警戒区域。

(2) 运输设备期间人员的手严禁放置在巷道设备上防止设备与设备过近存在夹伤风险。管控措施：运输物件时人员严禁站在两个物件中间。

3. 流程标准阐述方面

运输设备流程：检查运输设备及钢丝绳是否完好→设置警戒安排人员站位→运输设备。

标准：(1) 绞车及钢丝绳完好；(2) 人员全在警戒范围之外。

4. 作业环境评述方面

运输前应对作业环境及绞车的完好情况进行检查：① 绞车是否完好，人员站位是否合理；② 警戒设置是否到位；③ 作业地点顶帮是否安全、退路是否畅通等。隐患问题处理合格后，方可运输作业。

5. 操作手指口述方面

主要的操作手指口述安全确认环节如下：

(1) 手指：绞车。口述：绞车完好，确认完毕。

(2) 手指：人。口述：警戒设置到位，人员站位合理，确认完毕。

案例7　推转载机单体柱滑脱伤人事故

一、事故案例简况

2021年4月17日4点班23:30左右，综采队2-107B工作面正巷推转载机作业完成时，职工张×一人回撤戗柱，因受坡度影响转载溜子向支架方有下滑惯性，戗柱受力，张某从工作溜子机头处跨过接近单体柱时，被跳起的单体柱底部碰到，面部右侧和右肩受伤。

二、双防技术分析及过程演变图例

此事故中，责任者对“使用单体柱调整设备”危险源存在“单体柱子固定不牢固滑脱伤人”的安全风险认识不到位，未严格执行“使用单体柱调整设备前后危险源辨识”的操作要求，导致单体柱滑脱伤人事故发生。

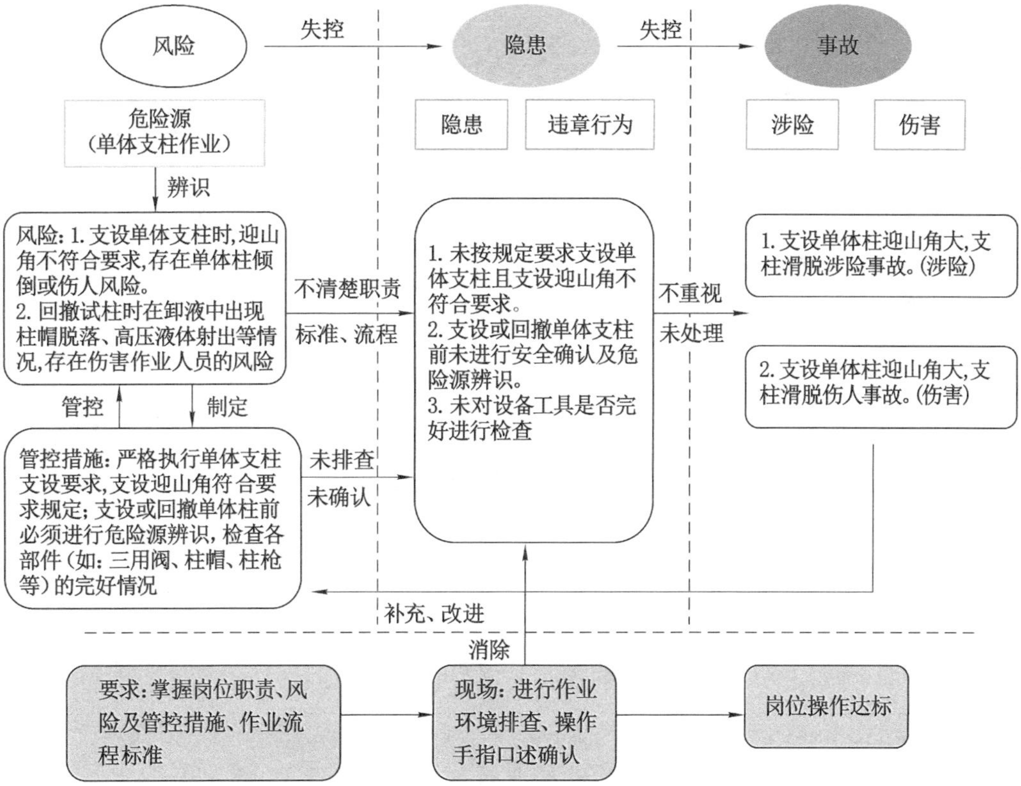

三、"五述"管理防治措施

为加强此类作业行为管理，杜绝类似事故发生，按照岗位"五述"管理要求，采取以下防治措施：

1. 岗位职责描述方面

作业人员应掌握使用单体柱调整设备的工作内容、操作流程、操作标准，完成工作任务；掌握单体柱子调整设备期间的安全注意事项，保证作业安全。

2. 岗位风险自述方面

此作业过程中存在的岗位风险及管控措施如下：

(1) 使用单体柱子调整设备存在单体柱子滑脱伤人的风险。管控措施：使用单体柱子调整设备，必须采取防滑防跑脱措施；作业区域必须设置警戒，严禁无关人员进入；严禁超负荷强行调整设备。

(2) 使用单体柱子调整设备存在单体柱子崩断或三用阀崩出伤人的风险。管控措施：使用单体柱子调整设备，必须检查单体柱子的完好情况；挑选与被调整设备重量、尺寸、规格相匹配的单体柱。

3. 流程标准阐述方面

单体柱调整设备作业流程：对作业区域设置警戒→检查单体柱是否完好→对单体柱采取防滑防脱措施→确认人员安全站位→回撤单体支柱。

标准：① 单体柱卡爪、三用阀、柱体、伸缩活柱必须完好；② 选择可靠位置固定好单体支柱，利用木板、旧皮带等物品垫在单体支柱顶靠位置以防滑，利用钢丝绳等对单体柱固定防跑脱；③ 作业区域严禁人员进入，确保人员安全站位。

4. 作业环境评述方面

使用单体柱调设备前应对作业环境及单体柱的完好情况、支设情况进行检查：① 单体柱是否完好；② 单体柱防滑、防跑脱措施是否落实；③ 作业地点警戒是否设置到位，人员站位是否安全。隐患问题处理合格后，方可作业。

5. 操作手指口述方面

主要的操作手指口述安全确认环节如下：

(1) 手指：单体柱。口述：单体柱各部件完好可靠，单体柱尺寸规格选择合理，防滑防跑脱措施落实到位，确认完毕。

(2) 手指：施工区域。口述：作业区域警戒设置到位，人员站位安全。

案例8　拆卸支架侧护板伤人事故

一、事故案例简况

2016年7月5日0点班，综采队608工作面副班组长李××带领职工拆卸6#液压支架侧护板时，侧护板突然脱落，擦伤左腿膝盖，造成膝盖受伤。

二、双防技术分析及过程演变图例

此次事故中，责任者对“拆卸侧护板”危险源存在“侧护板掉落伤人”的安全风险认识不到位，未严格执行“拆卸侧护板前对侧护板进行固定”的操作要求，导致护帮板掉落伤人事故发生。

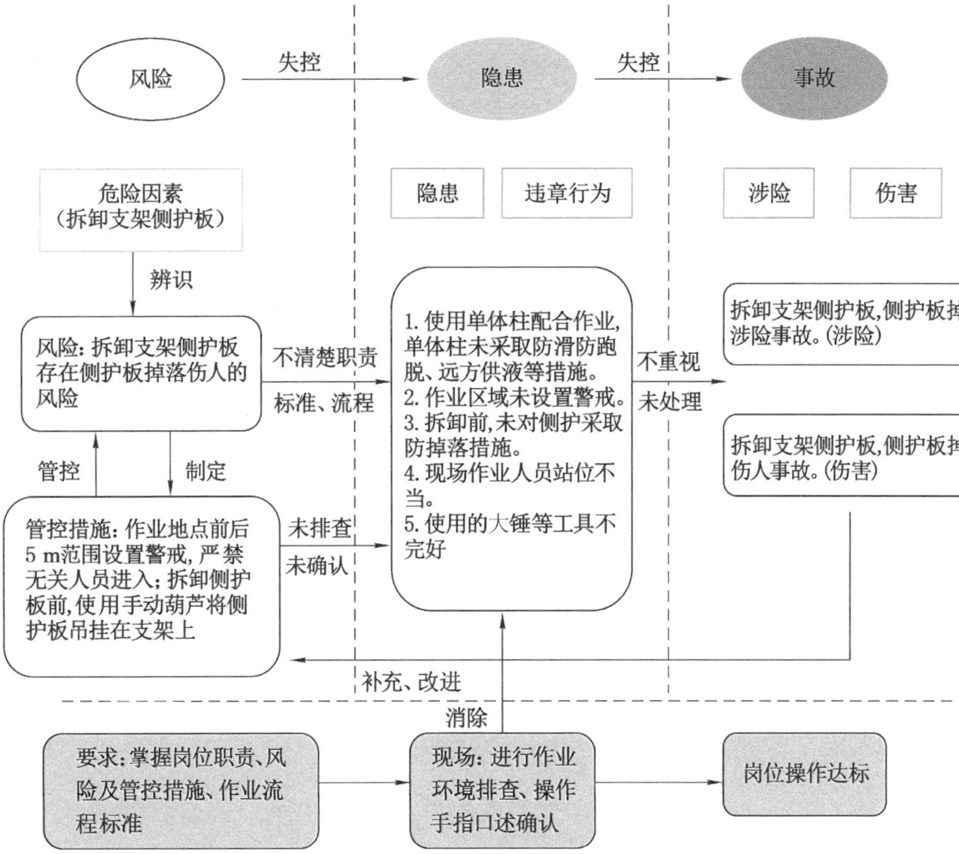

三、"五述"管理防治措施

为加强此类作业行为管理，杜绝类似事故发生，按照岗位"五述"管理要求，采取以下防治措施：

1. 岗位职责描述方面

作业人员应掌握拆卸支架侧护板的工作内容、操作流程、操作标准，完成工作任务；掌握拆卸支架侧护板期间的安全注意事项，保证作业安全。

2. 岗位风险自述方面

此作业过程中存在的岗位风险及管控措施如下：

(1) 拆卸支架侧护板存在侧护板掉落伤人的风险。管控措施：作业地点前后5 m范围设置警戒，严禁无关人员进入；拆卸侧护板前，使用手动葫芦将侧护板吊挂在支架上。

(2) 拆卸支架侧护板使用单体柱配合作业，存在单体柱跑脱伤人的风险。管控措施：使用单体柱配合作业，单体柱应采取防滑防跑脱、远方供液等措施。

(3) 拆卸支架侧护板使用大锤等工具，存在工具不完好导致人员受伤事故的风险。管控措施：作业前，必须对所使用工具(大锤、单体柱、手动葫芦等)的完好情况进行检查，确保工具完好。

3. 流程标准阐述方面

拆卸侧护板作业流程：作业区域设置警戒→检查工具完好情况→采取防支架侧护板掉落措施→确认人员安全站位→拆卸侧护板→使用手动葫芦下放侧护板。

标准：① 作业区域前后5 m范围内设置警戒，严禁无关人员进入；② 保证手动葫芦、大锤、单体柱等拆卸工具的完好；③ 利用手动葫芦将侧护板吊挂在支架上；④ 作业人员的站位必须避开侧护板可能掉落位置；⑤ 使用单体柱配合作业，单体柱未采取防滑防跑脱、远方供液等措施。

4. 作业环境评述方面

拆卸侧护板前应对作业环境及作业工具的完好情况进行检查：① 警戒是否设置；② 手动葫芦、大锤、单体柱等拆卸工具是否完好；③ 侧护板防掉措施是否落实；④ 人员站位是否安全。在隐患问题处理合格后，方可拆卸侧护板作业。

5. 操作手指口述方面

主要的操作手指口述安全确认环节如下：

(1) 手指：作业区域。口述：作业区域警戒设置到位，确认完毕。

(2) 手指：工具。口述：各个工具完好，确认完毕。

(3) 手指：侧护板。口述：侧护板防掉措施已落实，确认完毕。

(4) 手指：作业人员。口述：作业人员站位安全，可以开始拆卸作业。

案例9　卸载单体柱承载压力伤人事故

一、事故案例简况

2016年4月12日，在抽架过程中，职工李××右手扶柱子，左手使用手把卸载放液，瞬间单体柱反弹靠向回柱车戗柱，夹伤李××右手手腕，导致其右手手腕骨折。

二、双防技术分析及过程演变图例

此次事故中，责任者对“单体柱卸载压力”危险源存在“单体柱反弹伤人”的安全风险认识不到位，未执行“单体柱承载压力较大时，卸载压力必须远距离操作”的操作要求，导致人员右手手腕骨折的事故。

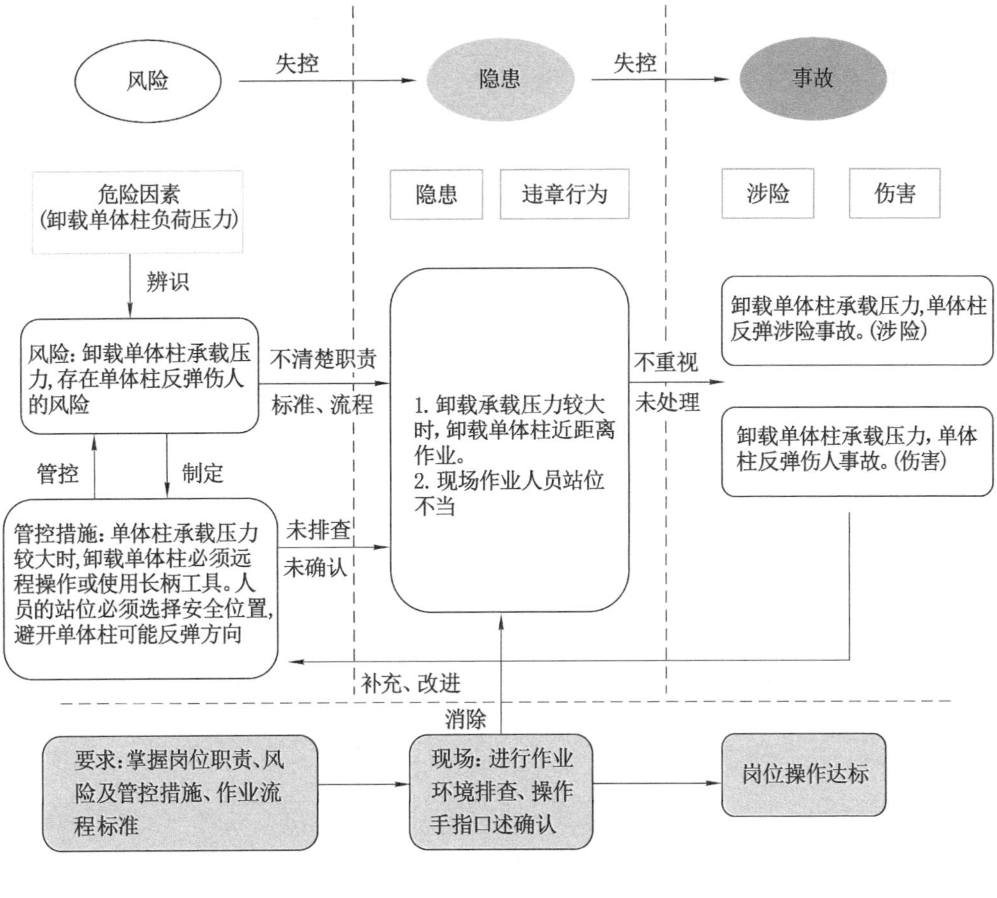

三、“五述”管理防治措施

为加强此类作业行为管理，杜绝类似事故发生，按照岗位“五述”管理要求，采取以下防治措施：

1. 岗位职责描述方面

作业人员应掌握回撤单体柱的工作内容、操作流程、操作标准，完成工作任务；掌握回撤单体柱期间的安全注意事项，保证作业安全。

2. 岗位风险自述方面

此作业过程中存在的岗位风险及管控措施如下：

(1) 卸载单体柱承载压力，存在单体柱反弹伤人的风险。管控措施：单体柱承载压力较大时，卸载单体柱必须远程操作或使用长柄工具。人员站位必须选择安全位置，避开单体柱可能的反弹方向。

(2) 回撤单体柱期间，存在顶板活矸危岩或老山侧矸石伤人的风险。管控措施：回撤单体柱前，必须对作业地点活矸危岩进行敲除。进入回撤支架三角区，必须对老山侧菱形网破口进行补连，防止矸石滚出。

3. 流程标准阐述方面

由有经验的职工判断回撤单体柱子方式→采取远程回撤单体柱的作业方式→确认人员安全站位→泄液并回撤单体柱。

4. 作业环境评述方面

泄液前对立柱的完好情况进行检查：① 作业区域顶板或老山区是否安全；② 人员站位是否安全；③ 回撤单体柱方式是否合理。隐患问题处理合格后，方可进行作业。

5. 操作手指口述方面

主要的操作手指口述安全确认环节如下：

(1) 手指：作业区域顶板。口述：顶板安全，无活矸危岩，确认完毕；

(2) 手指：老山区。口述：老山区安全，无窜矸危险，确认完毕。

(3) 手指：单体柱。口述：单体柱承载压力较大，采取远程回柱方式，确认完毕。

(4) 手指：作业区域。口述：人员站位安全，开始回撤单体柱。

案例 10　脱锚伤人事故

一、事故案例简况

2012 年 4 月 18 日 8 点班，职工田××和刘××在转载机行人侧脱锚，此时田××在梯子上作业，刘××扶梯，田××使用风镐钎子敲锚杆未掉下来的螺帽，螺帽飞出砸伤刘××右眼。

二、双防技术分析及过程演变图例

此次事故中，责任者对“剪切后的螺帽”危险源存在“崩飞伤人”的安全风险认识不到位，未严格执行“避开螺帽可能崩飞方向，确保站位安全”的操作要求，导致螺帽飞出砸伤刘××右眼。

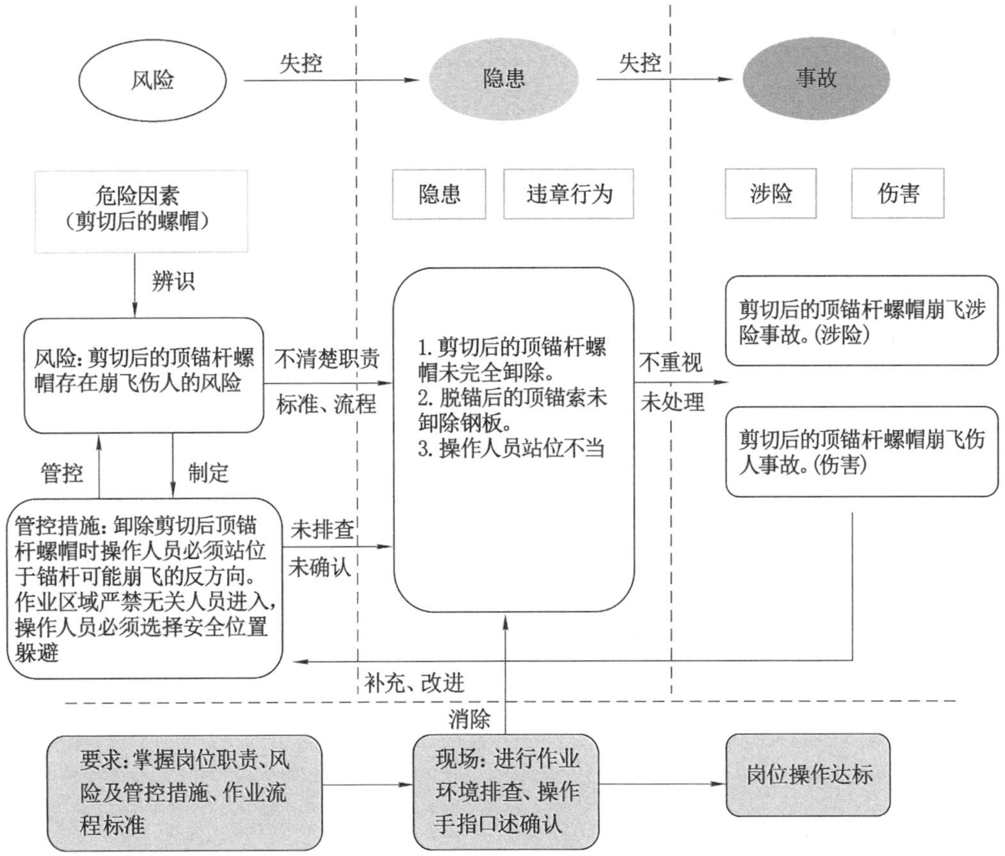

三、"五述"管理防治措施

为加强此类作业行为管理，杜绝类似事故发生，按照岗位"五述"管理要求，采取以下防治措施：

1. 岗位职责描述方面

作业人员应掌握脱锚作业的工作内容、操作流程、操作标准，完成工作任务；掌握脱锚作业期间的安全注意事项，保证作业安全。

2. 岗位风险自述方面

此作业过程中存在的岗位风险及管控措施如下：

（1）剪切后的顶锚杆螺帽存在崩飞伤人的风险。管控措施：卸除剪切后顶锚杆螺帽时操作人员必须站位于锚杆可能崩飞的反方向。作业区域严禁无关人员进入，操作人员必须选择安全位置躲避。

（2）脱锚后的锚杆、锚索存在断锚杆、钢板掉落伤人的风险。管控措施：脱锚后的锚索钢板必须及时拆除，无法拆除的钢板必须利用铁丝防掉。人员作业或通过时应选择安全位置。

3. 流程标准阐述方面

操作人员选择安全站位→及时警告闯入警戒区域人员躲避→确认作业区域人员站位安全→卸除螺帽。

标准：① 操作人员必须站位于锚杆可能崩飞的反方向；② 作业区域设置警戒，无关人员闯入必须停止作业。

4. 作业环境评述方面

脱锚前应对作业环境进行检查：① 作业区域警戒是否设置到位；② 作业区域人员站位是否安全。隐患问题处理完成后，方可脱锚作业。

5. 操作手指口述方面

主要的操作手指口述安全确认环节如下：

（1）手指：作业区域。口述：作业区域警戒设置到位，无无关人员进入，确认完毕。

（2）手指：作业人员。口述：人员站位安全，可以开始脱锚。

案例 11　回柱车钢丝绳崩断伤人事故

一、事故案例简况

2015 年 1 月 23 日 0 点班，综采队 603 工作面副巷超前使用回柱车拉运工作溜子机尾，在拉运至 3# 超前架时，钢丝绳崩断，钢丝绳碎丝崩飞扎伤躲避在 2# 超前架的跟班队干顾××右眼。

二、双防技术分析及过程演变图例

此次事故中，责任者对“回柱车钢丝绳”危险源存在“钢丝绳崩断伤人”的安全风险认识不到位，未严格执行“回柱车钢丝绳不完好，严禁作业”的操作要求，钢丝绳锈蚀严重，强行作业导致钢丝绳崩断、碎丝崩飞(伤人)事故发生。

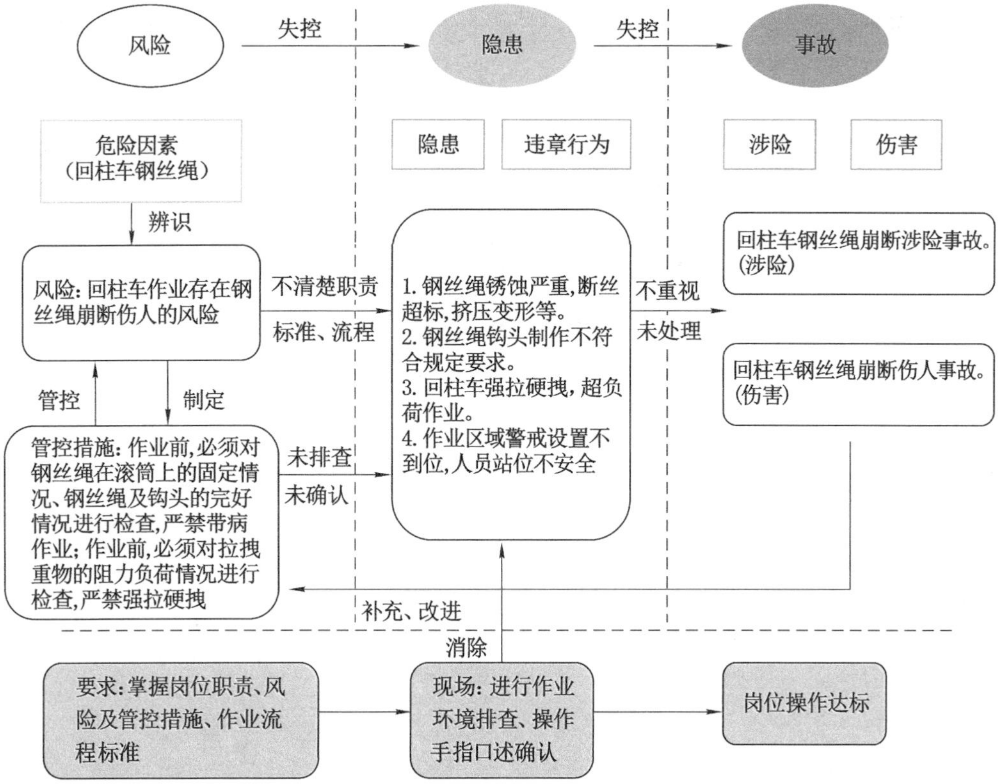

三、“五述”管理防治措施

为加强此类作业行为管理，杜绝类似事故发生，按照岗位“五述”管理要求，采取以

下防治措施：

1. 岗位职责描述方面

作业人员应掌握回柱车运输的工作内容、施工工艺；掌握回柱车运输期间的安全注意事项，按照回柱车运输的工作流程、顺序进行操作，保证作业安全。

2. 岗位风险自述方面

作业过程中存在的岗位风险及管控措施如下：

(1) 回柱车作业存在钢丝绳崩断伤人的风险。管控措施：作业前，必须对钢丝绳在滚筒上的固定情况、钢丝绳及钩头的完好情况进行检查，严禁带病作业；作业前，必须对拉拽重物的阻力负荷情况进行检查，严禁强拉硬拽。

(2) 人员强行闯警戒或作业人员站位不安全，存在钢丝绳波动伤人的风险。管控措施：作业前，必须安排专人在作业区域前后 5 m 范围内设置警戒，严禁人员通过。操作人员必须确保站位安全，避开钢丝绳可能波及的位置。

(3) 回柱车作业存在信号不清，导致钢丝绳伤人事故的风险。

管控措施：作业前，回柱车声光信号必须完好，否则严禁开机。信号不清，回柱车司机严禁操作。

3. 流程标准阐述方面

运输设备流程：检查回柱车及钢丝绳完好→作业区域设置警戒→人员安全站位→接收信号→开机操作。

标准：① 回柱车安装牢靠，压柱、戗柱牢靠有力；② 电气设备摆放稳当，操作方便；③ 钢丝绳不得使用旧绳，且一个捻距内断丝面积不得超过总断面的 10%；④ 作业区域前后 5 m 范围内安排专人警戒；⑤ 声光信号灵敏可靠，一停、二开、三松绳。

4. 作业环境评述方面

运输前应对作业环境及回柱车的完好情况进行检查：① 回柱车安装是否可靠，钢丝绳是否完好；② 警戒设置是否到位；③ 声光信号是否灵敏可靠；④ 拉运通道是否畅通。隐患问题处理合格后，方可作业。

5. 操作手指口述方面

主要的操作手指口述安全确认环节如下：

(1) 手指：回柱车。口述：回柱车固定可靠，钢丝绳完好，确认完毕。

(2) 手指：声光信号。口述：声光信号灵敏，确认完毕。

(3) 手指：拉运通道。口述：通道畅通，确认完毕。

(4) 手指：作业区域。口述：警戒设置到位，人员站位安全，确认完毕。

(5) 手指：声光信号。口述：信号接收清晰，命令明确，可以开机。

案例 12　强行带压更换支架液管伤人事故

一、事故案例简况

2005 年 10 月 3 日 8 点班，综采队 105 工作面张×在更换支架液压管路时，一人操作，未关闭支架进液截止阀，也没有安排人员对液压管路进行泄液，带压强行拆除液管，拔出管路接头的 U 形卡后，液压管路将其小腿打伤。

二、双防技术分析及过程演变图例

此事故中，责任者对“高压液管”危险源存在“液管崩脱伤人”的安全风险认识不到位，未严格执行“更换液管时要先关闭进液阀，再卸压，最后拆卸”的操作要求，导致液管崩脱（伤人）事故发生。

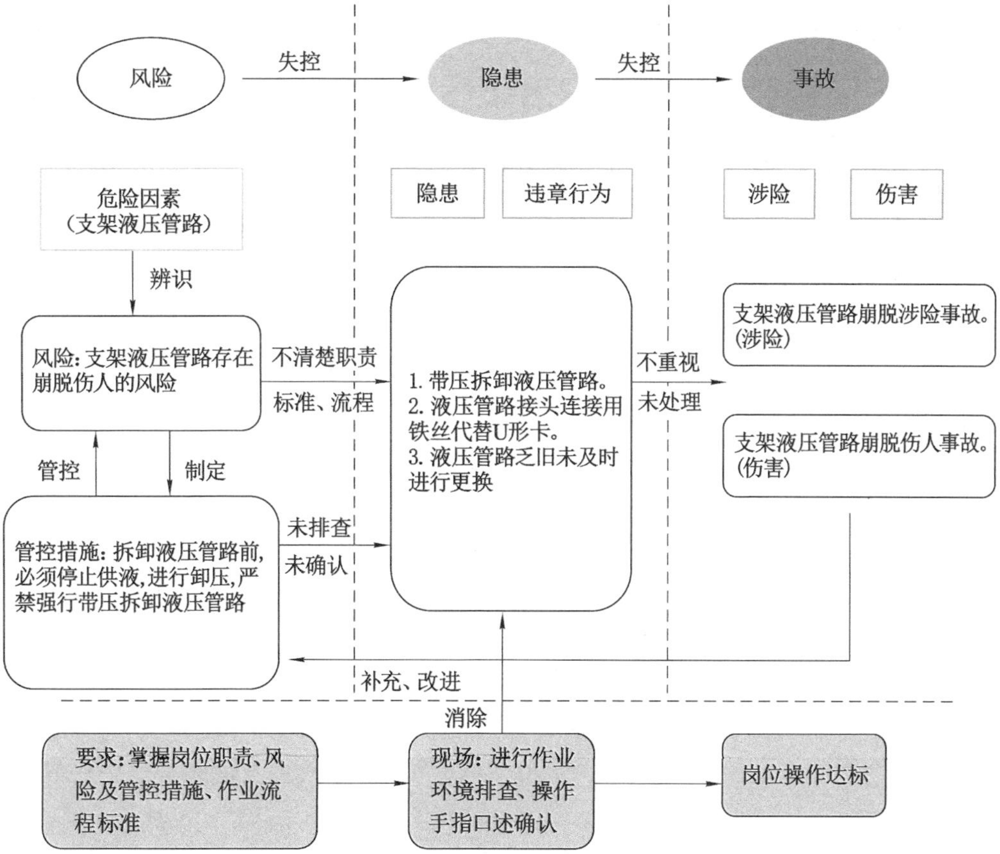

三、“五述”管理防治措施

为加强此类作业行为管理，杜绝类似事故发生，按照岗位“五述”管理要求，采取以下防治措施：

1. 岗位职责描述方面

作业人员应掌握更换液压支架管路作业的工作内容、操作流程、操作标准，完成工作任务；掌握更换液压支架管路作业期间的安全注意事项，保证作业安全。

2. 岗位风险自述方面

此作业过程中存在的岗位风险及管控措施如下：

(1) 支架液压管路存在崩脱伤人的风险。管控措施：拆卸液压管路前，必须停止供液，进行卸压，严禁强行带压拆卸液压管路。

(2) 支架液压管路存在管路破裂、高压液体喷出伤人的风险。管控措施：必须及时更换乏旧管路；液压泵站压力必须符合作业规程规定。

3. 流程标准阐述方面

更换液压管路流程：关闭本台支架的进液截止阀→操作支架阀组手把卸压→拆卸更换液压管路。

标准：① 支架主进液管路更换时必须关闭本台支架的进液截止阀。② 支架油缸液管更换，如不关闭进液截止阀，必须安排专人看护阀组手柄，否则必须关闭截止阀。③ 支架油缸液管更换前，必须左右扳动阀组手柄，对液管进行卸压。

4. 作业环境评述方面

更换液管前应对作业环境及支架的操作情况进行检查：① 支架进液截止阀是否关闭；② 液管是否完成卸压。隐患问题处理合格后，方可更换液管作业。

5. 操作手指口述方面

主要的操作手指口述安全确认环节如下：

(1) 手指：支架进液截止阀。口述：支架进液截止阀已关闭，确认完毕。

(2) 手指：液压管路。口述：液压管路已经完成卸压，可以开始拆卸。

第二章 掘进专业事故案例分析与防治

案例 13 风动机具(打眼机)不完好伤人事故

一、事故案例简况

2019 年 2 月 8 日中班 16:00 左右,开拓一队在八采区皮带巷工作面迎头支护期间,检查发现打眼机头缺少一个固定螺丝,职工刘××在未配齐打眼机螺丝的情况下使用该打眼机进行支护作业,在施工左侧拱部第三根锚杆钻孔约 20 cm 深时,打眼机头突然脱落,打眼机腿仍处于上升状态,并不受控制地旋转,在旋转过程中机腿上沿磕碰到换钻杆人员常××左侧脸部,造成常××左脸部受伤。

二、双防技术分析及过程演变图例

此事故中,责任者对"打眼机不完好"危险源存在"打眼机头与打眼机腿崩脱伤人"的安全风险认识不到位,未执行"打眼机不完好,不得使用"的操作要求,导致打眼机头突然脱落(伤人)事故发生。

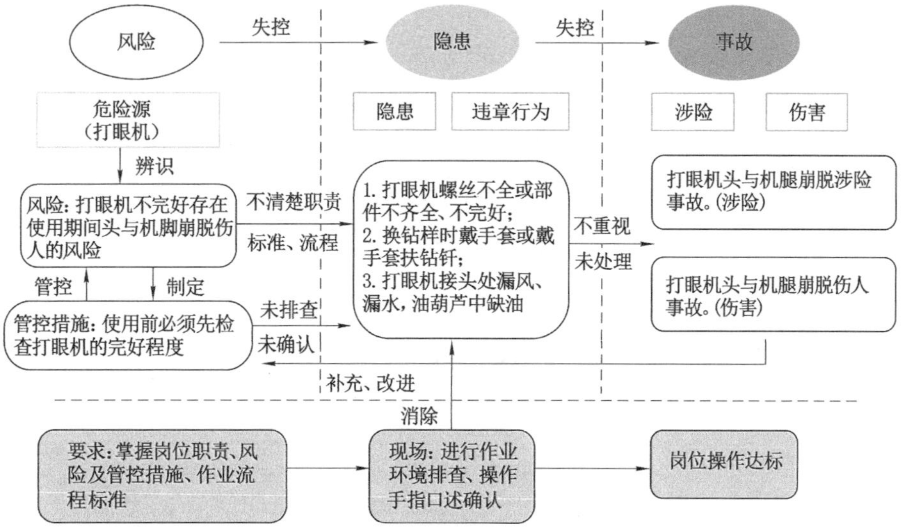

三、“五述”管理防治措施

为加强此类作业行为管理，杜绝类似事故发生，按照岗位“五述”管理要求，采取以下防治措施：

1. 岗位职责描述方面

作业人员应掌握风动机具及风水管路设施使用的安全注意事项，按照开工前检查工作流程、顺序进行操作，保证作业安全。

2. 岗位风险自述方面

此作业过程中存在的岗位风险及管控措施如下：

(1) 打眼机螺丝不全或部件不齐全不完好，存在设备故障伤人事故的风险。

管控措施：作业前，必须先对打眼进行检查，确保螺丝紧固，各部件齐全完好。

(2) 换钻杆时戴手套或戴手套扶钻杆，存在手臂被卷入钻杆中，造成人员受伤的风险。

管控措施：严禁戴手套扶钻杆或换钻杆。

(3) 打眼机接头处漏风、漏水和油葫芦中缺油，存在打眼机损坏和压风、静压水、部件脱落崩飞伤人风险。

管控措施：确保打眼机连接可靠，不漏风、漏水，打眼机各部位润滑到位。

3. 流程标准阐述方面

检查打眼机的流程：各部件螺丝紧固→检查连接部位润滑情况、油葫芦是否缺油→检查风、水连接是否可靠。

标准：① 必须保证各部位螺丝齐全紧固、无滑丝现象，各部件齐全完好；② 油葫芦有润滑油，风、水管路U形卡连接可靠。

4. 作业环境评述方面

使用打眼机前应对作业环境情况进行检查，人员应在永久支护下方作业。检查作业地点顶帮是否安全、操作人员退路是否畅通，U形卡是否连接可靠，管路是否有破口、乏旧等。

5. 操作手指口述方面

主要的操作手指口述安全确认环节如下：

(1) 手指：打眼机。口述：打眼机各部位完好紧固，确认完毕。

(2) 手指：油葫芦。口述：油葫芦有润滑油，确认完毕。

(3) 手指：风、水管路。口述：风、水管路连接完好可靠，确认完毕。

案例14　敲帮问顶伤人事故

一、事故案例简况

2014年5月21日0点班7:00左右，开一队+355三部皮带联巷工作面，班组长董××在爆破后敲帮问顶过程中，使用镐头代替敲帮问顶专用工具，掌子面正中距顶200 mm处掉下一块0.7 m(长)×0.3 m(宽)×0.1 m(厚)的矸石，砸在董××的左小腿上，造成董××左小腿骨折。

二、双防技术分析及过程演变图例

此事故中，责任者对"顶板活矸、危岩"危险源存在"活矸、危岩掉落伤人"的安全风险认识不到位，未执行"使用专用的长柄工具进行敲帮问顶"的操作要求，导致风管崩脱(伤人)事故发生。

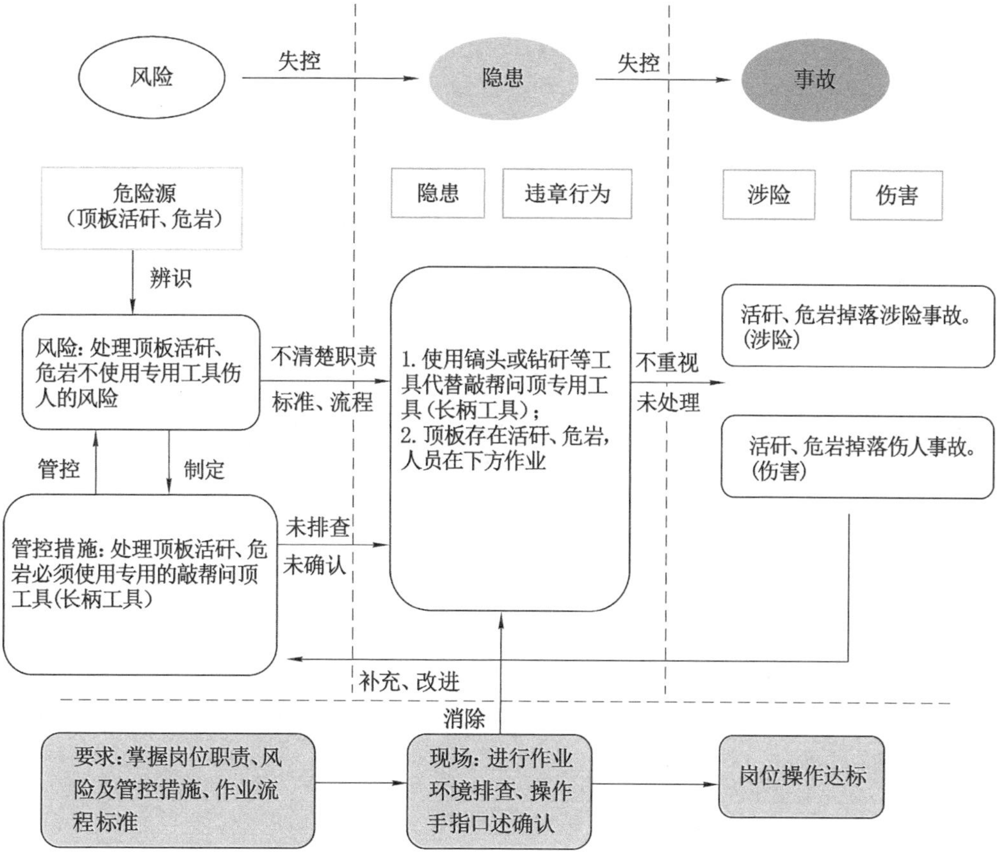

三、"五述"管理防治措施

为加强此类作业行为管理，杜绝类似事故发生，按照岗位"五述"管理要求，采取以下防治措施：

1. 岗位职责描述方面

作业人员应掌握"执行敲帮问顶"的安全注意事项，按照作业前检查工作流程、顺序进行操作，保证作业安全。

2. 岗位风险自述方面

此作业过程中存在的岗位风险及管控措施如下：

（1）使用镐头或钻杆等工具代替敲帮问顶专用工具（长柄工具）时，存在距矸石距离太近造成伤人事故的风险。

管控措施：作业时，必须使用专用的敲帮问顶工具。

（2）顶板存在活矸、危岩，人员在下方作业，存在人员受伤风险。

管控措施：必须站在永久支护下进行敲帮问顶作业。

3. 流程标准阐述方面

敲帮问顶的流程：开始敲帮问顶作业→准备专用工具→敲帮问顶→清理现场→敲帮问顶作业结束。

标准：① 必须按照由外向里、先顶后帮、先上帮后下帮的顺序进行敲帮问顶；② 敲帮问顶操作人员必须站在安全地点进行，矸石滚落可能波及的区域下方不得有人；③ 巷道掘进打眼、装药、出矸等过程中，必须明确专人观察顶板，发现问题立即停止作业，应先进行敲帮问顶，清除帮顶悬矸；④ 对于全岩裸巷，必须派专人定期巡查找顶，防止掉矸伤人。

4. 作业环境评述方面

敲帮问顶作业应对作业地点顶帮是否安全、退路是否畅通等作业环境情况进行检查，工作区域要设在永久支护下方。

5. 操作手指口述方面

主要的操作手指口述安全确认环节如下：

（1）手指：长柄工具。口述：专用敲帮问顶工具完好，确认完毕。

（2）手指：顶、帮。口述：顶、帮完好可靠，确认完毕。

（3）手指：退路。口述：退路畅通、无阻碍，确认完毕。

（4）手指：作业人员。口述：班组长、监护人员到位，确认完毕。

案例 15　综掘队设备磕伤事故

一、事故案例简况

2003 年 2 月 26 日 8 点班 11:00 许，综掘队 208 工作面，在综掘机割完第二循环后，由当班职工张××负责敲帮问顶，王××负责运金属网，张××经过敲帮问顶后与王××一起相互配合进行铺联网工作，就在铺到左手帮将要结束时，发现迎头角部一碎矸松动塌落，张××在躲避矸石时从操作架板上掉下，左腿磕到综掘机装岩蟹爪上，致其左小腿胫骨骨折。

二、双防技术分析及过程演变图例

此事故中，责任者对“迎头顶、帮”危险源存在“活矸危岩掉落造成人员砸伤”的安全风险认识不到位，未严格执行“敲帮问顶，安全退路确保畅通”的操作要求，导致躲避矸石时不慎磕碰到综掘机装岩蟹爪造成骨折的事故发生。

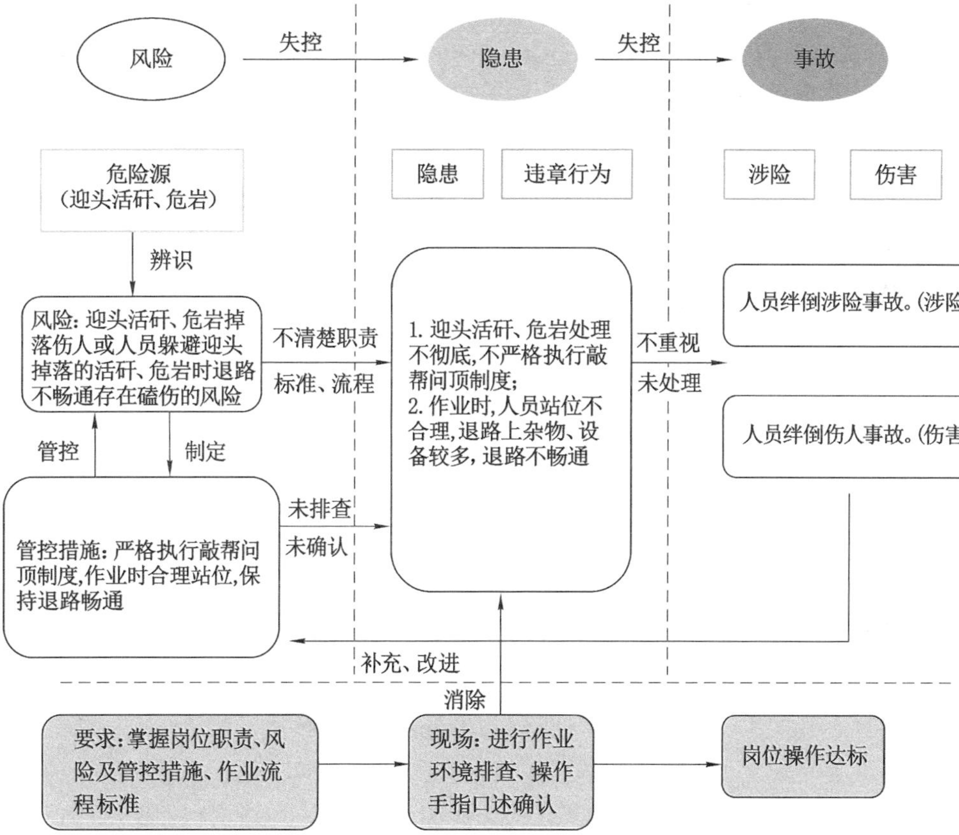

三、"五述"管理防治措施

为加强此类作业行为管理，杜绝类似事故发生，按照岗位"五述"管理要求，采取以下防治措施：

1. 岗位职责描述方面

作业人员应掌握"敲帮问顶"作业规范标准等安全注意事项，按照岗位作业规范操作，保证作业安全。

2. 岗位风险自述方面

此作业过程中存在的岗位风险及管控措施如下：

(1) 迎头活矸、危岩处理不彻底，不严格执行敲帮问顶制度，存在矸石掉落伤人的风险。

管控措施：严格执行敲帮问顶制度，规范操作行为，活矸、危岩处理彻底。

(2) 作业时，人员站位不合理，退路上杂物、设备较多，退路不畅，存在作业人员躲避掉落矸石不及时造成人员摔伤的风险。

管控措施：敲帮问顶作业前，确保安全退路畅通、无阻碍。

3. 流程标准阐述方面

流程：检查永久支护是否完好→检查安全退路是否畅通→检查敲帮问顶工具完好→检查活矸、危岩岩性以及分布情况。

标准：① 敲帮问顶及找掉需从有完好支护的地点开始，由外向里、由近及远、由帮到顶、由轻到重，如有异常必须立即处理，每次循环不得超过 1 m，依次循环。

② 敲帮问顶工作必须由 2 人操作执行，1 人负责监督，1 人负责执行，严禁单人进行敲帮问顶作业。

③ 敲帮问顶过程中，监护人主要负责指挥和监护执行人的安全，执行人面对工作面站在永久支护下对可能垮落的危岩逐一进行敲除，严禁执行者在空顶下或者背对工作面进行作业。

4. 作业环境评述方面

检查永久支护完好情况，迎头顶帮活矸、危岩岩性以及分布位置等。

5. 操作手指口述方面

主要的操作手指口述安全确认环节如下：

(1) 手指：顶帮。口述：顶帮支护完好，作业环境安全，确认完毕。

(2) 手指：后路。口述：安全通道无阻碍、畅通，确认完毕。

(3) 手指：监护人。口述：监护人到位，确认完毕。

(4) 手指：工具。口述：敲帮问顶工具齐全完好，确认完毕。

案例16　新喷体掉落伤人事故

一、事故案例简况

2015年2月5日上午9:10左右，开拓一队职工刘××去拔喷浆机后车尾上的销子时，早班新喷的一块喷体（这块喷体在锚索钢板上，规格为1 m×0.5 m×13 cm）从马门头背上垮落，砸在刘××的脖子上，造成刘××脖子软组织损伤。

二、双防技术分析及过程演变图例

此事故中，责任者对“新喷体”危险源存在“掉落伤人”的安全风险认识不到位，未执行“严禁在新喷体下作业或长时间逗留，通过新喷体时要先观察有无异常再通过”的操作要求，导致新喷体掉落（伤人）事故发生。

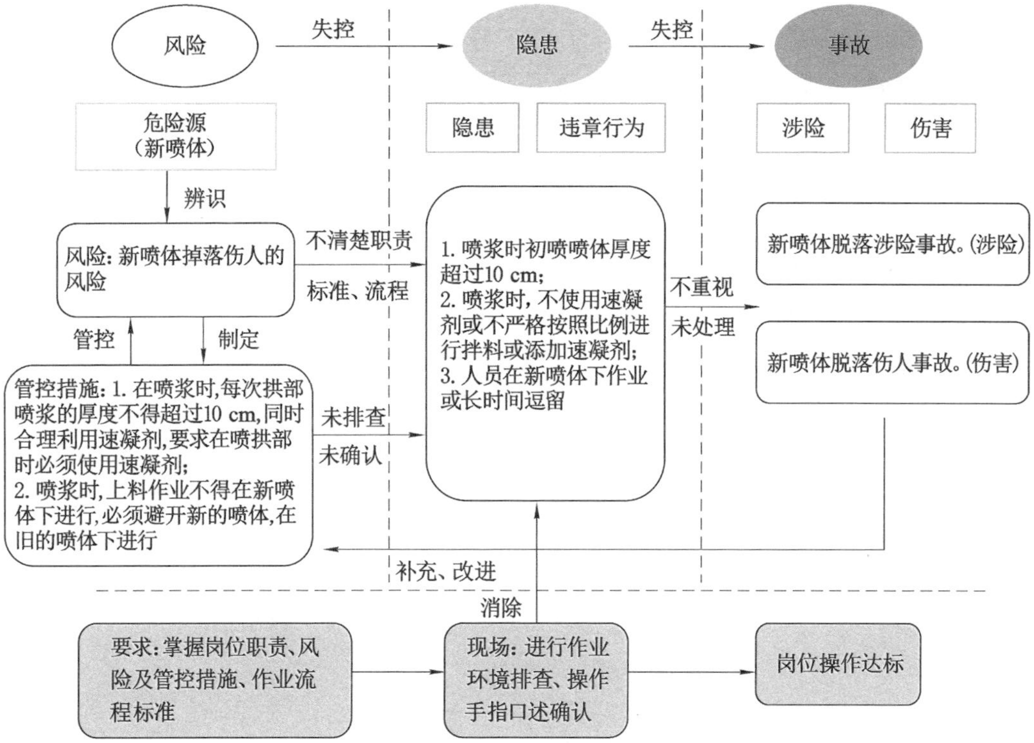

三、“五述”管理防治措施

为加强此类作业行为管理，杜绝类似事故发生，按照岗位“五述”管理要求，采取以

下防治措施：

1. 岗位职责描述方面

作业人员应掌握喷浆作业规范标准等安全注意事项，按照岗位作业规范操作，保证作业安全。

2. 岗位风险自述方面

此作业过程中存在的岗位风险及管控措施如下：

(1) 喷浆时，不使用速凝剂或不严格按照比例进行拌料或添加速凝剂，有造成喷体掉落伤人的风险。管控措施：严格按照水泥、砂子、石子按 1：2：2 的比例配比，速凝剂使用 73 型速凝剂，其掺量为水泥重量的 3%～5%。

(2) 人员在新喷体下作业或长时间逗留，有喷体掉落造成人员受伤的风险。管控措施：要求人工拌料时采用潮拌料，水泥、沙子和石子应清底并翻拌 3 遍使其混合均匀，作业人员严禁在新喷体下作业或长时间逗留，并拉好警戒。

3. 流程标准阐述方面

流程：检查喷浆机完好→检查风水管路连接完好可靠→检查巷道喷浆段有无喷体掉落以及需要喷浆段支护标准完好→检查警戒设置是否到位。

标准：① 喷浆前，必须用清水或者压风将受喷面冲洗干净，保证喷浆的整体性；② 喷浆严格按照标准对喷浆料进行配比(水泥：砂子：石子＝1：2：2，速凝剂掺量为水泥重量的 3%～5%)；③ 喷射前受喷面要清理彻底、两帮浮渣清理到底，喷浆要喷到底，喷浆完毕后回弹料要清理到底；④ 喷射工作结束后，喷层必须连续洒水养护 28 d 以上，7 d 以内每班洒水一次，7 d 以后每天洒水一次。

4. 作业环境评述方面

检查受喷段支护质量标准以及完好情况，新喷体是否凝固等。

5. 操作手指口述方面

主要的操作手指口述安全确认环节如下：

(1) 手指：受喷面。口述：顶板两帮支护完好，确认完毕。

(2) 手指：喷雾。口述：防尘设施齐全完好，确认完毕。

(3) 手指：喷浆机。口述：喷浆机、喷枪等设备齐全完好，确认完毕。

(4) 手指：风水管路。口述：风水管路连接可靠，确认完毕。

(5) 手指：喷浆料。口述：水泥、沙子、石子、速凝剂质量、配比合格，确认完毕。

(6) 手指：喷浆机。口述：喷浆机、拌料机等设备试运转正常，确认完毕。

(7) 手指：新喷体区域。口述：警示牌已设置到位。

案例 17　掘准队刮板输送机伤人事故

一、事故案例简况

2015 年 9 月 25 日 8 点班，掘准队＋355 三部皮带巷返头工作面在紧固 40T 刮板输送机机链时，班组长陈××和检修工王××违章作业倒点溜子紧溜链，导致陈××左手小拇指被链环夹伤。

二、双防技术分析及过程演变图例

此事故中，责任者对“违章作业”危险源存在“手指被夹伤”的安全风险辨识认识不到位，未严格执行“正规作业”的操作要求，导致左手小拇指被链环夹伤的发生。

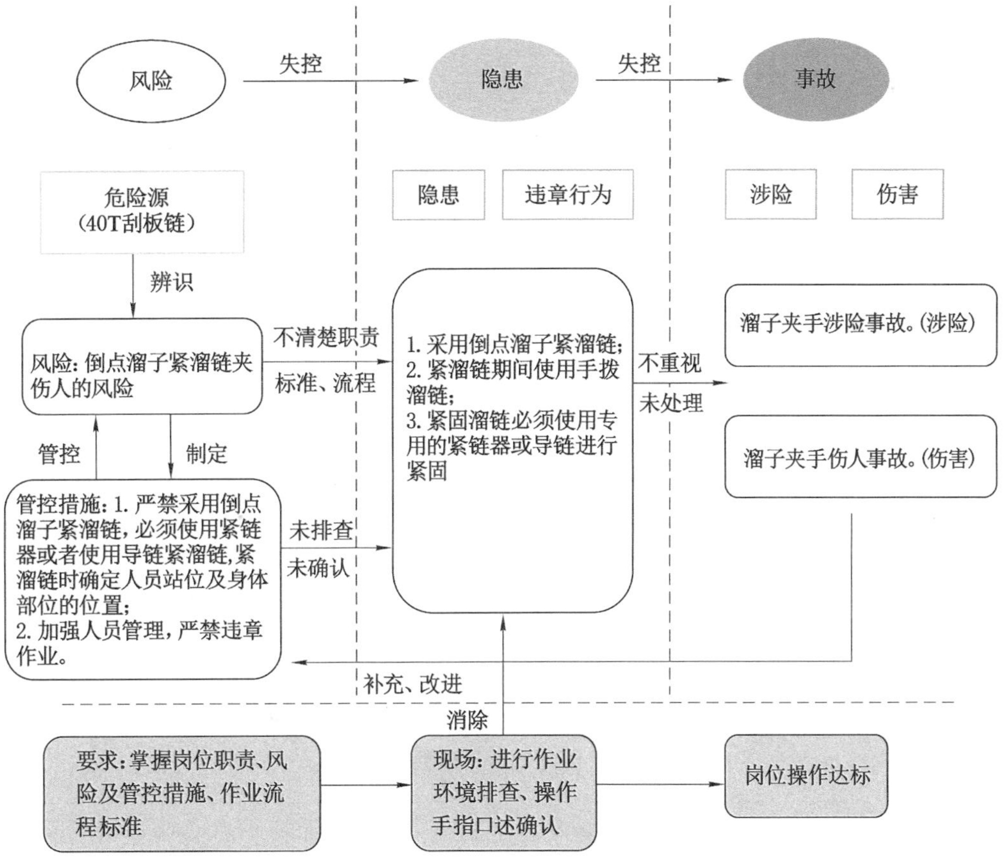

三、"五述"管理防治措施

为加强此类作业行为管理，杜绝类似事故发生，按照岗位"五述"管理要求，采取以下防治措施：

1. 岗位职责描述方面

检修工应掌握检修规范标准、正规操作标准的安全注意事项，按照岗位作业规范操作，保证作业安全。

2. 岗位风险自述方面

此作业过程中存在的岗位风险及管控措施如下：

(1) 采用倒点溜子紧溜链或用手拨链，造成溜子卡链、跳链伤人的风险。管控措施：严禁用手，或者倒点溜子紧链，必须使用紧链器或者使用导链紧溜链。

(2) 人员站位不合理，有断链、跳链子造成人员受伤的风险。管控措施：紧链期间，严禁在链子波及范围内站立，操作人员必须时刻观察紧链情况，防止链子紧链过度。

3. 流程标准阐述方面

流程：检查顶帮完好，周围安全退路畅通→检查周围有无相关人员站立行走→检查溜子以及各保护信号齐全完好→检查溜子大链完好无开裂。

标准：① 检修溜子时必须确保周围顶帮支护完好，无相关人员在作业范围内，严禁带电检修；② 检修溜子时，必须专人监护，明确责任人，时刻注意紧链情况；③ 严禁紧链过程中，有人在受波及范围内站立或行走。

4. 作业环境评述方面

检查溜子所在处顶帮支护完好、挡煤板设施完好等。

5. 操作手指口述方面

主要的操作手指口述安全确认环节如下：

(1) 手指：巷道。口述：顶帮支护完好，确认完毕。

(2) 手指：溜子、信号。口述：溜子、信号完好，声光齐全，确认完毕。

(3) 手指：链子。口述：链子连接完好，螺丝紧固，确认完毕。

(4) 手指：拨链器。口述：拨链器完好、挂接完好，确认完毕。

(5) 手指：责任人。口述：责任人到位，警戒区域内无人员，确认完毕。

案例 18　张拉泵弹头掉落伤人事故

一、事故案例简况

2018 年 12 月 20 日 0 点班 3:30 左右，掘进一队 2-6071 工作面在张拉锚索期间，悬吊的张拉泵弹头掉落，将职工朱××左手食指第一节砸伤。

二、双防技术分析

此事故中，责任者对“悬吊的张拉泵弹头”危险源存在“弹头掉落伤人”的安全风险认识不到位，未执行“使用过程中，必须确保张拉（退锚、剪切）弹头与永久支护有效连接，张拉（脱锚、剪切）弹头作业区域 2.0 m 范围内不得有人，或进行其他作业，防止弹头脱落伤人或损坏设备”的操作要求，导致张拉泵弹头掉落（伤人）事故发生。

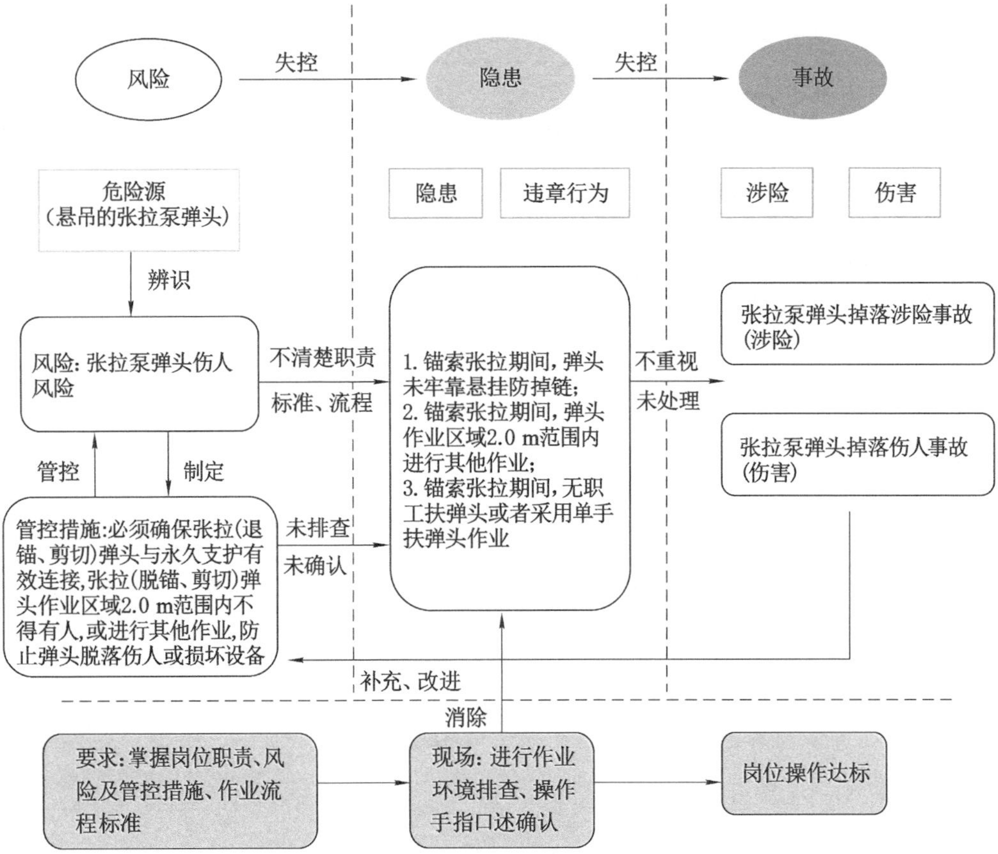

三、"五述"管理防治措施

为加强此类作业行为管理，杜绝类似事故发生，按照岗位"五述"管理要求，采取以下防治措施：

1. 岗位职责描述方面

作业人员应掌握张拉锚索的工作内容、施工工艺；掌握张拉泵设备使用的安全注意事项，严格按照张拉泵使用的工作流程、顺序进行操作，保证作业安全。

2. 岗位风险自述方面

此作业过程中存在的岗位风险及管控措施如下：

(1) 悬吊的张拉泵弹头未与永久支护有效连接，造成弹头掉落伤人风险。管控措施：使用过程中，必须确保张拉(退锚、剪切)弹头与永久支护有效连接，张拉(脱锚、剪切)弹头作业区域 2.0 m 范围内不得有人，或进行其他作业，防止弹头脱落伤人或损坏设备。

(2) 拆卸风管时存在未关闭供风阀门，直接拆卸风管导致风管崩脱伤人的风险。管控措施：拆卸风管前，必须先对供风管路阀门进行关闭。

(3) 拆卸风管存在管路乏旧，风管爆裂导致高压空气伤人的风险。管控措施：风管出现乏旧、裂口等问题时，必须进行更换。

(4) 拆卸风管存在 U 形卡插接不牢靠，导致风管崩脱伤人的风险。管控措施：风管连接插头必须使用 U 形卡，U 形卡必须插接到位，严禁出现单腿连接的情况。

3. 流程标准阐述方面

张拉锚索的流程：先关供风阀门→固定好张拉泵弹头→开启供风阀门进行张拉→对风动机具卸压→拆卸风管。

标准：① 锚索张拉泵使用过程中，必须确保张拉(退锚、剪切)弹头与永久支护有效连接，张拉(脱锚、剪切)弹头作业区域 2.0 m 范围内不得有人，或进行其他作业，防止弹头脱落伤人或损坏设备。② 风动机具卸压，由操作人员空开风动机具，待风压完全泄完，方可拆卸风动机具。

4. 作业环境评述方面

张拉前应对现场作业环境及风动机具的完好情况进行检查：① 检查风动器具是否完好，U 形卡是否连接可靠；② 检查管路是否有破口、乏旧；③ 检查作业地点顶帮是否安全、退路是否畅通等。隐患问题处理合格后，方可作业。

5. 操作手指口述方面

主要的操作手指口述安全确认环节如下：

(1) 手指：张拉泵弹头。口述：张拉泵完好，弹头已固定牢靠，确认完毕。

(2) 手指：张拉泵泵体。口述：张拉泵泵体已经卸压，安全完成拆卸风管操作，确认完毕。

案例19　综掘机机身下方违章检修伤人事故

一、事故案例简况

2020年7月8日8点班14:00分左右，掘进一队检修班组检修综掘机机组人员包机责任人肖××、成员杨××，在检修综掘机右侧后支撑油缸的油管作业期间，未按规定及防控措施要求在机身下方垫设道木，导致综掘机后支撑油缸意外卸液涉险事故。

二、双防技术分析及过程演变图例

此事故中，责任者对“综掘机油缸泄液”危险源存在“涉及综掘机机身下方检修作业存在油缸意外泄液伤人”的安全风险认识不到位，未执行“综掘机检修作业期间，必须严格执行综掘机‘三人连锁’制度，同时未规范综掘机下方检修作业期间，截割部下方处理一运卡矸、检修截割部等检修处理方式，如检修综掘机行走部减速器马达期间，需在截割臂升起（后支撑支起）后再对截割臂下方（机身尾部下方）采用道木支设木垛并确保牢固可靠后方可进行检修和更换零部件等操作”的操作要求，导致综掘机意外泄液（伤人）事故发生。

三、“五述”管理防治措施

为加强此类作业行为管理，杜绝类似事故发生，按照岗位“五述”管理要求，采取以下防治措施：

1. 岗位职责描述方面

作业人员应掌握更换综掘机油管等零部件作业规范；掌握更换期间作业标准及更换期间的安全注意事项，更换期间严格按照作业规范、顺序进行操作，保证作业安全。

2. 岗位风险自述方面

此作业过程中存在的岗位风险及管控措施如下：综掘机更换后支撑油管时存在综掘机油缸意外泄液伤人风险。

管控措施：① 综掘机检修作业期间，必须严格执行综掘机“三人连锁”制度。② 规范综掘机下方检修作业期间，截割部下方处理一运卡矸、检修截割部等检修处理方式。

3. 流程标准阐述方面

更换综掘机油管等零部件作业的流程：对现场安全作业环境检查并对隐患进行整改→执行综掘机“三人连锁”及开停机作业流程规范→更换零部件前采取防泄液措施→更换零部件。

标准：① 执行“三人连锁”制度，由班组长、综掘机司机、安全员三人负责在开机前、

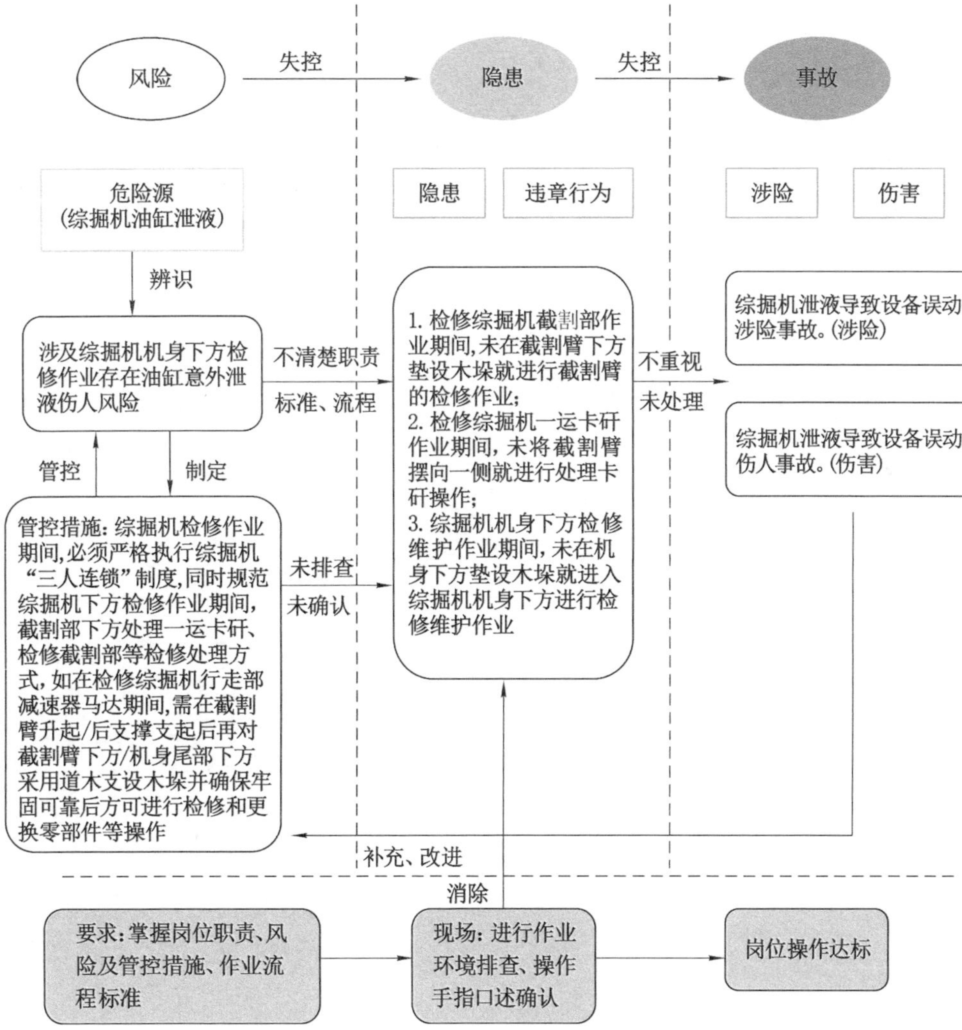

停机后执行。② 检修综掘机机身下方时,需在后支撑支起后再对机身尾部下方采用道木支设木垛并确保牢固可靠后方可进行检修和更换零部件等操作。③ 截割部下方处理一运卡矸等检修处理方式:一运溜尾卡矸时必须将截割臂摆置于巷道非行人侧。

4. 作业环境评述方面

更换综掘机油管等零部件前应对现场作业环境和零部件更换部位进行检查:① 作业地点顶帮是否安全、退路是否畅通等;② 综掘机“三人连锁”是否执行到位。根据处理位置采取合理的防泄液措施,待隐患问题处理合格后,方可进行更换和检修作业。

5. 操作手指口述方面

主要的操作手指口述安全确认环节如下:

(1) 手指:现场作业环境。口述:作业区域顶板、巷帮无活矸危岩,退路畅通,确认完毕。

(2) 手指:综掘机电控箱及安全员、班组长和自己(综掘机司机)。口述:综掘机"三人连锁"执行到位,确认完毕。

(3) 手指:检修部位。口述:明确检修内容,根据实际已采取相应的防油缸泄液措施,可以进行检修作业,确认完毕。

案例20　风动扳手紧固锚杆伤人事故

一、事故案例简况

2019年,职工李××使用风动扳手紧固锚杆过程中,误将扳手套头旋转方向调错(扳手套头顺时针旋转为紧固,逆时针旋转为松动),套头逆时针旋转导致锚杆帽及垫片脱落,垫片砸中职工李××大拇指,造成大拇指骨折。

二、双防技术分析及过程演变图例

此事故中,责任者对“风动扳手”危险源存在“逆时针旋转会使锚杆帽及垫片脱落伤人”的安全风险认识不到位,未执行“使用风动扳手先确认旋转方向”的操作要求,导致垫片脱落伤人事故发生。

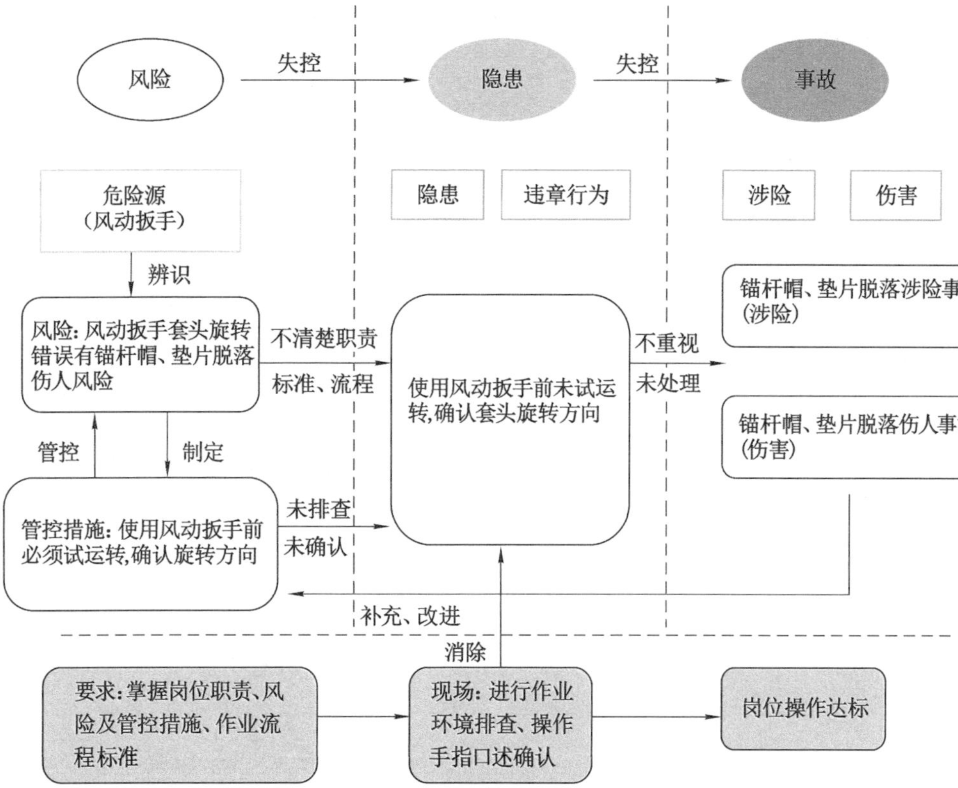

三、“五述”管理防治措施

为加强此类作业行为管理,杜绝类似事故发生,按照岗位“五述”管理要求,采取以

下防治措施：

1. 岗位职责描述方面

作业人员应掌握风动扳手的使用方法及使用期间的安全注意事项；按照使用方法进行操作，保证作业安全。

2. 岗位风险自述方面

此作业过程中存在的岗位风险：风动扳手套头旋转方向错误存在锚杆帽、垫片脱落伤人的风险。

管控措施：使用风动扳手前必须试运转，确认旋转方向。

3. 流程标准阐述方面

紧固锚杆的流程：开启风管阀门→试运转，确认旋转方向→紧固锚杆。

标准：① 开启风动扳手风管阀门；② 试运转，确认旋转方向，紧固锚杆。

4. 作业环境评述方面

作业前对作业环境及风动机具的完好情况进行检查：① 试运转风动扳手；② 风动扳手与风管是否连接可靠；③ 风动扳手正反转确认等。隐患问题处理合格后，方可进行作业。

5. 操作手指口述方面

主要的操作手指口述安全确认环节如下：

(1) 手指：供风阀门。口述：供风阀门已开启，确认完毕。

(2) 手指：风动锚头。口述：风动锚头外部完好，风动锚头正转，确认完毕。

案例21 煤矿综掘机伤人事故

一、事故案例简况

2011年11月7日，××煤矿发生一起机械伤人事故。开拓三队施工的六采区左回风巷工作面，因职工无意识触动综掘机截割头按钮，综掘机截割头转动绞住工作面风水管路，将正在施工锚索的职工宋××拉至截割头绞伤，经医院抢救无效后死亡。

二、双防技术分析及过程演变图例

此事故中，责任者对“综掘机”危险源存在“综掘机误启动伤人”的安全风险认识不到位，未执行“综掘机‘三人连锁’、综掘机十六条禁令”的操作要求，导致综掘机误启动伤人事故发生。

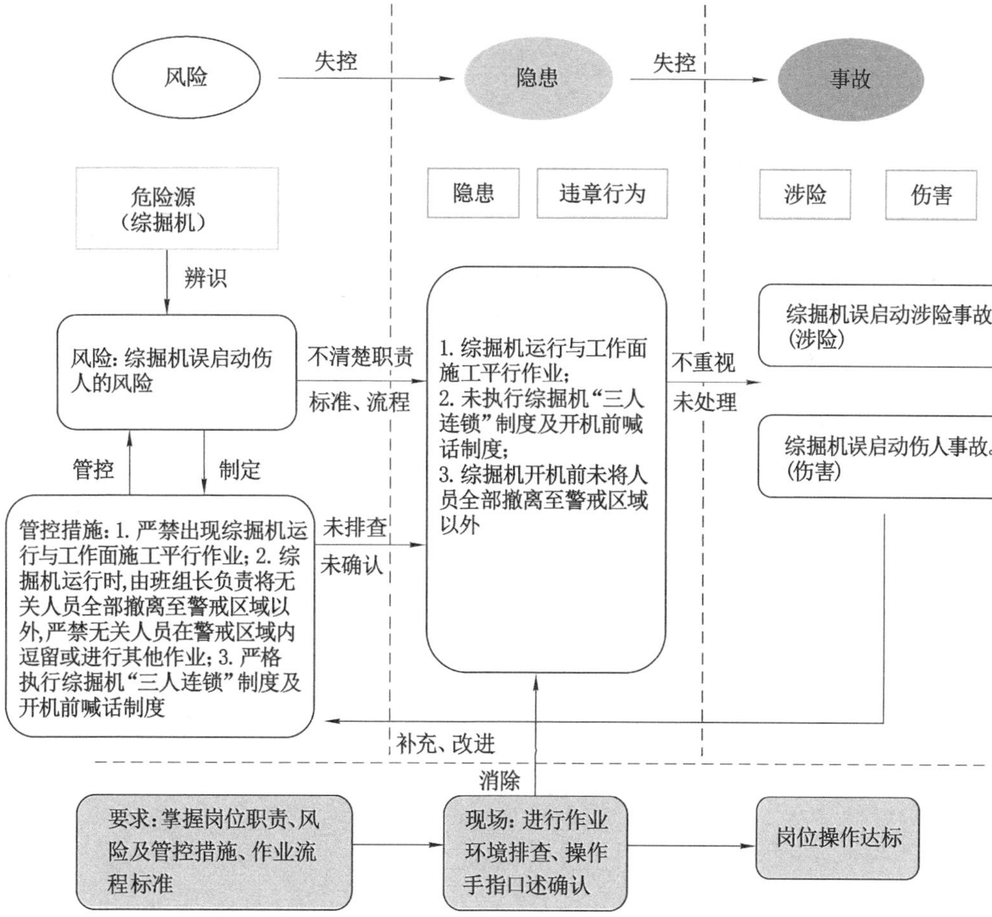

三、"五述"管理防治措施

为加强此类作业行为管理，杜绝类似事故发生，按照岗位"五述"管理要求，采取以下防治措施：

1. 岗位职责描述方面

作业人员应熟练掌握综掘机操作标准及使用安全注意事项，按照综掘机操作标准规范操作，严格按照相关安全标准作业，保证作业安全。

2. 岗位风险自述方面

此作业过程中存在的岗位风险及管控措施如下：

(1) 综掘机运行与工作面施工平行作业综掘机误伤人员的风险。管控措施：综掘机运行期间，由班组长负责将所有人员撤离至警戒区域以外，严禁人员逗留或进行其他作业。

(2) 未严格执行综掘机"三人连锁"制度及开机前喊话制度，存在综掘机误启动伤人的风险。管控措施：综掘机开机前，严格执行开机前喊话制度，确保综掘机运行范围内无人员作业，停机后严格执行"三人连锁"制度。

3. 流程标准阐述方面

综掘机操作的流程：开机(喊话)→将人员全部撤离至警戒区域以外→开机作业→停机("三人连锁")。

标准：① 启动综掘机，开机前严格执行喊话制度；② 运行前，将人员全部撤离至警戒区域以外；③ 停机后，将综掘机闭锁，严格执行"三人连锁"制度。

4. 作业环境评述方面

开机前对设备的完好情况进行检查，将无关人员全部撤离至警戒区域以外：① 开机前喊话制度是否执行；② 开机前是否将人员全部撤离至警戒区域以外；③ 停机后，综掘机是否闭锁，是否严格执行"三人连锁"制度等。隐患问题处理合格后，方可开机作业。

5. 操作手指口述方面

主要的操作手指口述安全确认环节如下：

(1) 手指：作业地点。口述：作业地点人员全部撤出，可以开机，确认完毕。

(2) 手指：综掘机。口述：综掘机已停机，已执行"三人连锁"制度，确认完毕。

案例 22　综掘机拆卸期间挤伤人员事故

一、事故案例简况

2018 年 4 月 10 日 8 点班，××掘进工作面拆卸综掘机本体与履带期间，班组长张××使用导链起吊综掘机本体，在本体吊起约 20 cm 时，职工李××将手深入履带的内侧取销子，本体由于起吊受力作用，挤压到职工李××的胳膊，造成李××胳膊受伤。

二、双防技术分析及过程演变图例

此事故中，责任者对“起吊作业”危险源存在“重物脱落、摆动伤人”的安全风险认识不到位，未执行“起吊期间，严禁人员将身体任何部位伸入被起吊物正下方及受力后重物可能波及的范围内”的操作要求，导致综掘机本体挤伤人员事故发生。

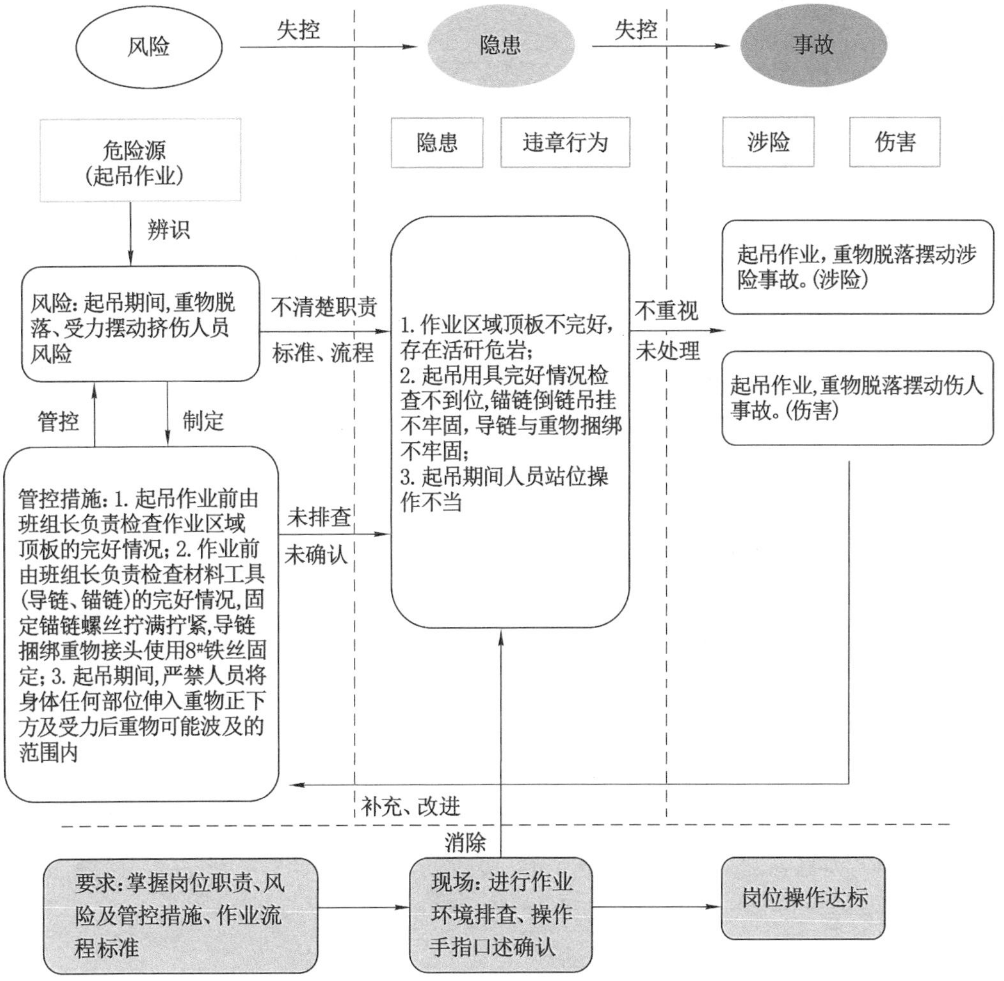

三、"五述"管理防治措施

为加强此类作业行为管理,杜绝类似事故发生,按照岗位"五述"管理要求,采取以下防治措施:

1. 岗位职责描述方面

作业人员应掌握起吊重物作业的流程及标准;掌握手拉葫芦使用的安全注意事项,按照起吊重物的工作流程、顺序进行作业,保证起吊安全。

2. 岗位风险自述方面

此作业过程中存在的岗位风险及管控措施如下:

(1) 顶板不完好或支护不到位存在顶板掉矸伤人的风险。管控措施:检查作业环境顶板及支护情况,确保作业区域内顶板完好。

(2) 起吊用具材料不完好或捆绑不牢固掉落伤人的风险。管控措施:起吊用具不完好,存在裂痕损坏等现象时应及时更换;捆绑时连接重物的导链接头端必须使用8#铁丝固定。

(3) 作业人员站位不当,站在重物可能波及的范围内作业,存在伤人的风险。管控措施:起吊期间,严禁人员身体的任何部位伸入重物正下方及受力后重物可能波及的范围内。

3. 流程标准阐述方面

起吊作业的流程:检查顶板、材料工具→吊挂、捆绑牢固→起吊作业(人员注意站位)。

标准:① 检查顶板及材料工具的完好;② 固定锚链导链螺丝拧满拧紧,导链捆绑重物接头处使用8#铁丝固定牢固;③ 起吊人员站位合理,严禁站在重物正下方及受力后可能波及的范围内。

4. 作业环境评述方面

起吊前应对起吊重物时的作业环境及所使用的材料工具的完好情况进行检查:① 顶板是否完好;② 所使用的材料工具是否完好;③ 锚链导链固定及重物连接是否可靠;④ 作业人员站位是否合理等。隐患问题处理合格后,方可进行起吊作业。

5. 操作手指口述方面

主要的操作手指口述安全确认环节如下:

(1) 手指:顶板。口述:顶板完好,确认完毕。

(2) 手指:锚链导链。口述:锚链导链完好,确认完毕。

(3) 手指:固定连接处。口述:固定连接牢固,确认完毕。

(4) 手指:起吊人员。口述:人员站位合理,确认完毕。

案例23　××煤矿一般爆破事故

一、事故案例简况

2017 年 11 月 6 日 11 时，××煤矿井下 10-306(1) 掘进工作面在工作面人员未全部撤离的情况下，爆破员就启动发爆器，酿成一起爆破事故，造成一人死亡。

二、双防技术分析及过程演变图例

此事故中，责任者对“爆破作业”危险源存在“爆破期间存在爆破伤人”的安全风险认识不到位，未执行“爆破‘三人连锁’、爆破员连接爆破母线并最后一个离开工作面”的操作要求，导致爆破伤人事故发生。

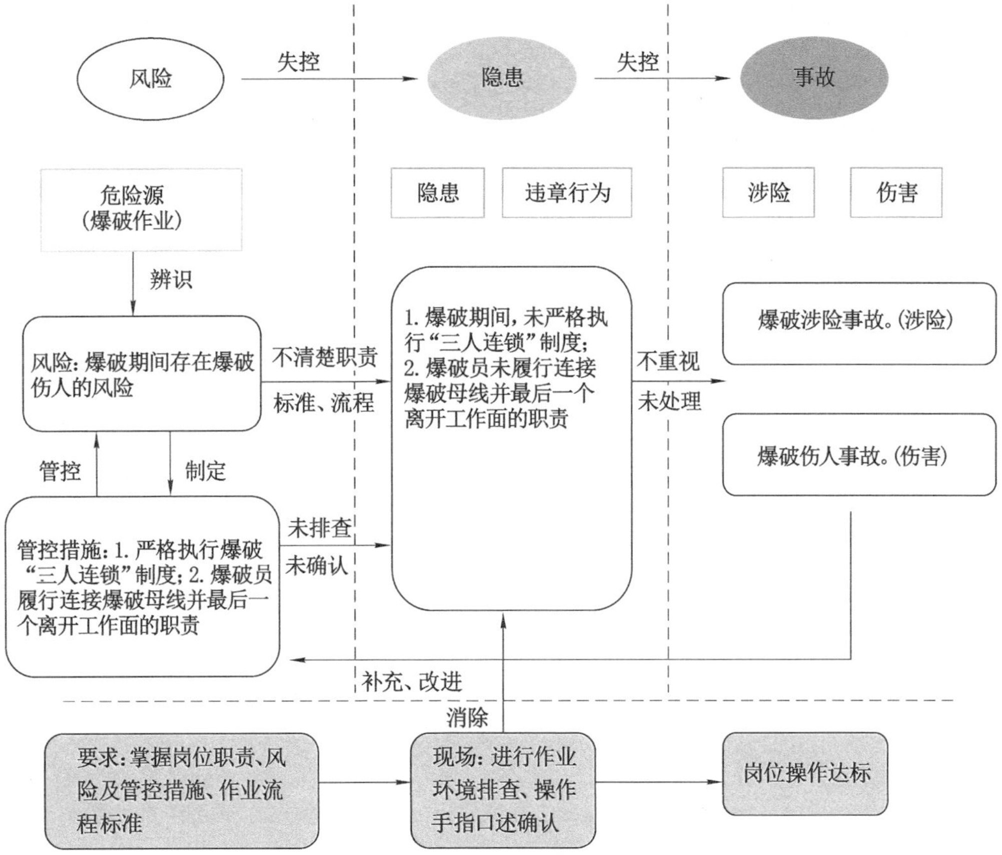

三、"五述"管理防治措施

为加强此类作业行为管理，杜绝类似事故发生，按照岗位"五述"管理要求，采取以下防治措施：

1．岗位职责描述方面

作业人员应熟练掌握爆破施工工艺流程及爆破管理制度；掌握爆破期间的安全注意事项，按照爆破施工工艺及爆破管理制度进行作业，保证作业安全。

2．岗位风险自述方面

此作业过程中存在的岗位风险：爆破期间存在爆破伤人的风险。

管控措施：严格执行爆破"三人连锁"制度；爆破员履行连接爆破母线并最后一个离开工作面的职责。

3．流程标准阐述方面

爆破作业的流程：准备工作→装药、连线（"一炮三检""三人连锁爆破"）→爆破。

标准：① 爆破前准备工作，对设备材料进行防护；② 装药、连线，严格执行"一炮三检""三人连锁爆破"及爆破停电制度；③ 启动发爆器爆破。

4．作业环境评述方面

爆破前应对作业环境完好情况进行检查，隐患问题处理合格后，方可进行作业：① 防护是否到位；② "一炮三检""三人连锁爆破"及爆破停电制度是否执行到位等。

5．操作手指口述方面

主要的操作手指口述安全确认环节如下：

（1）手指：顶板。口述：顶板完好，确认完毕。

（2）手指：材料工具。口述：材料工具防护到位，确认完毕。

（3）手指：工作面。口述：工作面瓦斯浓度正常，人员已撤离，确认完毕。

案例24　综掘机溜子卡住事故

一、事故案例简况

2019年7月2日中班，掘三队在2-616切巷施工期间，工作面下坡施工，岩性较硬，大块矸石较多，在出渣期间，综掘机司机刘××侥幸心理严重，急于进尺，野蛮操作，未将迎头大块矸石进行破碎，导致在出渣期间一运刮板被大块矸石卡住无法运行，造成工作中断5 h事故。

二、双防技术分析及过程演变图例

此事故中，责任者刘××对“综掘机刮板”危险源存在“大块矸石卡住一运刮板”的安全风险认识不到位，未执行“将大块矸石进行破碎”的操作要求，导致大块矸石卡住综掘机一运刮板的事故发生。

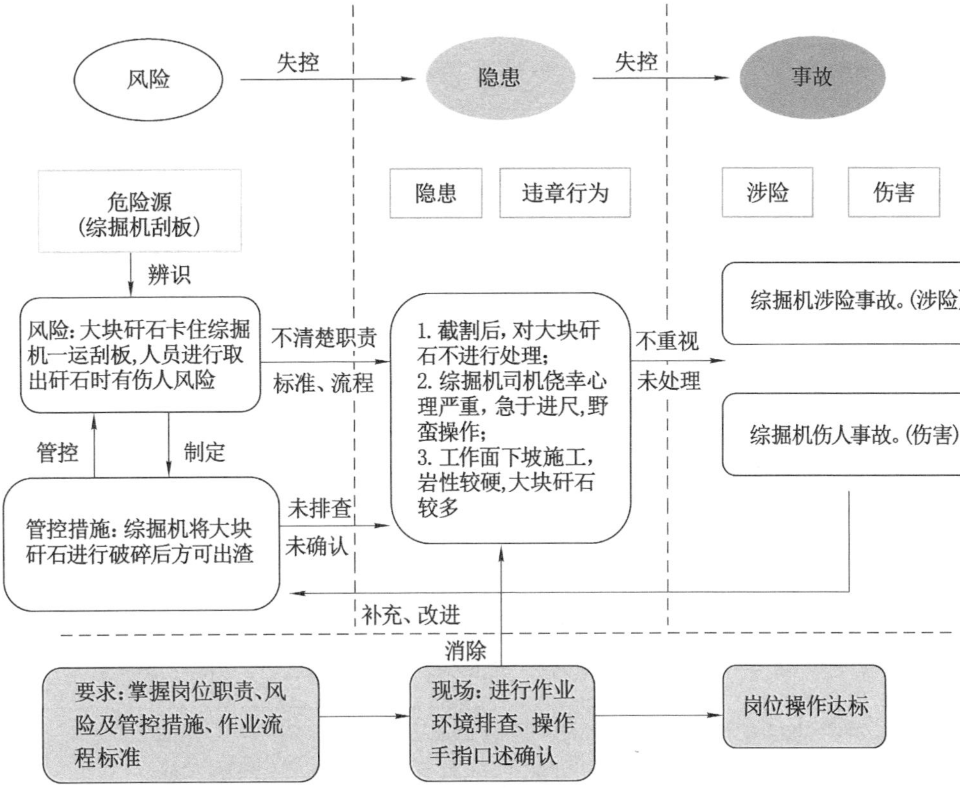

三、"五述"管理防治措施

为加强此类作业行为管理,杜绝类似事故发生,按照岗位"五述"管理要求,采取以下防治措施:

1. 岗位职责描述方面

作业人员应掌握综掘机出渣的工作内容及操作要求;掌握综掘机出渣期间的安全注意事项,按照综掘机出渣的工作流程、顺序进行操作,保证作业安全。

2. 岗位风险自述方面

此作业过程中存在的岗位风险及管控措施如下:

(1) 截割后,大块矸石不进行处理。管控措施:在截割后,必须对迎头出现的大块矸石使用截割头进行绞碎处理。

(2) 工作面下坡施工,岩性较硬,大块矸石较多。管控措施:截割期间严格按照措施中截割示意图的要求进行截割,将大块矸石减少到最低,在出渣前必须将大块矸石敲碎,大块矸石严禁上刮板。

(3) 综掘机司机侥幸心理严重,急于进尺,野蛮操作。管控措施:班前合理安排综掘机出渣期间的注意事项及操作标准,综掘机出渣时不得出现侥幸心理,严格按照操作要求及标准进行施工。

3. 流程标准阐述方面

综掘机出渣作业的流程:工作面综掘机截割→发现迎头大块矸石→截割头绞碎大块矸石(或停机闭锁使用大锤敲碎大块矸石)→出渣→停机检查综掘机是否完好。

标准:① 迎头出渣严禁大块矸石上刮板,矸石尺寸不得超过 30 cm×30 cm×30 cm;② 开运综掘机期间,如需进入工作面迎头,必须对综掘机停机闭锁后方可进入作业。

4. 作业环境评述方面

对综掘机出渣作业的作业环境及迎头矸石情况进行检查:① 综掘机是否运行正常;② 出渣期间迎头是否有大块矸石未处理。处理完大块矸石后,方可进行出渣作业。

5. 操作手指口述方面

主要的操作手指口述安全确认环节如下:

(1) 手指:综掘机。口述:综掘机运行正常,可以出渣,确认完毕。

(2) 手指:迎头大块矸石。口述:迎头出现大块矸石需要处理,确认完毕。

(3) 手指:迎头。口述:迎头大块矸石处理完毕,可以出渣,确认完毕。

(4) 手指:迎头。口述:迎头出渣完毕,确认完毕。

案例 25　皮带巷开口爆破事故

一、事故案例简况

2019 年 10 月 13 日早班，掘三队在 2-6131 皮带系统巷开口爆破期间，当班副队长及班组长对岩性掌控不到位，装药量大，开口爆破防护护皮为一道，保护力度不足，爆破崩坏静压水管，渣堆压住三部皮带并崩坏两架皮带架，造成六采区皮带中断 10 h。

二、双防技术分析及过程演变图例

此事故中，责任者张××对“开口爆破作业”危险源存在“爆破飞矸砸坏设备”的安全风险认识不到位，未执行“爆破作业前对爆破地点设备及电缆等进行严密保护，开口特殊地点控制减少装药量”的操作要求，导致飞矸崩坏皮带架子的事故发生。

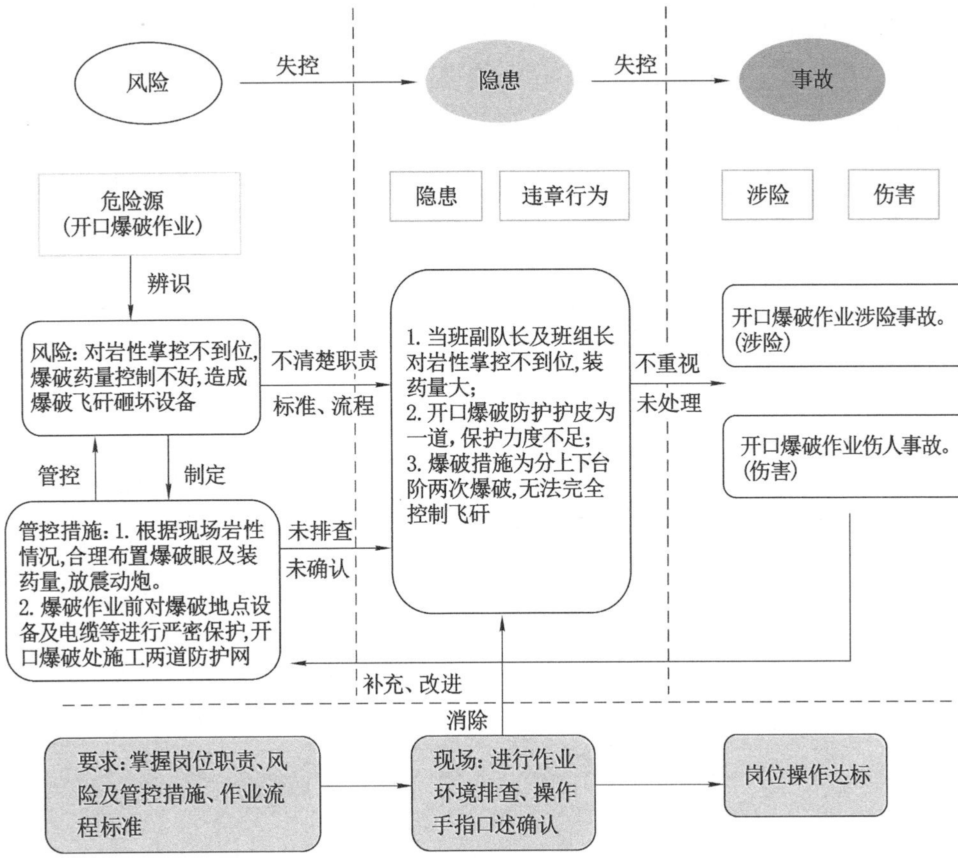

三、"五述"管理防治措施

为加强此类作业行为管理，杜绝类似事故发生，按照岗位"五述"管理要求，采取以下防治措施：

1. 岗位职责描述方面

作业人员应掌握开口爆破作业的工作内容、施工工艺；掌握开口爆破作业的安全注意事项，按照开口爆破作业的工作流程、顺序进行操作，保证作业安全。

2. 岗位风险自述方面

此作业过程中存在的岗位风险及管控措施如下：

(1) 开口爆破防护护皮为一道，保护力度不足。管控措施：皮带巷开口爆破作业前，为防止爆破飞矸砸坏设备及电缆，需在爆破地点施工两道防护网。

(2) 当班副队长及班组长对岩性掌控不到位，装药量大。管控措施：根据现场岩性情况，合理布置炮眼及装药量，放震动炮。

(3) 爆破措施为分上下台阶两次爆破，无法完全控制飞矸。管控措施：根据现场岩性情况，合理更改开口爆破措施，由分上下台阶两次爆破，更改为三次爆破，并合理布置炮眼及控制装药量。

3. 流程标准阐述方面

爆破作业的流程：工作面打眼→使用废旧皮带对设备、电缆进行防护→检查防护网是否合格→装药连线→班组长检查防护情况→爆破。

标准：① 在爆破作业前，必须对爆破地点的设备、电缆及管线等使用废旧皮带进行保护，检查两道防护网齐全完好；② 严格按照安全技术措施中的规定进行施工炮眼及控制装药量。

4. 作业环境评述方面

爆破作业的作业环境及设备、电缆等防护情况进行检查：① 开口爆破地点的设备、电缆及小线是否防护到位；② 施工炮眼及装药量是否合理；③ 两道防护网是否齐全完好。防护到位后，方可进行爆破作业。

5. 操作手指口述方面

主要的操作手指口述安全确认环节如下：

(1) 手指：设备、电缆。口述：开口爆破地点的设备、电缆及小线防护到位，确认完毕。

(2) 手指：防护网。口述：两道防护网齐全完好，确认完毕。

(3) 手指：迎头炮眼。口述：迎头炮眼已按照措施规定进行施工并装药，确认完毕。

(4) 手指：爆破地点。口述：爆破作业已完成，设备及电缆等无损坏，确认完毕。

案例 26 更换机载临时支护油缸伤人事故

一、事故案例简况

2017 年 1 月 14 日交叉班，掘一队 6111 工作面更换机载临时支护油缸时，陈××在松起吊临时支护前支撑的导链时出现打滑，导致前支撑掉落将正在用右手扶油缸的检修工曹××的右手食指夹伤。

二、双防技术分析及过程演变图例

此事故中，责任者对“更换机载临时支护”危险源存在“吊装设备配件意外滑脱伤人”的安全风险认识不到位，未执行“设备、设施起吊作业期间设备配件必须捆绑牢靠，参与作业人员严禁将身体的任何部位置于起吊物件摆动、掉落可能波及的范围内，严禁用身体的任何部位去平衡被起吊物件”的操作要求，导致操作导链打滑（伤人）事故发生。

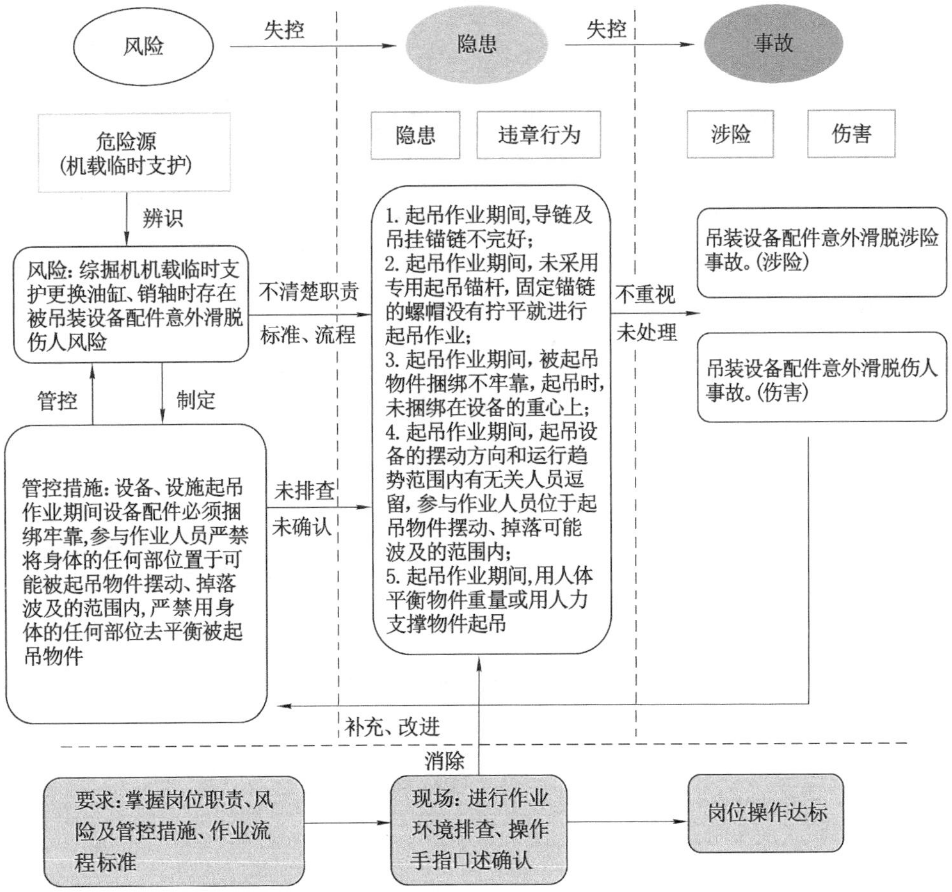

三、"五述"管理防治措施

为加强此类作业行为管理，杜绝类似事故发生，按照岗位"五述"管理要求，采取以下防治措施：

1. 岗位职责描述方面

作业人员应掌握更换机载临时支护零部件作业规范；掌握更换期间的作业标准及安全注意事项；更换期间应严格按照作业规范、顺序进行操作，保证作业安全。

2. 岗位风险自述方面

此作业过程中存在的岗位风险及管控措施如下：

综掘机机载临时支护更换油缸、销轴时存在被吊装设备配件意外滑脱伤人的风险。

管控措施：

① 设备、设施起吊作业期间设备配件必须捆绑牢靠，且捆绑在设备的重心上。

② 参与作业人员严禁将身体的任何部位置于起吊物件摆动、掉落可能波及的范围内，严禁用身体的任何部位去平衡被起吊物件。

③ 起吊所使用的导链及吊挂锚链必须经检查完好可靠后方可进行起吊作业。

④ 采用专用起吊锚杆，固定锚链的螺帽必须拧平。

⑤ 起吊到位待设备静止后采用道木等材料将被起吊物垫实。

3. 流程标准阐述方面

更换机载临时支护零部件的流程：检查现场安全作业环境并对隐患进行整改→起吊所使用的起吊锚杆、导链及吊挂锚链必须经检查→进行捆绑起吊→更换零部件前采取防坠落措施→更换零部件。

标准：

① 设备起吊前，必须施工专用起吊锚杆，一般采用 ϕ20 mm×2 500 mm 高强螺纹钢锚杆，并采用 Z2388 型、CK2340 型锚固剂各一条进行锚注，锚杆外露保持在 100～150 mm。

②采用专用起吊锚杆，固定锚链的螺帽必须拧平，起吊所使用的导链及吊挂锚链必须经检查完好可靠后方可进行捆绑和起吊作业。

③ 设备、设施起吊作业期间设备配件必须捆绑牢靠，且捆绑在设备的重心上。

④ 参与作业人员严禁将身体的任何部位置于起吊物件摆动、掉落可能波及的范围内，严禁用身体的任何部位去平衡起吊物件。

⑤ 起吊到位待设备静止后采用道木等材料将起吊物下方垫实。

4. 作业环境评述方面

更换机载临时支护零部件前应对现场作业环境和起吊使用的导链、锚链等进行检查：

① 作业地点顶帮是否安全、退路是否畅通等；

② 专用起吊锚杆施工是否规范，起吊锚杆固定锚链的螺帽必须是否拧平；

③ 起吊所使用的导链及吊挂锚链是否完好；

④ 设备、设施起吊作业期间设备配件捆绑是否牢靠，是否捆绑在设备的重心上；

⑤ 参与作业人员是否规范起吊；

⑥ 起吊到位待设备静止后是否将起吊物下方垫实。

隐患问题处理合格后，方可进行起吊作业。

5. 操作手指口述方面

主要的操作手指口述安全确认环节如下：

(1) 手指：现场作业环境。口述：作业区域顶板、巷帮无活矸危岩，退路畅通，确认完毕。

(2) 手指：起吊锚杆和起吊器具。口述：采用专用起吊锚杆，各起吊器具完好，可以进行捆绑、起吊作业，确认完毕。

(3) 手指：被起吊设备、零部件。口述：起吊锚杆固定锚链的螺帽拧平，起吊锚杆设备、设施起吊作业期间设备配件捆绑牢靠，捆绑在设备的重心上，确认完毕。

(4) 手指：起吊到位待设备静止后，手指被起吊设备、零部件。口述：起吊物下方已垫实，可以进行卸车作业，确认完毕。

案例27　袖口不紧操作风动锚头伤人事故

一、事故案例简况

职工张×在工作面使用风动锚头施工打眼期间，因衣服袖口不紧导致在操作过程中袖口布料被转动的麻花钻杆绞住，钻杆带动人员手部，手部又带动风动锚头，导致张×侧滑摔伤。

二、双防技术分析及过程演变图例

此事故中，责任者对"风动机具"危险源具有"操作风动机具期间存在风动机具绞伤人员"的安全风险认识不到位，未执行"'三紧两不要'，即袖口、领口、衣角必须扎紧，不要戴手套扶钻杆，不要把毛巾露在外面"的操作要求，导致风动机具(伤人)事故发生。

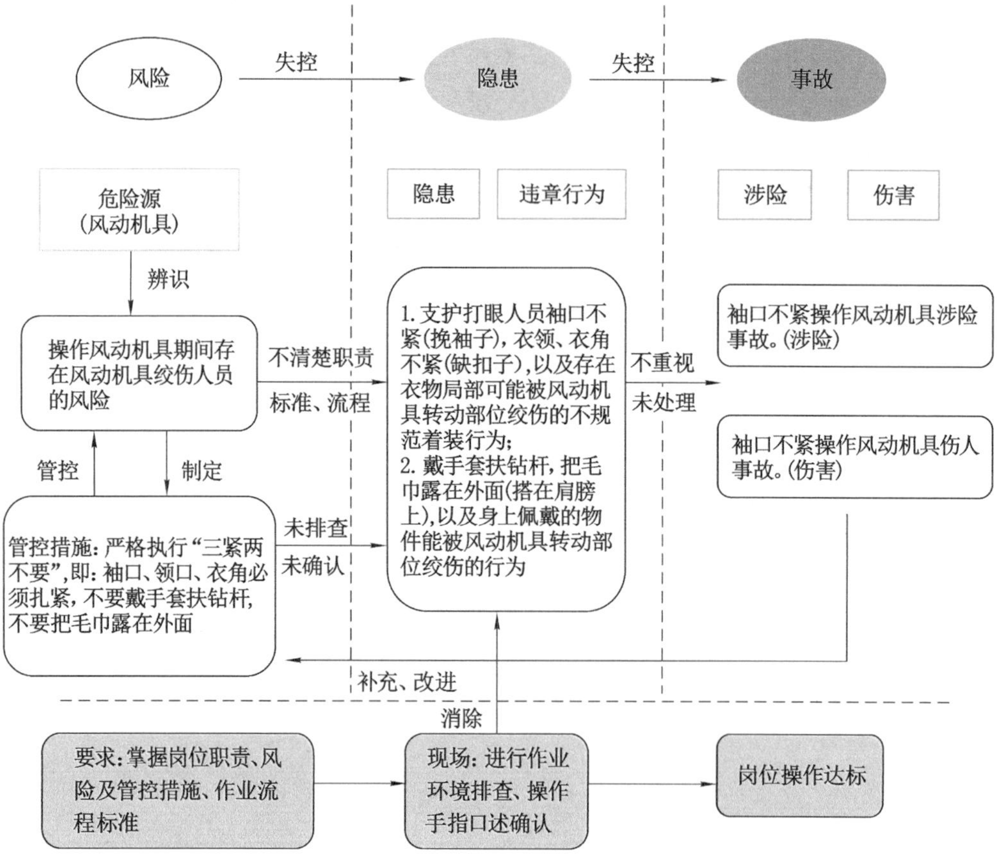

三、“五述”管理防治措施

为加强此类作业行为管理，杜绝类似事故发生，按照岗位“五述”管理要求，采取以下防治措施：

1. 岗位职责描述方面

作业人员应掌握风动机具作业前的规范着装内容，掌握风动锚头及其他风动机具使用的安全注意事项，按照工作流程、顺序进行操作，保证作业安全。

2. 岗位风险自述方面

此作业过程中存在的岗位风险及管控措施如下：

操作风动机具期间存在风动机具绞伤人员风险。

管控措施：操作风动机具前，操作人员必须做到“三紧两不要”，即：袖口、领口、衣角必须扎紧，不要戴手套扶钻杆，不要把毛巾露在外面。

3. 流程标准阐述方面

风动机具操作前的着装检查流程：检查现场安全作业环境并对隐患进行整改→对个人着装进行检查→开始风动机具操作。

标准：① 支护打眼人员入井前必须对着装衣物进行检查，不能出现袖口不紧（挽袖子），衣领、衣角不紧（缺扣子），以及存在衣物局部可能被风动机具转动部位绞伤的不规范着装行为；② 支护打眼期间，严禁戴手套扶钻杆，严禁把毛巾露在外面（搭在肩膀上），以及身上佩戴物件能被风动机具转动部位绞伤的行为。

4. 作业环境评述方面

使用风动机具作业前应对操作者着装情况进行检查：① 工作面顶、帮是否存在活矸危岩及失效支护；② 风动机具是否可靠完好，各连接是否可靠。有问题及时处理合格后，方可进行风动机具操作。

5. 操作手指口述方面

主要的操作手指口述安全确认环节如下：

(1) 手指：现场作业环境。口述：作业区域及无活矸危岩，确认完毕。

(2) 手指：自身着装（按从上到下）。口述：自身着装符合要求，可以操作风动机具，确认完毕。

(3) 手指：风动机具。口述：风动机具完好，各连接可靠，可以进行支护打眼操作，确认完毕。

第三章　机电专业事故案例分析与防治

案例28　六区末端水泵房更换阀门伤人事故

一、事故案例简况

2014年6月7日8点班13:10左右，维运工区六区末端水泵房更换阀门过程中，由于吊链捆绑阀门不牢固，发生一起阀门脱落后倾倒砸伤人员事故，造成职工张××右脚四根脚趾骨折。

二、双防技术分析及过程演变图例

此事故中，责任者对"吊链捆绑作业"危险源存在"捆绑不牢固掉落伤人"的安全风险辨识认识不到位，未执行"对余链和吊链进行固定"的操作要求，造成伤人事故发生。

三、"五述"管理防治措施

为加强此类作业行为管理，杜绝类似事故发生，按照岗位"五述"管理要求，采取以下防治措施：

1. 岗位职责描述方面

作业人员应掌握起吊作业过程中手动葫芦的安全注意事项和捆绑链的捆绑要求，按照起吊重物的工作流程、顺序进行操作，保证作业安全。

2. 岗位风险自述方面

此作业过程中存在的岗位风险及管控措施如下：

吊链捆绑重物不牢固，存在掉落伤人的风险。管控措施：导链悬挂在可靠的专用起吊锚杆上；导链捆绑重物时吊链和余链捆绑要牢固可靠。禁止人员位于设备下面或吊装物下落、歪倒波及的地方。

3. 流程标准阐述方面

拆卸风管的流程：将手动葫芦吊挂在专用起吊锚杆上→对重物进行捆绑→进行起吊作业。

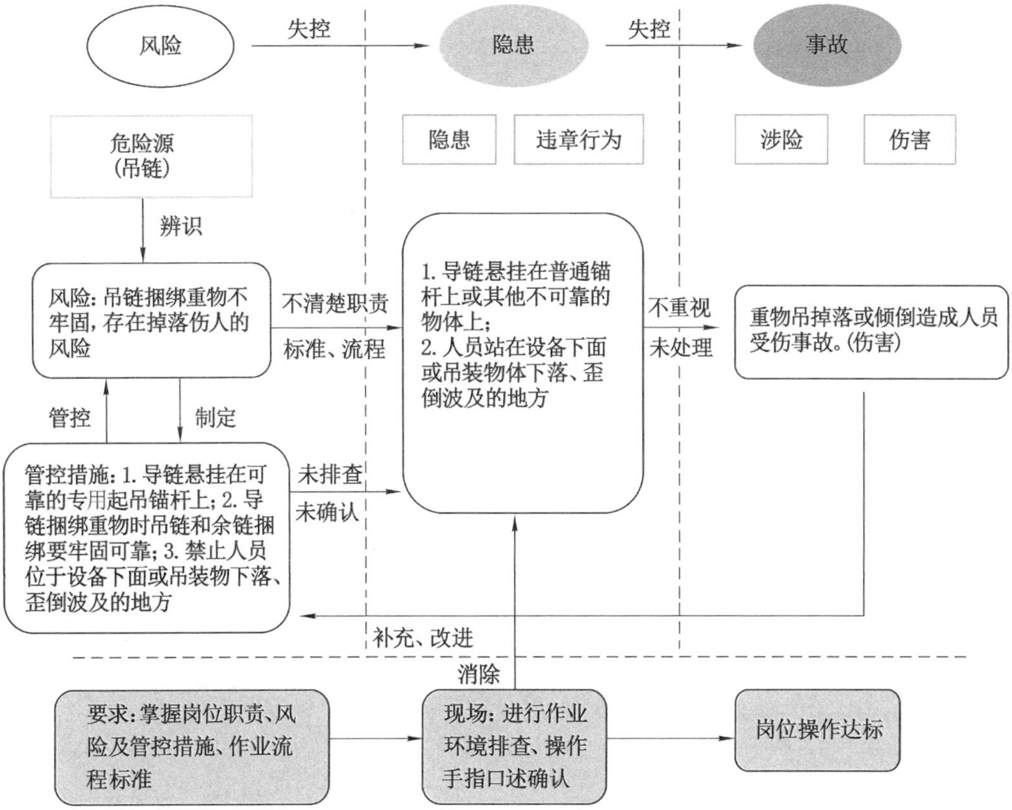

标准:① 起吊锚杆必须牢固可靠,挂上手动葫芦后将背帽上紧;② 重物捆绑必须牢靠,不得松动,并由现场责任人进行验收。

4. 作业环境评述方面

起吊前应对起吊点的作业环境及手动葫芦的完好情况进行检查:① 表面是否有划痕、毛刺,是否有腐蚀现象;② 链条拉动时声音是否清脆悦耳,传动部分是否灵活,有无卡阻现象,链条有无滑链或掉链现象;③ 起吊作业地点顶帮是否安全、退路是否畅通等。隐患问题处理合格后,方可起吊作业。

5. 操作手指口述方面

主要的操作手指口述安全确认环节如下:

(1) 手指:起吊点。口述:巷道支护完好,吊点牢固可靠,确认完毕。

(2) 手指:手动葫芦。口述:手动葫芦完好,与起吊重物吨位匹配,确认完毕。

(3) 手指:重物。口述:对重物进行试吊,试吊正常可以起吊,确认完毕。

案例29　探水队清仓风机停电停风事故

一、事故案例简况

2019年6月12日8点班检修工师××在蓄电池电机车充电硐室配电点对Ⅰ段K-403开关整定调整完成后，对Ⅱ段K-302开关整定进行调整，在08:44调整时出现短路掉闸，此时正在运行的Ⅱ段风机掉电停运。风机未能切换至Ⅰ段运行，造成探水队清仓处停风。

二、双防技术分析及过程演变图例

此事故中，责任者对“定值不合理”危险源存在“停电停风”的安全风险辨识认识不到位，未执行“严格停送电”操作要求，导致局部通风机停电停风事故发生。

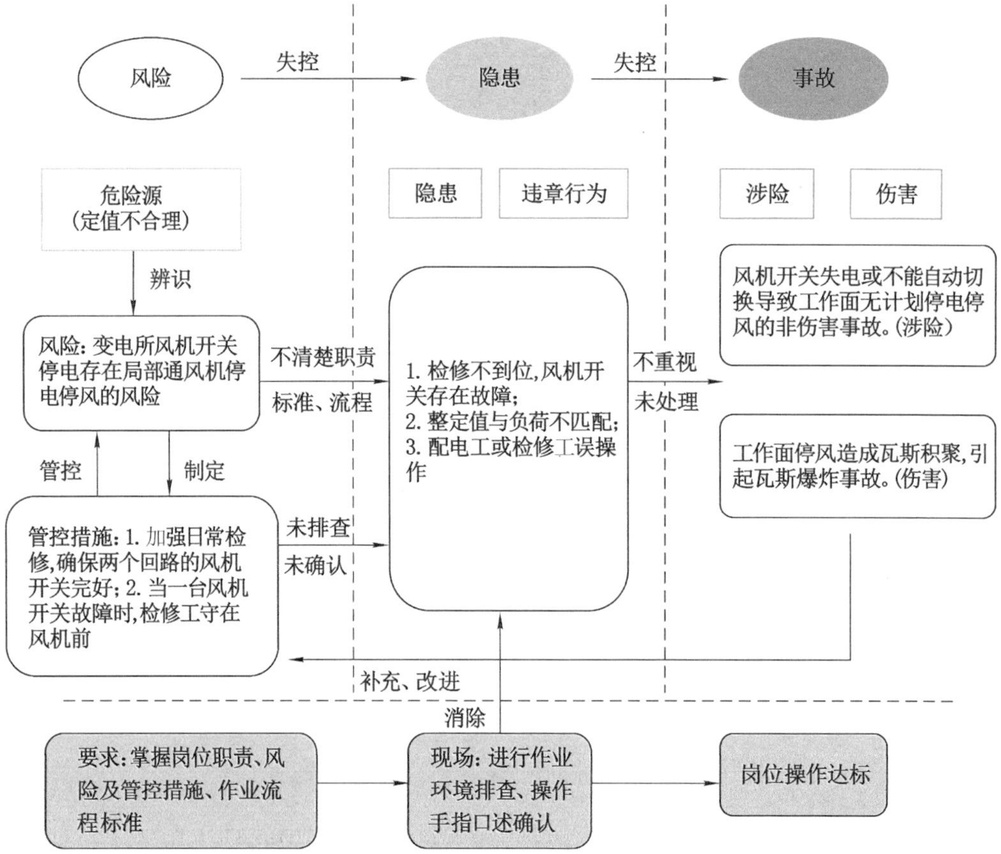

三、“五述”管理防治措施

为加强此类作业行为管理，杜绝类似事故发生，按照岗位“五述”管理要求，采取以下防治措施：

1. 岗位职责描述方面

作业人员应掌握开关所承载的负荷情况及调整定值过程中存在的安全注意事项，按照合理的定值调整，保证供电安全。

2. 岗位风险自述方面

此作业过程中存在的岗位风险及管控措施如下：

变电所风机开关停电存在局部通风机停电停风的风险。管控措施：加强日常检修，确保两个回路的风机开关完好；当一台风机开关故障时，调度室安排机电工守在风机前。

3. 流程标准阐述方面

调整定值的流程：由机电科核算定值→向队组下发定值整定书→对定值进行修改。

标准：① 开关定值必须由机电科供电技术员通过公式进行计算；② 对开关定值调整时，只能一个回路一个回路地调整，调整时确保另一回路供电正常。

4. 作业环境评述方面

调整定值前应对开关的负荷情况进行检查，验算是否合理后再进行调整：① 检查开关及保护的运行状态及投退情况；② 检查互感器变比情况；③ 调整完后再一次确认。

5. 操作手指口述方面

主要的操作手指口述安全确认环节如下：

(1) 手指：整定计算书。口述：定值验算无误，确认完毕。

(2) 手指：开关保护器。口述：按照整定计算书对保护定值进行修改，确认完毕。

(3) 手指：开关保护器。口述：定值修改完成保存成功，确认完毕。

案例30　主通风机停风事故

一、事故案例简况

2019年2月19日20:55分，2#风井1#主通风机发生停机事故，主通风机不停风倒机、在线监测控制系统PLC内部控制程序紊乱，导致上位机显示画面各项数据丢失。司机张××对PLC进行重启操作，PLC因程序故障冗余不足导致变频器频率采集数据发生错误重置，错误降低了输出控制电流，由20 mA降低为4 mA，变频器频率降为0 Hz，事故造成主通风机停机22 min。

二、双防技术分析及过程演变图例

此事故中，责任者对"PLC程序紊乱"危险源存在"主通风机停风"的安全风险认识不到位，未执行"5 min内不能启动切换至备用主通风机"的操作要求，导致主通风机停风事故发生。

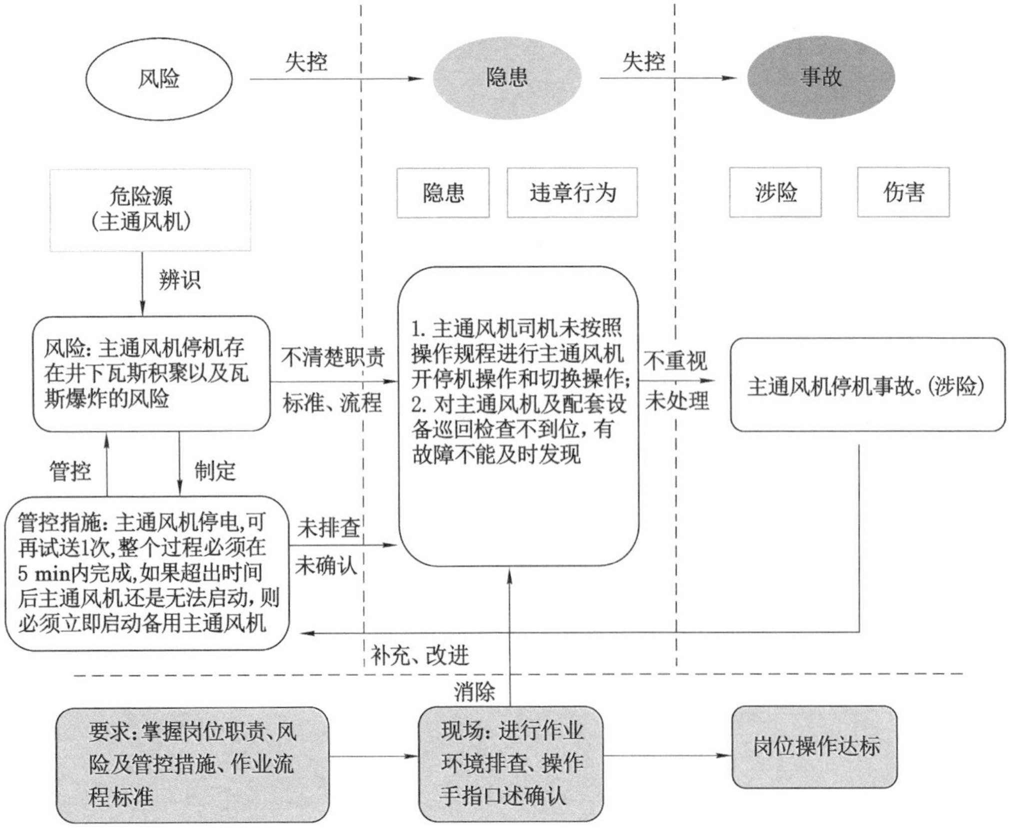

三、"五述"管理防治措施

为加强此类作业行为管理，杜绝类似事故发生，按照岗位"五述"管理要求，采取以下防治措施：

1. 岗位职责描述方面

作业人员应掌握主通风机开停机的上位机操作和就地操作两种方法，严格按照巡回检查路线进行巡检，做好各类台账、记录。

2. 岗位风险自述方面

此作业过程中存在的岗位风险及管控措施如下：

(1) 开、停机操作过程中存在按错按钮的风险。管控措施：副值司机操作时，主值司机进行监督，执行"操作手指口述"工作法，每操作一步都必须确认。

(2) 巡回检查时存在磕碰摔倒的风险。管控措施：巡回检查时注意观察地面和头顶上方，夜间巡查要携带照明灯。

(3) 操作高压电气设备存在触电伤人的风险。管控措施：操作高压时必须戴绝缘手套，穿绝缘靴或站在绝缘台上。

3. 流程标准阐述方面

主通风机司机的标准操作流程：交接班→安全设施、消防器材检查→设备巡回检查→启动主通风机→观察运行数据→填写记录台账。

开机操作标准：由主值司机监督，副值司机操作，首先开启稀油润滑站，30 s 后开启强冷风机，1 min 后将Ⅰ级和Ⅱ级变频馈电柜合闸，查看电压是否在 6 000 V±5%范围内，变频器频率给定 41 Hz，将垂直风门打到全开状态，水平风门打到全关状态，主通风机开机完成。停机操作标准：由主值司机监督，副值司机操作，单击停止变频器，待频率达到 0 Hz 后将变频馈电柜分闸，20 min 后停止强冷风机，30 s 后停止稀油润滑站，主通风机停机完成。

4. 作业环境评述方面

操作前检查操作室、屋顶是否完好；检查消防设施是否齐全完好；低压配电盘是否正常；检查 U 形压差计、负压传感器是否显示正常；检查高压配电盘是否显示正常；检查变频器是否运行正常；检查稀油站油位和各连接管路是否正常；检查巡视主通风机外部是否结构完好，声音是否无异常；检查防爆门及配重是否齐全完好；检查操作台各仪表显示是否正常，视频监控、在线监测系统运行是否正常。符合开工条件后方可作业。

5. 操作手指口述方面

主要的操作手指口述安全确认环节如下：

(1) 手指(主值)：将"操作状态选择"打到手动模式。口述(副值)："操作状态选择"

已打到手动模式。

(2) 手指(主值):开启风机稀油润滑泵。口述(副值):风机稀油润滑泵已开启。

(3) 手指(主值):开启风机强冷风机。口述(副值):风机强冷风机已开启。

(4) 手指(主值):将风机Ⅰ级和Ⅱ级变频馈电柜合闸。口述(副值):风机Ⅰ级和Ⅱ级变频馈电柜已合闸。

(5) 手指(主值):给定所需要的频率。口述(副值):已给定所需频率41 Hz。

(6) 手指(主值):单击“变频启动”。口述(副值):已单击“变频启动”。

(7) 手指(主值):调整风门。口述(副值):垂直风门已打开,水平风门已关闭。

(8) 手指(主值):将操作台“操作状态选择”置于运行方式。口述(副值):已将操作台“操作状态选择”置于运行方式,主通风机已正常开启。

案例31　未严格执行停送电管理规定伤人事故

一、事故案例简况

××班掘进一队检修班组在检修皮带开关(660 V)作业期间，上一级660 V馈电开关、1 140 V电源开关均已停电挂牌闭锁。当班综掘机电控箱在检修完毕后需试运行，包机责任人郭××通知范××千伏级动力电，范×作为停送电联络人，误理解传达指示将660 V馈电开关送电，此时付××刚将皮带开关检修完毕，正在拧开关上盖最后两条螺栓。工作面约10 min后发现千伏级电源还未送电，后得知送的是660 V电源，导致人员触电事故。

二、双防技术分析及过程演变图例

此事故中，责任者对“停电送”危险源存在“停送电操作期间存在不规范停送电操作伤人”的安全风险认识不到位，未执行“工作面开关、设备检修作业期间，必须严格执行停送电管理规定”的操作要求，导致误送电(伤人)事故发生。

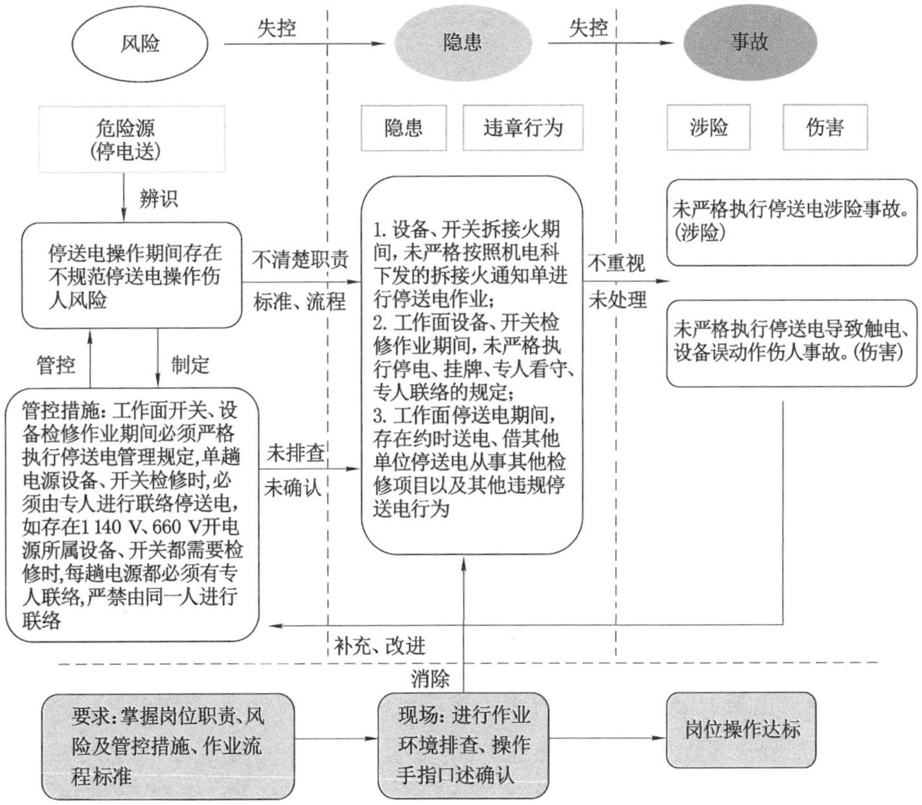

三、“五述”管理防治措施

为加强此类作业行为管理，杜绝类似事故发生，按照岗位“五述”管理要求，采取以下防治措施：

1. 岗位职责描述方面

作业人员应掌握停送电操作的内容，掌握停送电操作的安全注意事项，按照工作流程、工序进行操作，保证作业安全。

2. 岗位风险自述方面

此作业过程中存在的岗位风险及管控措施如下：

停送电操作期间存在不规范停送电操作伤人。

管控措施：

(1) 设备、开关拆接火期间，必须严格按照机电科下发的拆接火通知单进行停送电作业。

(2) 工作面设备、开关检修作业期间，必须严格执行停电、挂牌、专人看守、专人联络规定。

(3) 工作面开关、设备检修作业期间必须严格执行停送电管理规定，单趟电源设备、开关检修时，必须由专人进行联络停送电，如存在 1 140 V、660 V 电源所属设备、开关都需要检修时，每趟电源都必须有专人联络，严禁出现同一人进行联络的情况。

3. 流程标准阐述方面

停送电流程：对现场安全作业环境进行检查并对隐患进行整改→停上一级动力电源→开始检修操作。

标准：

① 操作工在本范围内的线路或设备上停电工作时，必须切断本级及上一级低压开关的电源，并闭锁手把，悬挂“有人工作，禁止送电”警示牌，按规定使用对号牌，并指派专人专门看守停电的开关。

② 停电后工作前或工作完毕恢复送电前必须检查工作地点的瓦斯浓度，确认瓦斯浓度符合要求后方可工作。

③ 操作 3 300 V、6 000 V 时，必须戴绝缘手套、穿绝缘靴。

④ 检修电气设备处理腔内杂物时，无论接线柱是否有电，严禁用嘴吹杂物，必须用皮吹风或毛刷处理腔内杂物。

⑤ 在同一变电所有多处检修任务时，如有一项检修任务已完成可以送电，必须将所有检修人员撤离检修设备后方可送电。待送电后，必须对需检修但还没有检修过的设备重新进行验电、放电、打接地，确实证明检修设备无电后，方可按规定要求继续检修。

⑥ 在检修设备时为了防止突然来电，必须在检修开关的来电侧打接地。

⑦ 检修时，在变电所值班员已停电后，电气操作工必须再次核实停电开关是否正确，是否有明显的断点，并进行验电、放电。

⑧ 电气操作工工作完毕需要恢复送电时，必须由停电联系人交回停电对号牌的一半，电气操作工核实无误，经调度台同意后，方可送电。

⑨ 工作面停送电期间，严禁约时送电、借其他单位停送电从事其他检修项目以及其他违规停送电行为。

4. 作业环境评述方面

停送电操作过程中，操作者应对停送电各环节进行确认后方可进行停送电操作：

① 便携式瓦斯检查仪是否完好，未佩戴便携式瓦斯检查仪不允许进行防爆检查作业。

② 摇表、万用表、验电笔、放电线是否符合作业标准、配备到位，工具不齐全或不合格的，不允许进行防爆检查作业。

③ 检修作业前，检查本级及上级开关是否停电闭锁、挂停电牌及对号牌，是否有专人看守开关；未严格执行停送电管理制度的，禁止进行设备检修作业。

④ 检修作业前，确认上级开关负荷侧是否有可靠的短路接地，在检修设备时为了防止突然来电，必须在检修开关的来电侧打接地。

5. 操作手指口述方面

主要的操作手指口述安全确认环节如下：

(1) 手指：检修设备。口述：检修任务明确，确认完毕。

(2) 手指：电源开关。口述：电源开关已停电闭锁、挂牌管理，确认完毕。

(3) 手指：瓦斯检测仪及周围环境。口述：瓦斯浓度正常，周围环境安全，确认完毕。

(4) 手指：开关。口述：已正确验放电，确认完毕。

(5) 手指：接地线。口述：已正确接地，确认完毕。

(6) 手指：设备。口述：检修工作符合标准，确认完毕。

(7) 手指：电源开关。口述：已正确送电，确认完毕。

案例32 开关电机车间触电伤亡事故

一、事故案例简况

2011年4月13日下午14:00,某厂开关电机车间张×未听从班组长荀×的安排,为了多赚计件工资和挑选容易检修的开关,私自检修120型开关,在试验台做本体试验,违反停送电制度,在未断电(660 V)的情况下,直接用手拆除开关电源线,导致触电身亡。

二、双防技术分析及过程演变图例

此事故中,责任者对“检修开关”危险源存在“触电”的安全风险辨识认识不到位,未严格执行“停送电制度”的操作要求,导致触电身亡。

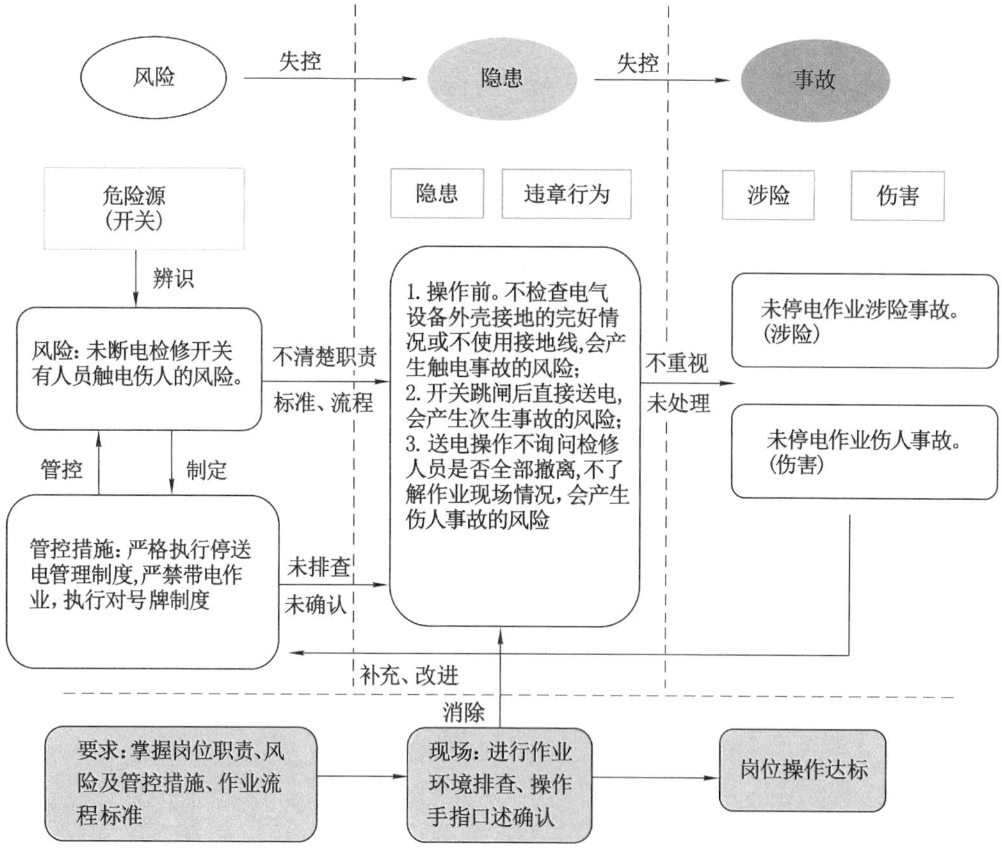

三、“五述”管理防治措施

为加强此类作业行为管理，杜绝类似事故发生，按照岗位“五述”管理要求，采取以下防治措施：

1. 岗位职责描述方面

检修工应掌握机电检修工作的各项操作规程和制度的安全注意事项，按照岗位作业规范操作，保证作业安全。

2. 岗位风险自述方面

此作业过程中存在的岗位风险及管控措施如下：

(1) 操作前，不检查电气设备外壳接地的完好情况或不使用接地线，会产生触电事故的风险。管控措施：检修操作前必须使用专用接地线接地，严格执行停电、验电制度。

(2) 开关跳闸后直接送电，会产生次生事故的风险。管控措施：发生跳闸后，必须查明原因，处理隐患后放可送电，严禁强行送电。

(3) 送电操作不询问检修人员是否全部撤离，不了解作业现场情况，会产生伤人事故的风险。管控措施：严格执行“谁停电，谁送电”制度，严禁约时送电或打电话送电。

(4) 未断电检修和搬迁电气设备，会产生触电事故的风险。管控措施：严禁带电检修和带电搬迁电气设备，严格执行“停送电”管理制度。

3. 流程标准阐述方面

检修流程：检查顶帮完好，周围安全退路畅通→检查周围瓦斯浓度→检查检修工具如验电笔是否完好可靠→检查上级电源是否断电→检查开关闭锁开关→检查检修接地线是否连接完好→检查接线工艺是否完好→检查隔爆性能完好。

标准：① 进行电气作业前，作业人员必须先检查作业地点顶板支护是否完好以及10 m范围内的瓦斯情况，确保瓦斯浓度不超过0.5%；② 严格执行停电、验电、放电制度；③ 必须严格按电气完好标准进行作业，严禁出现电气失爆情况。

4. 作业环境评述方面

检修前应对开关等机电设备的作业环境及设备的完好情况进行检查：① 便携式瓦斯传感仪完好；② 接地线、验电笔等完好；③ 上级电源已停电闭锁挂牌专人看守；④ 作业地点顶帮安全、退路畅通等。隐患问题处理合格后，方可检修作业。

5. 操作手指口述方面

主要的操作手指口述安全确认环节如下：

(1) 手指：电源开关。口述：电源开关已停电闭锁、挂牌管理，确认完毕。

(2) 手指：瓦斯检测仪及周围环境。口述：瓦斯浓度正常，周围环境安全，确认完毕。

(3) 手指：开关。口述：已正确验放电，确认完毕。

(4) 手指：接地线。口述：已正确接地，确认完毕。

(5) 手指：设备。口述：检修工作符合标准，确认完毕。

案例33 私自甩掉瓦斯电闭锁、风电闭锁事故

一、事故案例简况

2012年1月14日4点班，在开三队左翼回风巷工作面施工过程中，乔××私自短接线路，甩掉瓦斯电及风电闭锁断电功能，造成断电功能不起作用。

二、双防技术分析及过程演变图例

此事故中，责任者对“瓦斯电及风电闭锁”危险源存在“瓦斯爆炸”的安全风险认识不到位，未执行“风电闭锁、瓦斯电闭锁”的操作要求，将会导致瓦斯爆炸（伤人）事故发生。

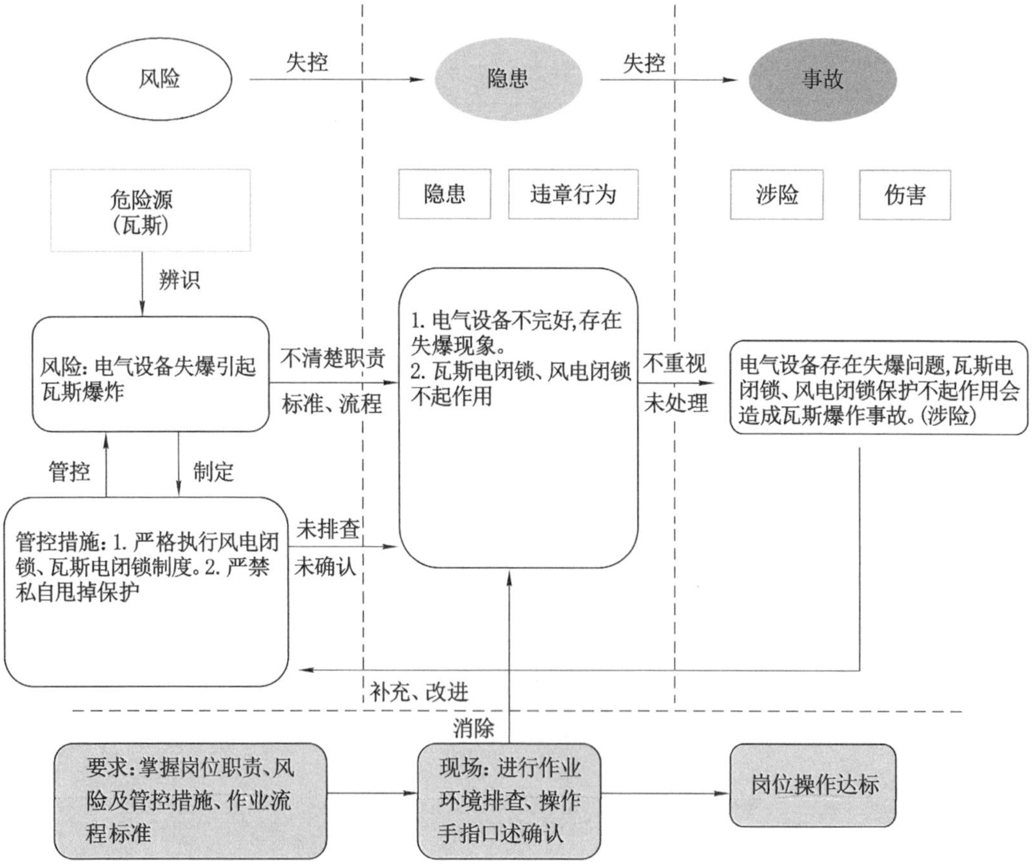

三、“五述”管理防治措施

为加强此类作业行为管理，杜绝类似事故发生，按照岗位“五述”管理要求，采取以下防治措施：

1. 岗位职责描述方面

作业人员清楚瓦斯电闭锁、风电闭锁的工作内容、施工工艺；掌握瓦斯电闭锁、风电闭锁的安全注意事项；按照瓦斯电闭锁、风电闭锁的工作流程、顺序进行操作，保证作业安全。

2. 岗位风险自述方面

此作业过程中存在的岗位风险及管控措施如下：

(1) 甩掉瓦斯电闭锁、风电闭锁存在瓦斯爆炸风险。管控措施：确保瓦斯电闭锁、风电闭锁完好，不得私自甩掉保护。

3. 流程标准阐述方面

井下作业流程：先确认风电闭锁、瓦斯电闭锁完好再进行施工作业。

标准：先确认瓦斯电闭锁、风电闭锁完好，不完好不得开机作业。

4. 作业环境评述方面

作业前必须对风电闭锁、瓦斯电闭锁进行检查：风电闭锁、瓦斯电闭锁是否完好。隐患问题处理合格后，方可作业。

5. 操作手指口述方面

主要的操作手指口述安全确认环节如下：

(1) 手指：风机开关。口述：风电闭锁、瓦斯电闭锁完好，可以作业。

案例34　检修开关被电弧烧伤事故

一、事故案例简况

2019年10月16日8点班，综采队负荷中心专职维护工杨×对2#负荷中心低压侧进行开盖检修，检修完成后在没有闭合开关盖的情况下，对2#负荷中心低压侧进行试送电，送电过程中负荷中心低压侧660 V接触器产生电弧并喷出，将杨×右手和面部右侧灼伤。

二、双防技术分析及过程演变图例

此事故中，责任者对"电气开关带电检修、电气开关检修后试送电"危险源存在"触电伤人"的安全风险认识不到位，未严格执行"停送电制度、对号牌制度、验电放电制度及开关检修后试送电规定"的操作要求，导致触电(伤人)事故发生。

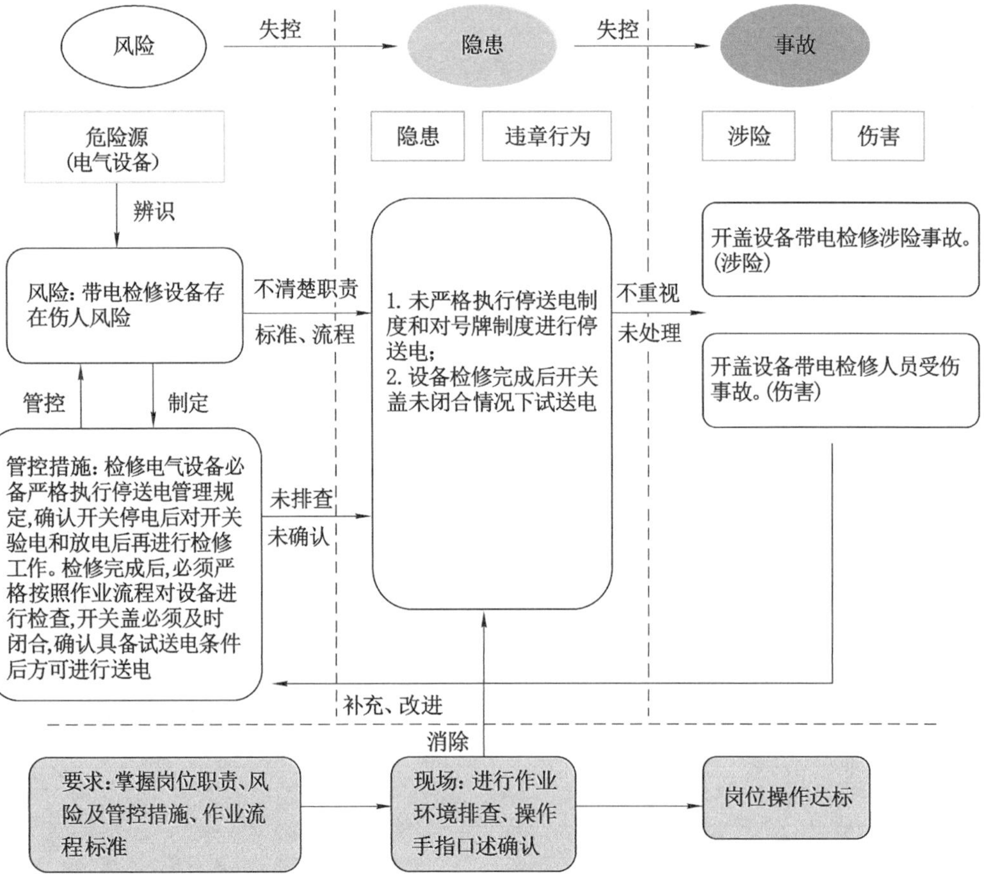

三、“五述”管理防治措施

为加强此类作业行为管理，杜绝类似事故发生，按照岗位“五述”管理要求，采取以下防治措施：

1. 岗位职责描述方面

作业人员应掌握电气设备检修的工作内容、施工工艺；掌握停送电管理规定，正规操作，保证作业安全。

2. 岗位风险自述方面

此作业过程中存在的岗位风险及管控措施如下：

(1) 带电开盖触电伤人风险。管控措施：严格执行停送电制度和对号牌制度，开盖前先对开关进行验电。

(2) 带电检修电气设备伤人风险。管控措施：检修电气设备必须严格执行停送电管理规定，确认开关停电后对开关进行验电和放电工作，然后再进行检修工作，严禁带电检修设备。

(3) 电气设备开关盖未闭严试送电伤人风险。管控措施：电气设备检修完成后，必须严格按照作业流程对设备进行检查，开关盖必须及时闭合，确认具备试送电条件后方可进行送电。

3. 流程标准阐述方面

电气设备检修作业流程：执行停送电制度→验电放电→检修设备→设备检修完成后验收→恢复送电。

标准：① 严格执行停送电制度，专人负责停送电，检修设备前必须切断本级及上一级低压开关的电源，并闭锁手把，悬挂“有人工作，禁止送电”警示牌，按照规定使用对号牌，并指派专人看守停电的开关；② 对开关进行验电、放电工作；③ 停电后，工作前或工作完毕恢复送电前必须检查工作地点的瓦斯浓度、检查检修的设备是否符合送电标准，确认符合要求后方可恢复送电。

4. 作业环境评述方面

电气设备检修前应对作业环境及开关停送电情况进行检查：① 开关是否停电；② 开关是否进行了验电、放电工作；③ 电气设备试送电前检查设备开关盖是否闭合。符合送电标准后，方可试送电。

5. 操作手指口述方面

主要的操作手指口述安全确认环节如下：

(1) 手指：开关。口述：专人已停电，挂好对号牌，确认完毕。

(2) 手指：开关。口述：已对开关进行验电、放电工作，确认完毕。

(3) 手指：开关。口述：已对开关进行验收，符合送电标准，确认完毕。

案例35　掘进工作面风机切换顶闸停电停风事故

一、事故案例简况

2019年4月6日4点班18:38左右工作面主风机停机，副风机自动开机，机电副队长安排电工检查问题，在未查明原因的情况下切换至主风机，导致顶闸至上级配电点，且在查找原因过程中操作不当导致"三位一体"开关切换结构损坏，副风机也无法启动，造成工作面停风。

二、双防技术分析及过程演变图例

此事故中，责任者对工作面供电系统及机电设备故障判断认识不到位，在故障查找过程中操作不规范导致主副风机全部停机后发生停风事故。

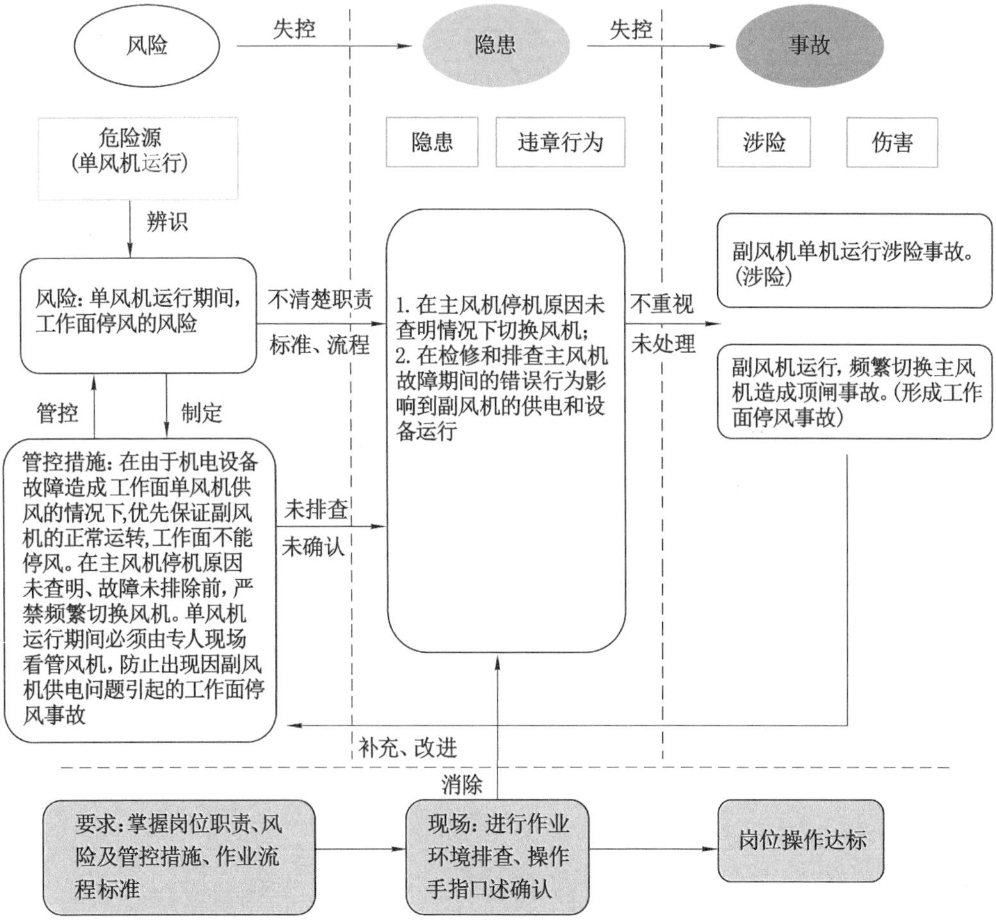

三、"五述"管理防治措施

为加强此类作业行为管理，杜绝类似事故发生，按照岗位"五述"管理要求，采取以下防治措施：

1. 岗位职责描述方面

当班机电维护工应掌握当班所辖区域内使用的机电设备运行情况和故障判断，按照规范的检修流程和故障判断程序进行处理，保证在检修和故障处理期间不扩大事故。

2. 岗位风险自述方面

此作业过程中存在的岗位风险及管控措施如下：

岗位风险：在主风机故障不能启动的情况下，工作面形成了单风机运行，在未查明主风机故障原因的情况下频繁试验会造成顶闸到上级配电点，有造成副风机同时停电的风险。

管控措施：① 在局部通风地点由于机电设备故障造成工作面形成单风机供风的情况下，优先保证副风机的正常运转，工作面不能停风；② 加强机电维护工的培训，特别是在故障排除方面，严禁出现频繁试验送电查问题的情况；③ 在单风机供风期间必须由机电维护工现场看管风机，防止出现由于副风机供电问题引起的工作面停风事故。

3. 流程标准阐述方面

处理单风机故障的流程：先由上级配电点对副风机供电系统进行确认→断开主风机电源→对主风机进行故障确定→对故障进行处理→在保证不停风的情况下进行故障处理。

标准：① 与上级配电点沟通，不进行副风机供电系统的停送电操作，并对其供电系统进行看守；② 在对主风机进行故障检查和检修期间，不出现任何可导致副风机启停的操作行为。

4. 作业环境评述方面

发现风机单风机运行，在处理风机故障前，必须先进行安全确认，严格按照流程操作：① 主风机停运后是否立即联系上级配电点对副风机电源进行看护，确保不出现任何影响副风机运行的停电操作；② 是否存在影响副风机运行的检修和故障排查行为的供电行为；③ 操作前再次进行确认。

5. 操作手指口述方面

主要的操作手指口述安全确认环节如下：

(1) 手指：风机。口述：已与上级配电点沟通不进行任何影响副风机运行的停电作业，确认完毕。

(2) 手指：主风机。口述：主风机停机原因已查明，并已处理，可以切换风机，确认完毕。

第四章 运输专业事故案例分析与防治

案例36 主井人车伤人事故

一、事故案例简况

2010年2月16日交叉班13:20左右，开三队职工袁××在主井人车134#架(中央变电所通道口)下方下车时，人车左右摆动、向后侧翻打伤袁××，造成袁××裆部受伤。

二、双防技术分析及过程演变图例

此事故中，责任者对"检修人车"危险源存在"车座伤人"的安全风险辨识认识不到位，未执行"设备定期检修"操作要求，导致人车检修不到位，人车掉道摆动造成伤人事故发生。

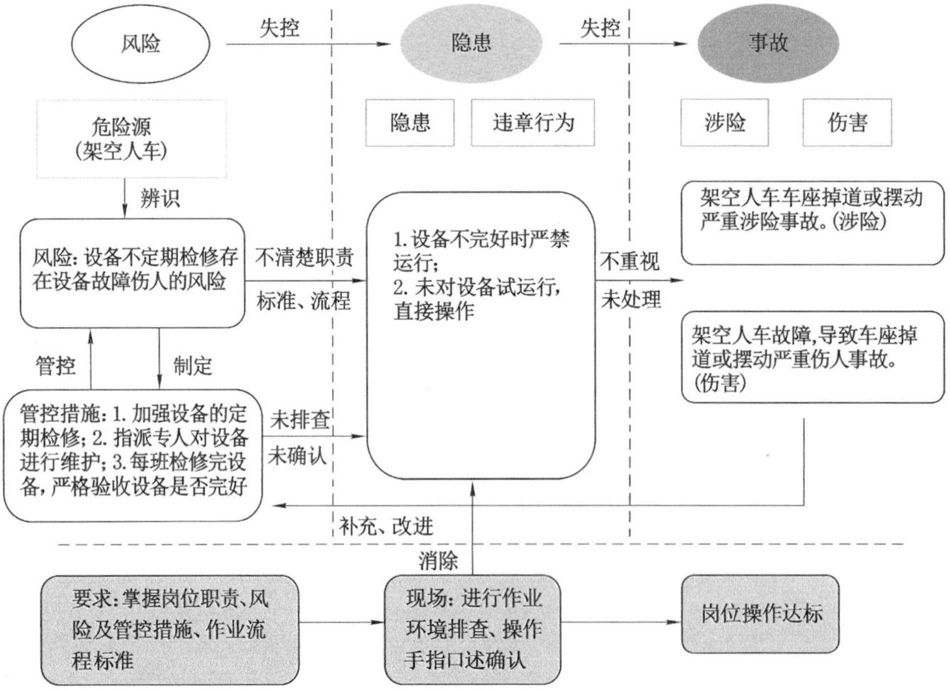

三、"五述"管理防治措施

为加强此类作业行为管理，杜绝类似事故发生，按照岗位"五述"管理要求，采取以下防治措施：

1. 岗位职责描述方面

作业人员应掌握检修架空人车的工作内容、施工工艺；掌握架空人车设施使用的安全注意事项，按照规定的维修保养制度对架空人车进行维护，保证架空人车运行安全。

2. 岗位风险自述方面

此作业过程中存在的岗位风险及管控措施如下：

岗位风险：架空乘人装置断绳、断轴事故伤人的风险。

管控措施：每天按规定对钢丝绳及设备进行检查并测量钢丝绳直径保证符合规定。定期对钢丝绳进行检验，防止钢丝绳疲劳造成安全系数减小，安全系数小于规定值时必须及时更换。钢丝绳断丝、断股、达到《煤矿安全规程》中相关规定时必须及时换绳。加强主轴的检测及日常检查维护，出现异常立即停车。

3. 流程标准阐述方面

检修架空人车的流程：检查迂回轮、钢丝绳、保护装置等→停车闭锁开关对故障部位进行处理→开启架空人车观察运行状态。

标准：① 钢丝绳在1个捻距内断丝断面积与钢丝总断面积之比，达到25%时必须更换；② 在运行中人员要坐稳，不得引起吊杆摆动，不得手扶牵引钢丝绳，不得触及邻近的任何物体；③ 每日必须对整个装置检查1次，发现问题及时处理。

4. 作业环境评述方面

检修前应对架空人车的运行情况进行检查，发现问题后停车闭锁开关后方可进行检修作业：① 钢丝绳是否有断股或断丝超过规定；② 各类保护装置是否灵敏可靠；③ 作业地点顶帮是否安全、退路是否畅通等。

5. 操作手指口述方面

主要的操作手指口述安全确认环节如下：

(1) 手指：架空人车。口述：观察架空人车运行情况，确认完毕。

(2) 手指：电气开关。口述：停运架空人车，开关闭锁准备检修，确认完毕。

(3) 手指：架空人车。口述：检修完成，准备起车，确认完毕。

案例37 运输巷违章运行无极车涉险事故

一、事故案例简况

2010年3月7日10:40左右，开拓二队在六区轨道巷使用对拉绞车运输物料期间，在警戒未放到位的情况下进行物料运输，绷紧的钢丝绳将经过五联巷口（此处应该为警戒区，应该安排有专职警戒员进行警戒工作）的通风区瓦检员薛××打翻倒地，造成薛××工伤（小腿胫骨和腓骨骨折）。

二、双防技术分析及过程演变图例

此事故中，责任者对"绞车运输期间，警戒不到位"危险源存在"警戒区内钢丝绳反弹或跑车伤人"的安全风险认识不到位，未执行"警戒不到位时严禁开始运输"的操作要求，导致钢丝绳反弹（伤人）事故发生。

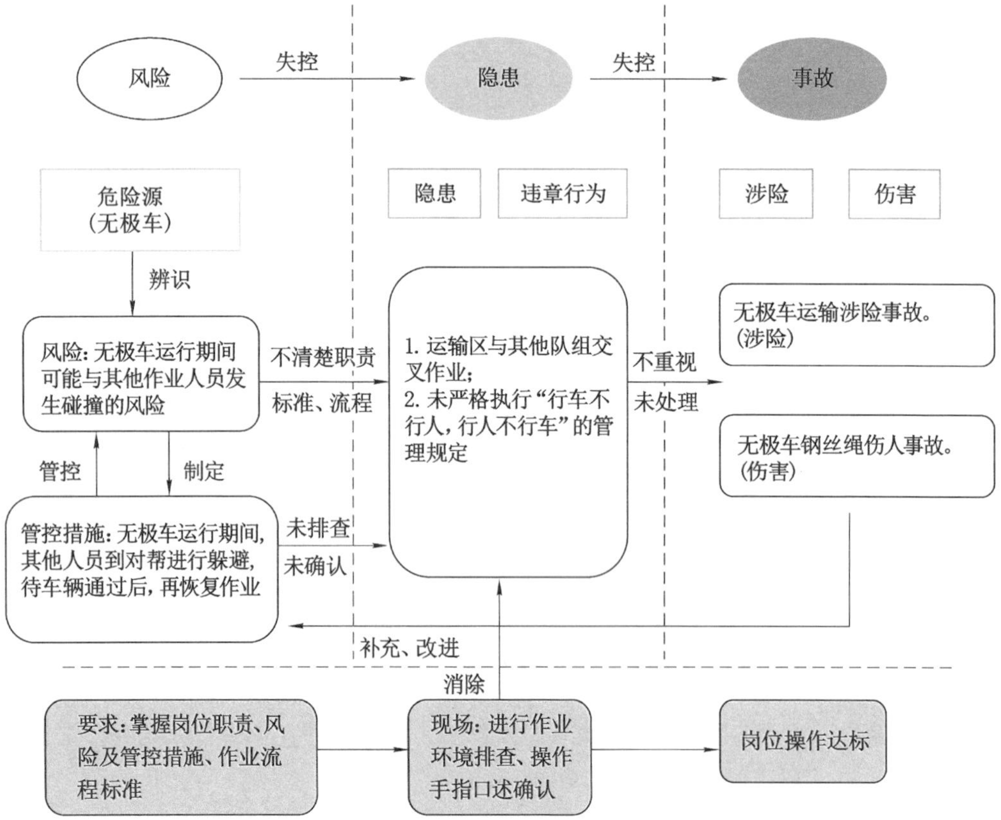

三、“五述”管理防治措施

为加强此类作业行为管理，杜绝类似事故发生，按照岗位“五述”管理要求，采取以下防治措施：

1. 岗位职责描述方面

作业人员应掌握绞车使用的规范以及警戒区域的设置，保证运输作业期间的安全。

2. 岗位风险自述方面

此作业过程中存在的岗位风险及管控措施如下：

(1) 绞车钢丝绳断裂出现跑车伤人的风险。管控措施：使用绞车前先检查钢丝绳是否完好，绞车是否牢固可靠，电气开关是否完好。绞车司机操作时按章操作，严禁野蛮操作。

(2) 警戒不到位出现矿车掉道或跑车伤人的风险。管控措施：在绞车运行范围区间设置好警戒，严禁人员进入警戒区域。

3. 流程标准阐述方面

使用绞车的流程：检查绞车和钢丝绳完好情况→对警戒进行确认→开始使用绞车运输货物。

标准：① 确保绞车和钢丝绳完好。② 确保警戒设置合理，警戒人员严格看管，严禁人员进入警戒区域。

4. 作业环境评述方面

使用绞车前应对运输区域的作业环境及绞车的完好情况进行检查：① 绞车是否牢固可靠；② 钢丝绳是否完好；③ 电气开关是否完好，无失爆现象；④ 警戒是否设置到位，检查有无漏设的地点；⑤ 作业地点顶帮是否安全等。隐患问题处理合格后，方可运输作业。

5. 操作手指口述方面

主要的操作手指口述安全确认环节如下：

(1) 手指：绞车。口述：绞车安装稳定可靠，确认完毕。

(2) 手指：钢丝绳。口述：钢丝绳完好，无锈蚀、断丝等，确认完毕。

(3) 手指：警戒。口述：警戒设置到位，车辆运行区域无人员进入，确认完毕。

案例 38　机修厂机修车间吊装设备平板车伤人事故

一、事故案例简况

2019 年 8 月 30 日早班 15:50 左右，机修厂机修车间职工刘××向平板车上放置 37 kW 回柱绞车时，平板车翘起撞向刘××，造成刘××右腿股骨骨折。

二、双防技术分析及过程演变图例

此事故中，责任者对“装运设备作业”危险源存在“下放过程中由于重心不稳可能出现”的安全风险辨识认识不到位，未执行“合理站位”操作要求，导致人员被翘起的平板车撞伤。

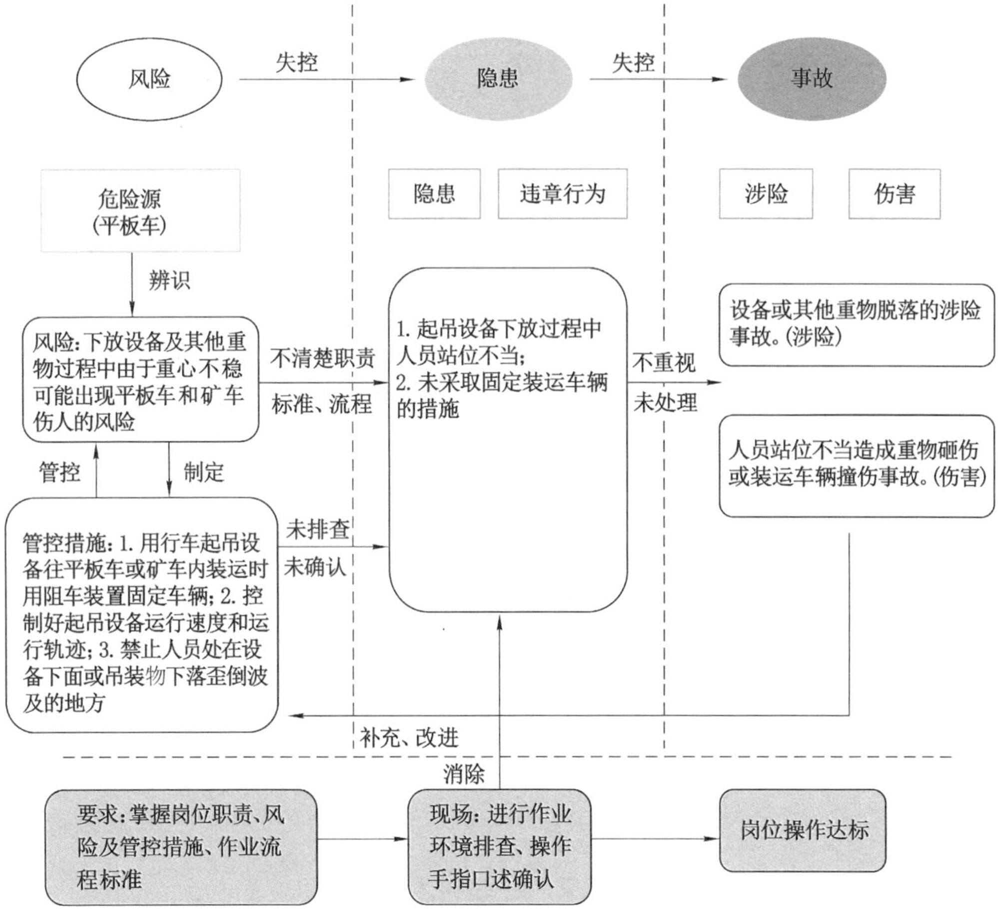

三、“五述”管理防治措施

为加强此类作业行为管理，杜绝类似事故发生，按照岗位“五述”管理要求，采取以下防治措施：

1. 岗位职责描述方面

作业人员应掌握行车起吊过程中重物下放的安全注意事项，按照标准工作流程、顺序进行操作，保证作业安全。

2. 岗位风险自述方面

此作业过程中存在的岗位风险及管控措施如下：

岗位风险：下放设备及其他重物过程中由于重心不稳可能出现平板车和矿车伤人的风险。

管控措施：用行车起吊设备往平板车或矿车内装运设备时用阻车装置固定车辆；控制好起吊设备的运行速度和运行轨迹；禁止人员处在设备下面或吊装物下落歪倒波及的地方。

3. 流程标准阐述方面

行车起吊的流程：检查行车完好情况→对重物进行起吊→将重物平稳放置于车内。

标准：① 使用行车前认真检查行车设备，尤其是钢丝绳、制动器及安全装置，确保行车状态良好；② 吊装过程中，思想要集中，必须对周围环境进行确认，严禁吊物从人的头顶经过。

4. 作业环境评述方面

起吊前应对周围作业环境及行车的完好情况进行检查：① 检查行车是否完好；② 确认周围环境是否安全，是否有无关人员逗留；③ 作业地点是否有充足的闪躲空间。隐患问题处理合格后，方可起吊作业。

5. 操作手指口述方面

主要的操作手指口述安全确认环节如下：

(1) 手指：行车。口述：行车检查各部件完好，确认完毕。

(2) 手指：重物。口述：重物捆绑牢靠，确认完毕。

(3) 手指：车辆。口述：车辆停放稳当，可以下放重物，确认完毕。

案例39　动态作业事故双防流程分析

一、事故案例简况

2020年4月12日8点班12:50左右，运输区职工张××在车辆运行过程中调整保险绳，被运行的锚杆专用车将左脚压伤，造成职工张××左脚大拇指破损，其余四根脚趾骨折。

二、双防技术分析及过程演变图例

此事故中，责任者对"动态作业"危险源存在"运行中的车辆伤人"的安全风险认识不到位，未执行"车辆停稳后再进行作业"的操作要求，导致运行中的车辆伤人事故发生。

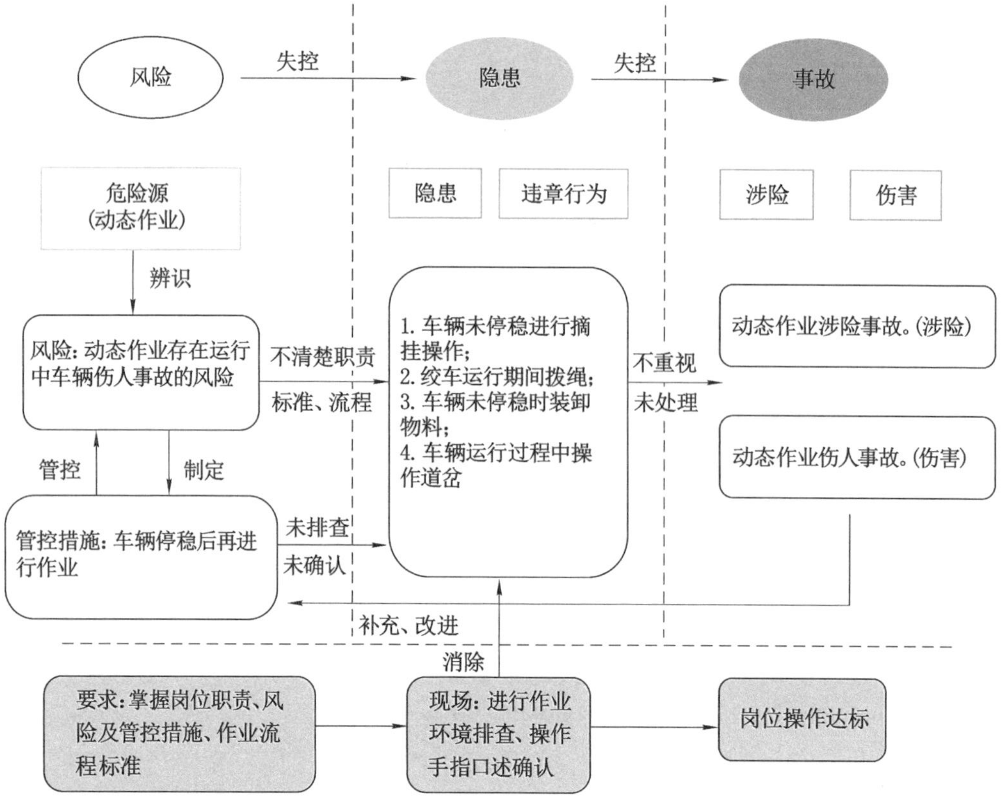

三、"五述"管理防治措施

为加强此类作业行为管理，杜绝类似事故发生，按照岗位"五述"管理要求，采取以

下防治措施：

1. 岗位职责描述方面

作业人员应掌握摘挂钩作业的工作内容、工作流程；掌握摘挂钩作业期间的安全注意事项，按照摘挂钩流程顺序进行操作，保证作业安全。

2. 岗位风险自述方面

此作业过程中存在的岗位风险及管控措施如下：

(1) 车辆运输期间进行摘挂钩操作，车辆运行期间导致伤人的风险。管控措施：车辆停稳后再进行摘挂钩操作。

(2) 未按要求挂保险绳、超挂车等，会产生运输事故的安全风险。管控措施：运输作业必须按要求挂保险绳，保险绳必须挂在尾车后端，连接可靠。

(3) 未确认作业区域内的道岔完好或对方向进行检查，会产生运输车辆掉道或损坏运输设备的安全风险。管控措施：运输前必须观察确认道岔是否完好，道岔方向是否正确，发现问题及时处理后方可运输。

3. 流程标准阐述方面

摘挂钩操作的流程：车辆停稳后连接车辆、吊挂保险绳→扳动道岔→发出开车信号。

标准：① 连接车辆、吊挂保险绳，必须按要求挂保险绳，保险绳必须挂在尾车后端，连接可靠；② 扳动道岔，必须观察确认道岔是否完好，道岔方向是否正确，发现问题及时处理后方可运输。

4. 作业环境评述方面

操作前应对摘挂钩作业环境及连接装置的完好情况进行检查：① 车辆是否停稳；② 保险绳吊挂是否符合标准；③ 道岔是否完好、方向是否正确。隐患问题处理合格后，方可摘挂钩作业。

5. 操作手指口述方面

主要的操作手指口述安全确认环节如下：

(1) 手指：连接车辆。口述：车辆连接可靠，确认完毕。

(2) 手指：道岔。口述：道岔完好、方向正确，确认完毕。

案例40　顶车不规范导致事故

一、事故案例简况

2011年11月1日下午4点班19点35分，运输区六区轨道巷二部牵引车机头车场运输支架期间因使用已弯曲的三寸管子作为连接装置发生一起运输事故，造成职工李××左腿腓骨远端骨折。

二、双防技术分析及过程演变图例

此事故中，责任者对"连接装置安全确认"危险源存在"连接装置不合格易造成运输事故"的安全风险认识不到位，未执行"连接装置不合格严禁运输作业"的操作要求，导致运输伤人事故发生。

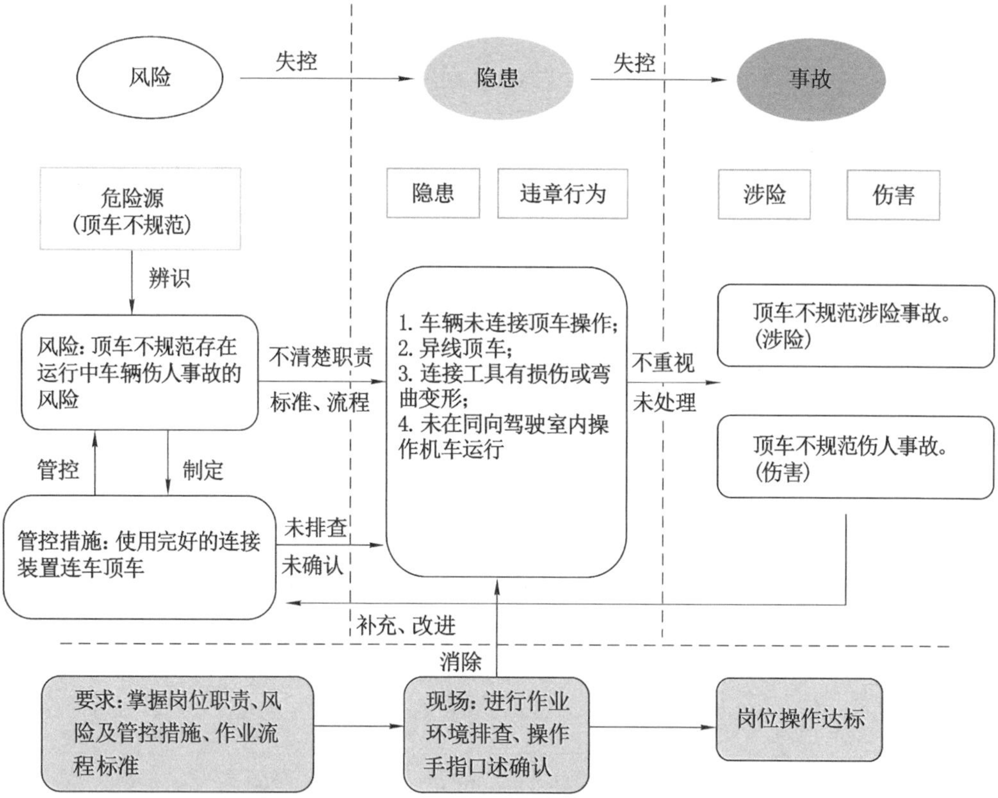

三、"五述"管理防治措施

为加强此类作业行为管理，杜绝类似事故发生，按照岗位"五述"管理要求，采取以

下防治措施：

1. 岗位职责描述方面

作业人员应掌握顶车作业的工作内容、工作流程；掌握顶车作业期间的安全注意事项，按照顶车流程顺序进行操作，保证作业安全。

2. 岗位风险自述方面

此作业过程中存在的岗位风险及管控措施如下：

(1) 车辆未连接顶车操作，车辆滑行导致伤人的风险。管控措施：顶车期间必须连车顶车。

(2) 异线顶车，会产生运输事故的安全风险。管控措施：严禁异线顶车。

(3) 连接工具不完好、弯曲变形等，会产生运输事故的安全风险。管控措施：运输前必须认真检查连接工具是否完好，连接工具不完好时应立即更换后方可运输。

3. 流程标准阐述方面

顶车操作的流程：确认车辆是否停稳→确认连接工具并连接车辆→发出开车信号。

标准：① 连接工具时，必须确认连接工具是否完好、有无变形、有无开焊等，连接工具不完好时应立即更换后方可运输。② 连接车辆，必须确认车辆连接情况，连车顶车，严禁异线顶车。

4. 作业环境评述方面

操作前应对顶车作业环境及连接装置的完好情况进行检查：① 车辆是否停稳；② 连接工具是否符合标准；③ 道岔是否完好、方向是否正确。隐患问题处理合格后，方可顶车作业。

5. 操作手指口述方面

主要的操作手指口述安全确认环节如下：

(1) 手指：连接工具。口述：连接工具完好、无弯曲变形等，确认完毕。

(2) 手指：连接车辆。口述：车辆连接可靠，确认完毕。

(3) 手指：道岔。口述：道岔完好、方向正确，确认完毕。

案例41　信号不清运输事故

一、事故案例简况

2008年4月4日8点班，运输区井底车场三吨仓因信号不清机车误动作发生一起轻伤事故，造成职工郝××右臂挤伤。

二、双防技术分析及过程演变图例

此事故中，责任者对"车辆运行"危险源存在"信号不清就启车运行"的安全风险认识不到位，未执行"信号不清严禁启车"的操作要求，导致运行中的车辆伤人事故发生。

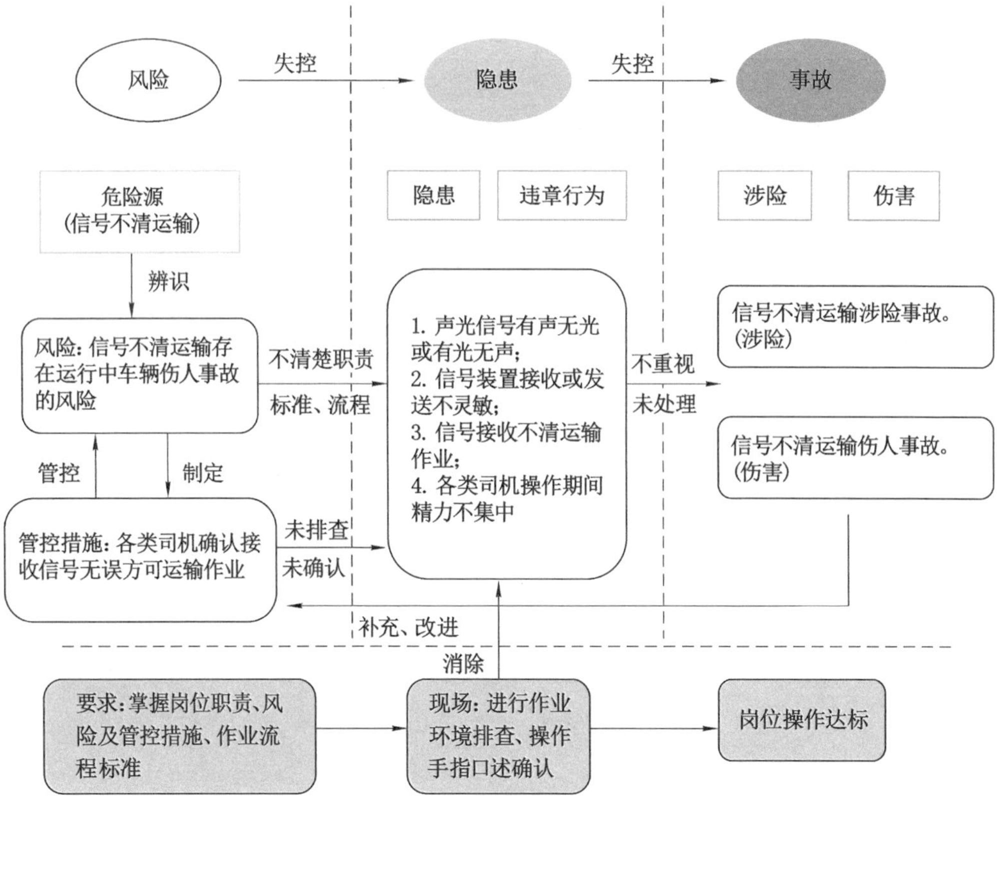

三、"五述"管理防治措施

为加强此类作业行为管理，杜绝类似事故发生，按照岗位"五述"管理要求，采取以下防治措施：

1. 岗位职责描述方面

作业人员应掌握信号工的工作内容、工作流程；掌握车辆运行作业期间的安全注意事项，按照信号指令进行操作，保证作业安全。

2. 岗位风险自述方面

此作业过程中存在的岗位风险及管控措施如下：

(1) 信号指令未掌握，机车误动作导致伤人的安全风险。管控措施：司机严格按照信号指令行车。

(2) 信号不清启车运行，机车误动作导致伤人的安全风险。管控措施：信号不清严禁启车运行。

(3) 司机操作期间精力不集中，机车误动作导致伤人的安全风险。管控措施：运输前必须确认司机精神状况，运行前必须鸣笛示警。

3. 流程标准阐述方面

电机车司机操作的流程：确认接收信号指令是否正确→鸣笛示警→按照信号指令运行；

标准：① 信号指令，司机严格按照信号指令行车，信号不清严禁启车运行；② 司机操作期间精力集中，运输前必须确认司机精神状况，运行前必须鸣笛示警。

4. 作业环境评述方面

操作前应对电机车司机作业环境及信号指令情况进行确认：① 信号指令是否正确；② 信号指令是否清晰；③ 启车运行前是否鸣笛示警。隐患问题处理合格后，方可启车作业。

5. 操作手指口述方面

主要的操作手指口述安全确认环节如下：

(1) 手指：信号指令。口述：信号指令清晰、正确，确认完毕。

(2) 手指：机车喇叭。口述：鸣笛示警，确认完毕。

(3) 手指：机车操作手把。口述：启车运行，确认完毕。

案例42　电机车司机操作不规范伤人事故

一、事故案例简况

2008年9月25日下午4点班19:30左右，运输区带班长段××独自一人在三吨仓进行顶车卸煤，段××在顶车卸煤过程中刹车不及时，4#电机车进入三吨仓的卸载轴承区，同时段××上岗过程中作业不规范，在驾驶机车时，图一时方便把右腿露在机车外，因顶车过快、刹车不及时机头进入三吨仓卸载轴承区，把段××右小腿夹伤，造成段××工伤。

二、双防技术分析及过程演变图例

此事故中，责任者对“操作机车期间将头或身体探出车外”危险源存在“运行中的车辆伤人”的安全风险认识不到位，未执行“操作机车期间严禁将头或身体探出车外”的操作要求，导致运行中的车辆伤人事故发生。

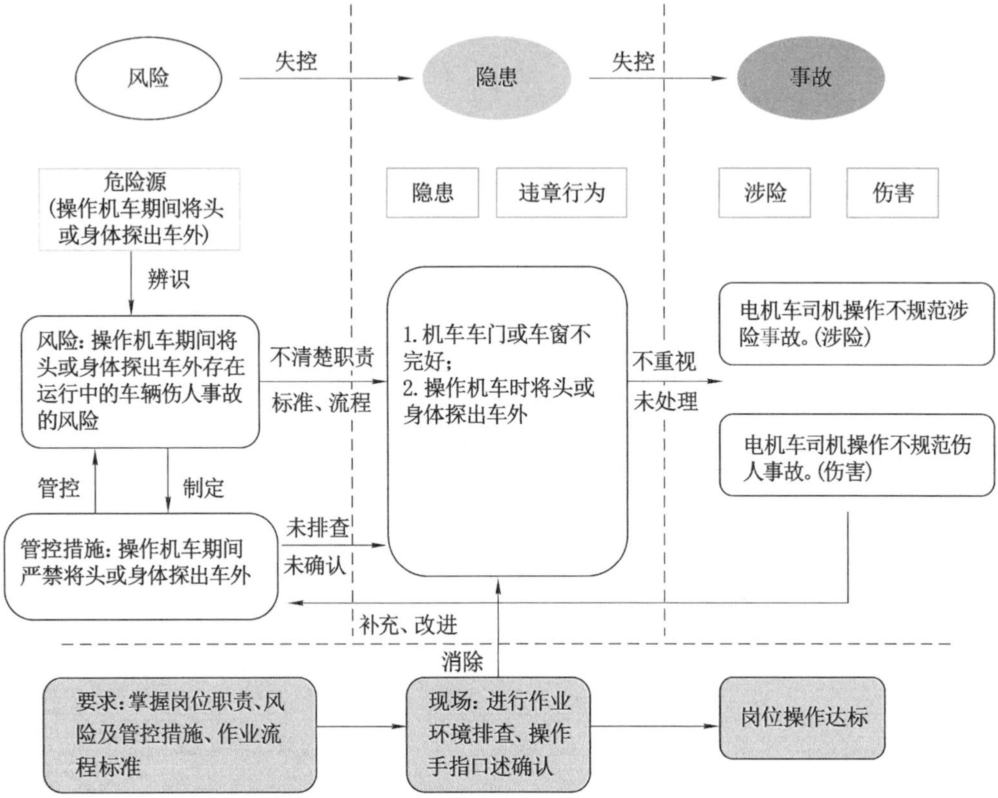

三、"五述"管理防治措施

为加强此类作业行为管理，杜绝类似事故发生，按照岗位"五述"管理要求，采取以下防治措施：

1. 岗位职责描述方面

作业人员应掌握电机车司机的工作内容、工作流程；掌握电机车司机作业期间的安全注意事项，按照电机车操作流程顺序进行操作，保证作业安全。

2. 岗位风险自述方面

此作业过程中存在的岗位风险及管控措施如下：

(1) 车辆不完好，机车误动作导致伤人的安全风险。管控措施：运行前认真检查机车完好状况，车辆不完好时严禁运输作业。

(2) 运行期间未关闭车门，将头或身体探出车外导致伤人的安全风险。管控措施：操作机车期间严禁将头或身体探出车外。

(3) 司机操作期间精力不集中，机车误动作导致伤人的安全风险。管控措施：运输前必须确认司机精神状况，运行前必须鸣笛示警。

3. 流程标准阐述方面

电机车司机操作的流程：先确认机车完好情况→关闭车门→鸣笛示警后按照信号指令运行。

标准：① 车辆完好情况，电机车司机运行前认真检查机车完好状况，车辆不完好时严禁运输作业。② 关闭车门，操作机车期间严禁将头或身体探出车外。③ 信号指令，司机严格按照信号指令行车，信号不清时严禁启车运行；司机操作期间精力集中，运输前必须确认司机精神状况，运行前必须鸣笛示警。

4. 作业环境评述方面

操作前应对电机车司机作业环境及完好情况进行确认：① 电机车是否完好；② 车门是否关闭；③ 信号指令是否清晰；④ 启车运行前是否鸣笛示警。隐患问题处理合格后，方可启车作业。

5. 操作手指口述方面

主要的操作手指口述安全确认环节如下：

(1) 手指：电机车。口述：电机车完好，确认完毕。

(2) 手指：车门。口述：车门关闭，确认完毕。

(3) 手指：机车操作手把。口述：信号清晰、鸣笛示警、启车运行，确认完毕。

案例43　摘挂钩操作不规范伤人事故

一、事故案例简况

2009年3月13日0点班7:20左右，摘挂钩工张××将第一辆矿车挂好钩后，在拔第一辆矿车与第二辆矿车的连接环销子时，后面过来一钩重车撞在前面重车上，导致第一辆车向前滑动至底翘，与第二辆车形成夹角，造成两个相邻矿车上沿间距由40 cm减小到18 cm，由于张××摘钩时操作不规范，身体上部躲闪不及，被两矿车夹住，造成肋骨骨折。

二、双防技术分析及过程演变图例

此事故中，责任者对“摘挂钩操作将头或身体探入两车之间”危险源存在“摘挂钩操作不规范”的安全风险认识不到位，未执行“摘挂钩操作严禁将头或身体探入两车之间”的操作要求，导致运行中的车辆伤人事故发生。

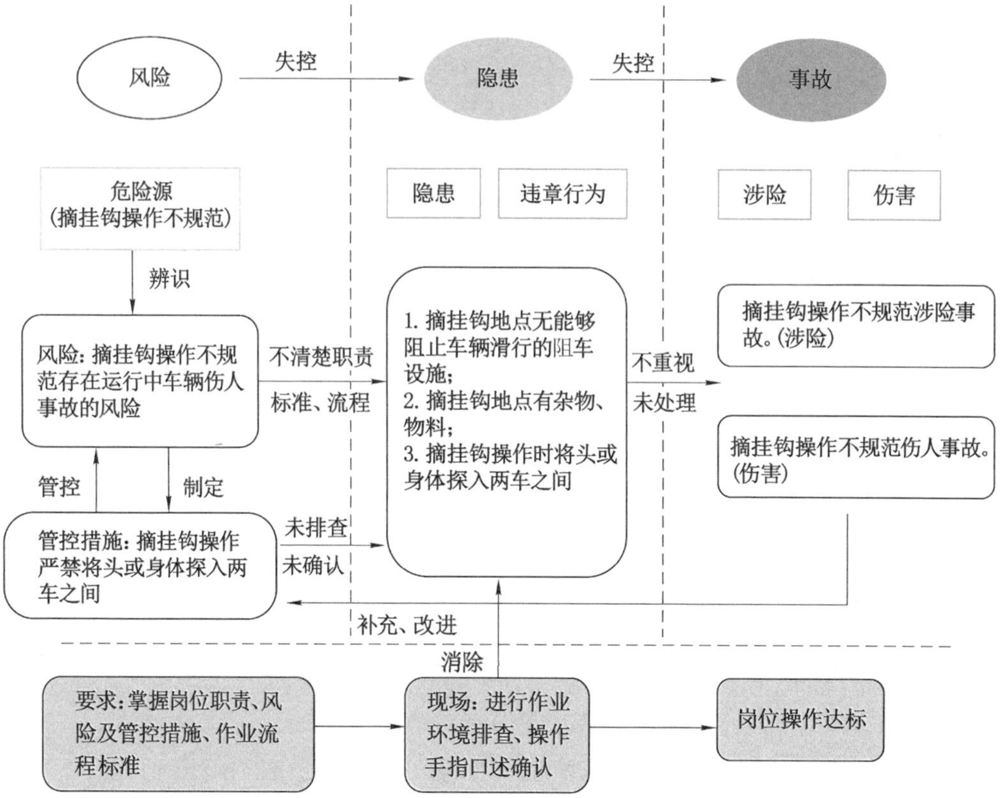

三、“五述”管理防治措施

为加强此类作业行为管理，杜绝类似事故发生，按照岗位“五述”管理要求，采取以下防治措施：

1. 岗位职责描述方面

作业人员应掌握摘挂钩作业的工作内容、工作流程；掌握摘挂钩作业期间的安全注意事项，按照摘挂钩流程顺序进行操作，保证作业安全。

2. 岗位风险自述方面

此作业过程中存在的岗位风险及管控措施如下：

(1) 摘挂钩地面无阻车设施，会产生车辆滑行导致伤人的安全风险。管控措施：车辆停稳后再进行摘挂钩操作。

(2) 摘挂钩操作不规范，会产生车辆滑行导致伤人的安全风险。管控措施：摘挂钩操作严禁将头或身体探入两车之间。

(3) 未确认作业区域内的道岔完好或方向进行检查，会产生运输车辆掉道或损坏运输设备的安全风险。管控措施：运输前必须观察确认道岔是否完好，道岔方向是否正确，发现问题及时处理后方可运输。

3. 流程标准阐述方面

摘挂钩操作的流程：车辆停稳后连接车辆、吊挂保险绳→扳动道岔→发出开车信号。

标准：① 连接车辆、吊挂保险绳，必须按要求挂保险绳，保险绳必须挂在尾车后端，连接可靠，摘挂钩操作时严禁将头或身体探入两车之间。② 扳动道岔，必须观察确认道岔是否完好，道岔方向是否正确，发现问题应及时处理后方可运输。

4. 作业环境评述方面

操作前应对摘挂钩作业环境及连接装置的完好情况进行检查：① 车辆是否停稳；② 保险绳吊挂是否符合标准；③ 道岔是否完好、方向是否正确。隐患问题处理合格后，方可摘挂钩作业。

5. 操作手指口述方面

主要的操作手指口述安全确认环节如下：

(1) 手指：连接车辆。口述：车辆连接可靠，确认完毕。

(2) 手指：道岔。口述：道岔完好、方向正确，确认完毕。

案例44　车辆复轨伤人事故

一、事故案例简况

2010年1月13日下午4点班18:40左右，运输区在二采区轨道巷700 m处(无极车二挡处)野蛮顶车处理掉道车的过程中矿车侧翻，造成职工朱××盆骨骨折。

二、双防技术分析及过程演变图例

此事故中，责任者对"车辆复轨"危险源存在"车辆侧翻伤人"的安全风险认识不到位，未执行"严禁野蛮顶车"的操作要求，导致车辆复轨过程中车辆侧翻伤人事故发生。

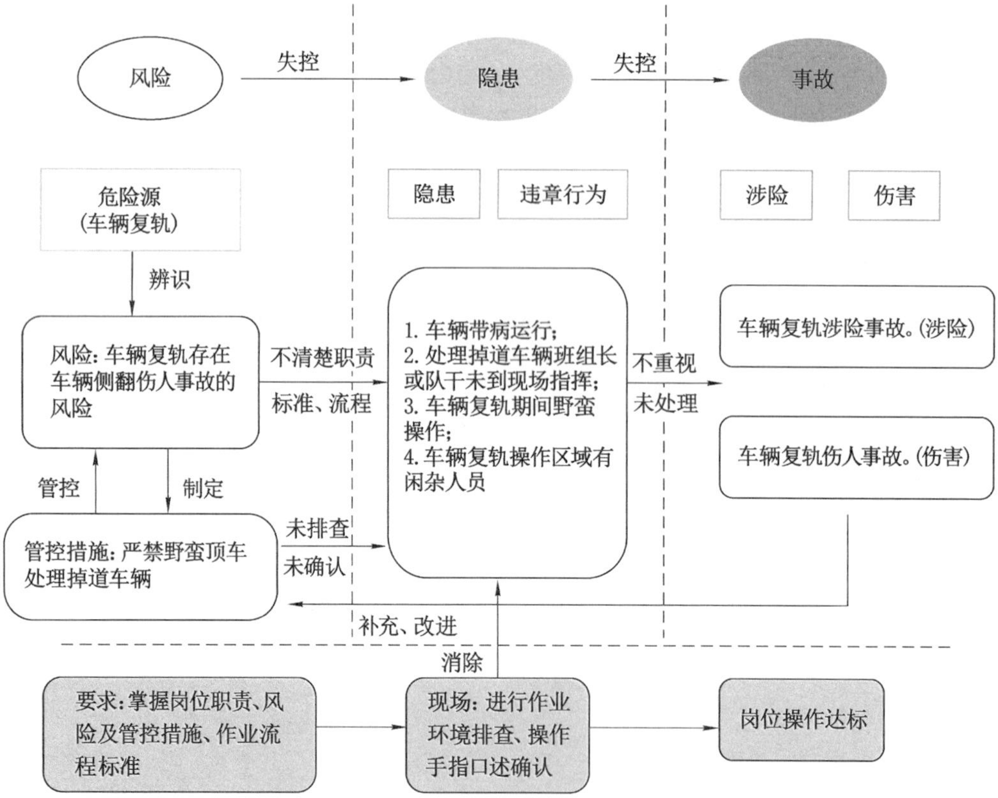

三、"五述"管理防治措施

为加强此类作业行为管理，杜绝类似事故发生，按照岗位"五述"管理要求，采取以下防治措施：

1. 岗位职责描述方面

作业人员应掌握顶车作业的工作内容、工作流程；掌握顶车作业期间的安全注意事项，按照顶车流程顺序进行操作，保证作业安全。

2. 岗位风险自述方面

此作业过程中存在的岗位风险及管控措施如下：

(1) 车辆未连接顶车操作，车辆滑行导致伤人的风险。管控措施：顶车期间必须连车顶车。

(2) 异线顶车，会产生运输事故的安全风险。管控措施：严禁异线顶车。

(3) 车辆“带病”运行等，会产生运输事故的安全风险。管控措施：运输前必须认真检查车辆是否完好，有无脱轨，连接工具是否完好可靠。

3. 流程标准阐述方面

顶车操作的流程：确认车辆是否停稳→确认连接工具、车辆情况并连接车辆→发出开车信号。

标准：① 连接工具，必须确认连接工具是否完好、有无变形开焊等隐患问题，连接工具不完好时应立即更换后方可运输；② 车辆完好情况，必须确认车辆完好情况，检查有无脱轨，否则严禁运行；③ 连接车辆，必须确认车辆连接情况，连车顶车，严禁异线顶车。

4. 作业环境评述方面

操作前应对顶车作业环境及连接装置的完好情况进行检查：① 车辆是否停稳；② 连接工具是否符合标准；③ 车辆是否完好、有无脱轨等情况；④ 道岔是否完好、方向是否正确。隐患问题处理合格后，方可顶车作业。

5. 操作手指口述方面

主要的操作手指口述安全确认环节如下：

(1) 手指：连接工具。口述：连接工具完好、无弯曲变形等，确认完毕。

(2) 手指：车辆情况。口述：车辆完好、无脱轨等情况，确认完毕。

(3) 手指：连接车辆。口述：车辆连接可靠，确认完毕。

(4) 手指：道岔。口述：道岔完好、方向正确，确认完毕。

案例 45　未在指定位置停车导致事故发生

一、事故案例简况

2011 年 6 月 16 日下午 4 点班，+355 大巷原二站台发生一起 3 t 矿车追尾事故，第一趟人车大约在 16 点 20 分左右从一站台发出，发车时钉道组职工张××告诉人车司机郑×需在二站台材料库拿钉道工具，人车行驶至原二站台后停车（在此停车约 5 min）。随后，同向行驶的 3 t 煤车进入原二站台，机车司机刘××精力不集中，未及时发现前方停留的人车，发生机车追尾，人车震动造成坐在倒数第二节车上的抽放队职工潘××两眉中间碰伤。

二、双防技术分析及过程演变图例

此事故中，责任者对“列车占线停车”危险源存在“列车占线停车易造成运输事故”的安全风险认识不到位，未执行“列车严禁在主要运输线路上停车”的操作要求，导致运行中的车辆追尾伤人事故发生。

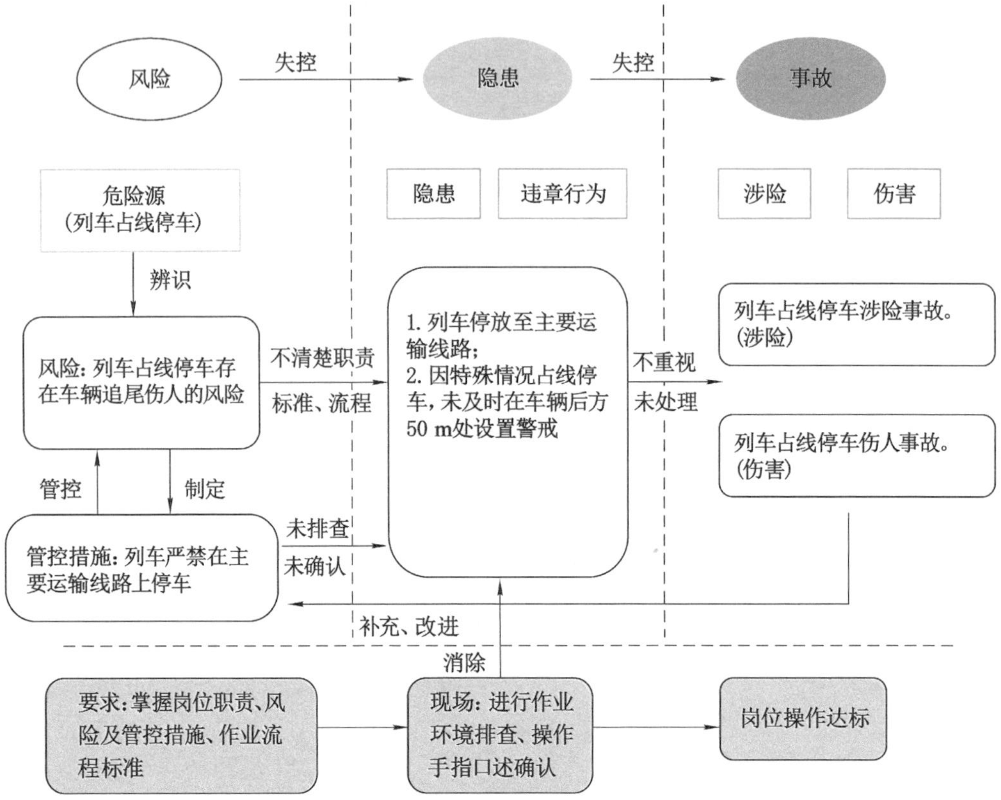

三、“五述”管理防治措施

为加强此类作业行为管理，杜绝类似事故发生，按照岗位“五述”管理要求，采取以下防治措施：

1. 岗位职责描述方面

作业人员应掌握电机车司机停车的工作内容、工作流程；掌握电机车司机停车期间的安全注意事项，按照电机车停车操作流程顺序进行操作，保证作业安全。

2. 岗位风险自述方面

此作业过程中存在的岗位风险及管控措施如下：

(1) 停车区域不正确，会产生列车占线停车追尾事故的安全风险。管控措施：列车严禁在主要运输线路上停车。

(2) 警戒设置不合理或未设置警戒，会产生列车占线停车追尾事故的安全风险。管控措施：电机车司机因特殊情况占线停车必须在列车尾部 50 m 范围外设置警戒。

(3) 司机操作期间精力不集中，机车停车不及时导致追尾事故的安全风险。管控措施：运输前必须确认司机精神状况，运行前必须鸣笛示警，发现前方有障碍物必须立即停车。

3. 流程标准阐述方面

电机车司机操作的流程：确认停车位置→设置警戒→处理隐患问题。

标准：① 停车区域，列车严禁在主要运输线路上停车；② 警戒设置，电机车司机因特殊情况占线停车必须在列车尾部 50 m 范围外设置警戒；③ 精力集中，运输前必须确认司机精神状况，运行前必须鸣笛示警，发现前方有障碍物必须立即停车。

4. 作业环境评述方面

操作前应对电机车司机作业环境及完好情况进行确认：① 电机车是否完好；② 车门是否关闭；③ 信号指令是否清晰；④ 启车运行前是否鸣笛示警。隐患问题处理合格后，方可启车作业。

5. 操作手指口述方面

主要的操作手指口述安全确认环节如下：

(1) 手指：电机车。口述：停车位置合理，确认完毕。

(2) 手指：警戒。口述：警戒已设置，确认完毕。

案例46　车辆带病运行导致事故发生

一、事故案例简况

2018年5月24日0点班2:50左右，14#支架轮对转动不灵活运输至+355水平大巷四联巷至五联巷中间段时四轮掉道，同时前轮轴承散架，8:20左右处理完成，恢复大巷运输，造成+355大巷上下班人员安全秩序混乱。

二、双防技术分析及过程演变图例

此事故中，责任者对"车辆带病运行"危险源存在"车辆带病运行易造成运输事故"的安全风险认识不到位，未执行"严禁车辆带病运行"的操作要求，导致运行中的车辆掉道事故发生。

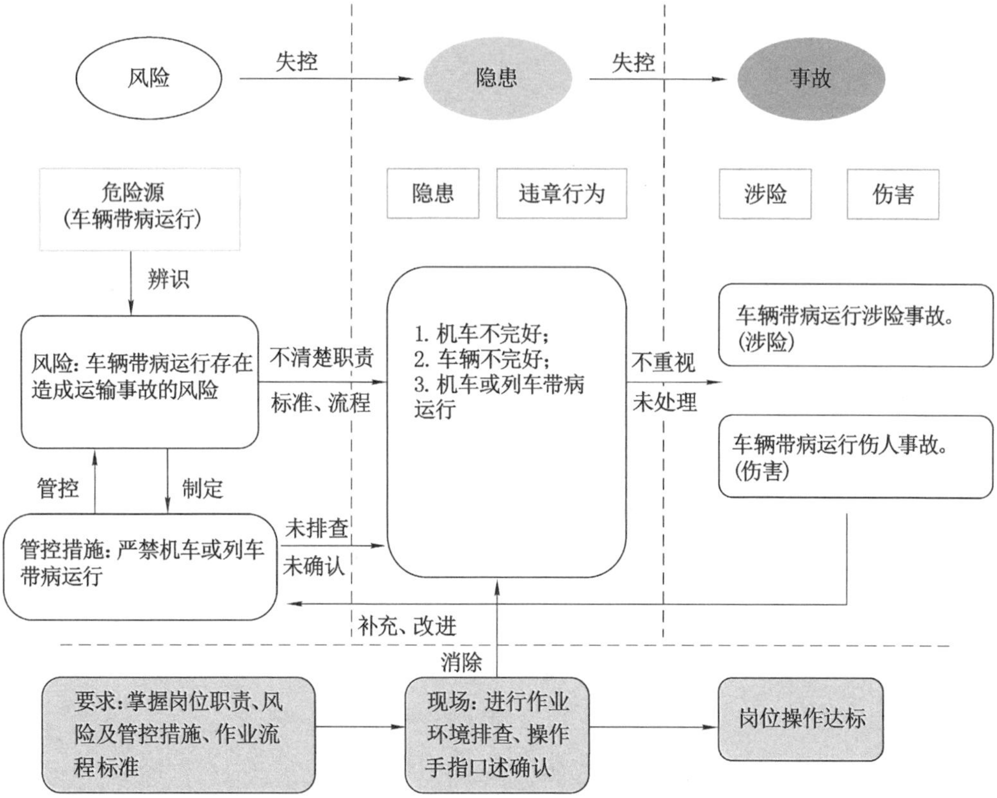

三、"五述"管理防治措施

为加强此类作业行为管理，杜绝类似事故发生，按照岗位"五述"管理要求，采取以

下防治措施：

1. 岗位职责描述方面

作业人员应掌握运输作业的工作内容、工作流程；掌握运输作业期间的安全注意事项，按照运输作业的流程顺序进行操作，保证作业安全。

2. 岗位风险自述方面

此作业过程中存在的岗位风险及管控措施如下：

(1) 电机车不完好，会产生车辆误动作导致车辆伤人的安全风险。管控措施：机车不完好时严禁使用。

(2) 车辆“带病”运行等，会产生运输事故的安全风险。管控措施：运输前必须认真检查车辆是否完好、有无脱轨、连接工具是否完好可靠。

3. 流程标准阐述方面

运输操作的流程：确认车辆完好情况→确认车辆连接情况→发出开车信号。

标准：① 电机车，必须确认电机车完好情况，机车不完好时严禁使用；② 车辆完好情况，必须确认车辆完好情况，检查车辆有无脱轨，否则严禁运行。

4. 作业环境评述方面

操作前应对运输作业环境及机车、车辆的完好情况进行检查：① 电机车是否完好；② 车辆是否完好；③ 连接是否牢靠。隐患问题处理合格后，方可运输作业。

5. 操作手指口述方面

主要的操作手指口述安全确认环节如下：

(1) 手指：电机车。口述：电机车完好，确认完毕。

(2) 手指：车辆情况。口述：车辆完好、无脱轨等情况，确认完毕。

(3) 手指：连接车辆。口述：车辆连接可靠，确认完毕。

案例47　警戒不到位造成事故

一、事故案例简况

2016年10月6日8点班，跟车司机苏×带支架前行，检修工顾××跟在无极车后方，行至左回一联巷，无极车超过清零位置需后退至清零处时，跟车司机苏×通知检修工顾××避让后，行至支架前方观察支架并打点运行无极车，检修工顾××站位不当，被车场副道摆放的两辆空平板车夹到左小腿，造成检修工顾××左小腿两处骨折。

二、双防技术分析及过程演变图例

此事故中，责任者对"警戒不到位"危险源存在"运行中的车辆伤人"的安全风险认识不到位，未执行"行人不行车、行车不行人"的操作要求，导致运输过程中的车辆伤人事故发生。

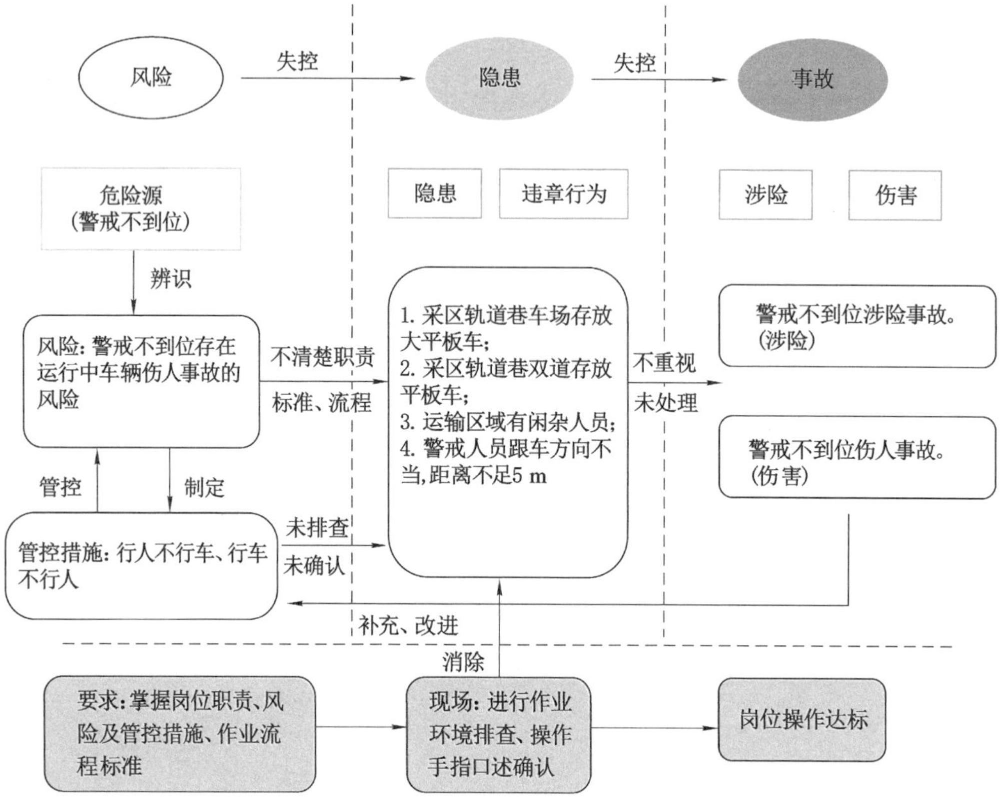

三、“五述”管理防治措施

为加强此类作业行为管理，杜绝类似事故发生，按照岗位“五述”管理要求，采取以下防治措施：

1. 岗位职责描述方面

作业人员应掌握无极车运行的工作内容、工作流程；掌握无极车司机运输期间的安全注意事项，按照无极车操作流程顺序进行操作，保证作业安全。

2. 岗位风险自述方面

此作业过程中存在的岗位风险及管控措施如下：

(1) 警戒设置不合理或未设置警戒，会产生运输期间车辆伤人的安全风险。管控措施：严格执行“行人不行车、行车不行人”的管理规定。

(2) 车场副道存放超宽物件，会产生错车安全距离不足导致运输事故的安全风险。管控措施：轨道巷各车场严禁存放超宽设备材料或车辆。

(3) 司机操作期间精力不集中，机车停车不及时导致运输事故的安全风险。管控措施：运输前必须确认司机精神状况，发现前方有障碍物或错车安全距离不足时必须立即停车。

3. 流程标准阐述方面

无极车跟车司机操作的流程：确认运输区域无闲杂人员→发出开车信号→随车警戒。

标准：① 警戒设置，严格执行“行人不行车、行车不行人”的管理规定；② 车场，六采区轨道巷各车场严禁存放超宽设备材料或车辆；③ 精力集中，运输前必须确认司机精神状况，发现前方有障碍物或错车安全距离不足时必须立即停车。

4. 作业环境评述方面

操作前应对无极车跟车司机作业环境及运行沿线情况进行确认：① 运输区域有无闲杂人员；② 车场错车安全距离是否符合标准要求。隐患问题处理合格后，方可启车作业。

5. 操作手指口述方面

主要的操作手指口述安全确认环节如下：

(1) 手指：运输区域。口述：运输区域无闲杂人员，确认完毕。

(2) 手指：警戒。口述：警戒已设置，确认完毕。

(3) 手指：车场副道。口述：无超宽设备材料或车辆，确认完毕。

案例48　矿车压伤事故

一、事故案例简况

2002年3月10日8点班，××矿通风队工程组张××等4人往四采区下黄土时，途经四采区一部25 kW绞车坡底，与采二队往外运的装回柱车的平板车相遇。此时，双方协商，由通风队工程组人员与采二队蒲××、付××一起将回柱车推至道岔以里的直道上，把黄土车推进至道岔的弯道内，然后将回柱车再次推出到25 kW绞车坡底，在蒲××、付××、张××、张××四人推车过程中，过道岔尖时突然回柱车掉道翻车，将左手帮推车的张××左腿压在车下，致其左腿开放性腓骨骨折。

二、双防技术分析及过程演变图例

此事故中，责任者对"巷道推车作业"危险源存在"掉道伤人"的安全风险认识不到位，未执行"严禁在矿车或平板车两侧进行推车作业"的操作要求，导致平板车掉道翻车，将人员左腿压伤。

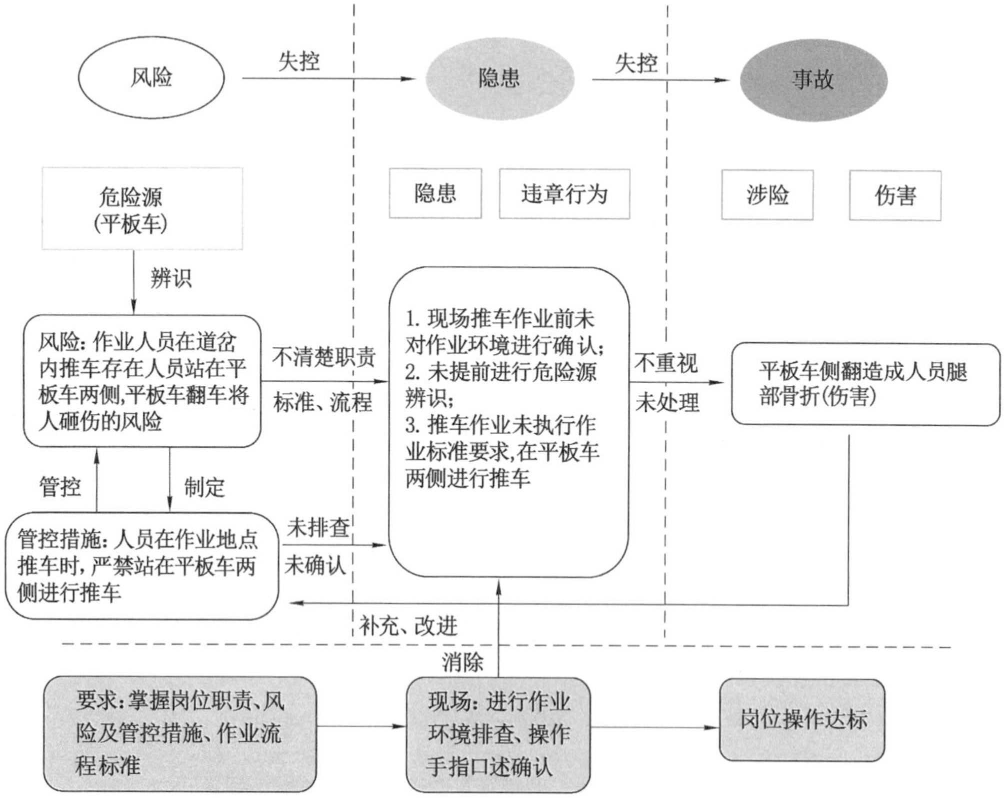

三、"五述"管理防治措施

为加强此类作业行为管理，杜绝类似事故发生，按照岗位"五述"管理要求，采取以下防治措施：

1. 岗位职责描述方面

作业人员应提前确定在巷道内推车期间的工作流程，按照顺序进行操作，保证作业安全。

2. 岗位风险自述方面

此作业过程中存在的岗位风险及管控措施如下：

(1) 在进行巷道推车作业时，存在巷道顶板、两帮片帮掉落伤人的风险。管控措施：应提前观察周边作业环境，及时排查隐患，确保作业安全。

(2) 作业期间，存在推车将人员夹伤的风险。管控措施：人员在进行推车作业时，严禁站在矿车或平板车两侧进行推车，防止因安全距离不够将人员夹伤。

3. 流程标准阐述方面

拆卸风管的流程：观察现场作业环境→检查矿车(平板车)是否完好→在矿车的安全侧进行推车。

标准：① 观察作业环境，确保作业环境安全；② 推车期间，注意前后、两侧安全距离的把控，确保作业过程准确。

4. 作业环境评述方面

注意观察作业周边环境是否安全：① 顶板是否完好；② 两帮是否鼓起，有无片帮的可能；③ 矿车行驶过程中的安全距离是否达标。

5. 操作手指口述方面

主要的操作手指口述安全确认环节如下：

(1) 手指：现场作业环境。口述：现场作业环境安全，确认完毕。

(2) 手指：开始推车。口述：车两侧安全距离达标，车辆已经安全推送到位，确认完毕。

案例49　连车不规范事故

一、事故案例简况

2001年1月7日23:40分许，××矿井下1211斜坡因违章超挂车，使用螺栓连接锚链。车辆下放时，绞车未能启动，重车加速下滑，绞车制动，螺栓受冲击剪切力作用断裂，发生一起运输事故，死亡1人，直接经济损失4.7万元。

二、双防技术分析及过程演变图例

此事故中，责任者对“连接装置安全确认”危险源存在“连接装置不合格易造成运输事故”的安全风险认识不到位，未执行“连接装置不合格严禁运输作业”的操作要求，导致运输伤人事故发生。

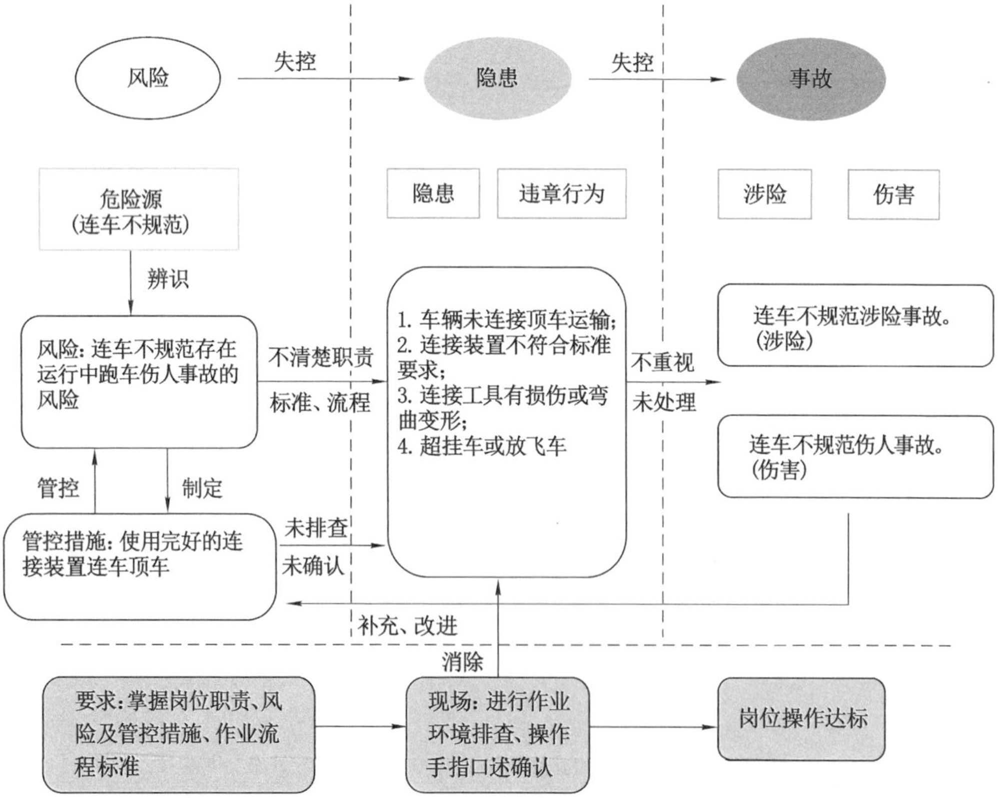

三、“五述”管理防治措施

为加强此类作业行为管理，杜绝类似事故发生，按照岗位“五述”管理要求，采取以

下防治措施：

1. 岗位职责描述方面

作业人员应掌握连车作业的工作内容、工作流程；掌握连车作业期间的安全注意事项，按照连车流程顺序进行操作，保证作业安全。

2. 岗位风险自述方面

此作业过程中存在的岗位风险及管控措施如下：

(1) 连接工具不符合标准要求，运输过程中跑车导致伤人的安全风险。管控措施：必须使用符合标准要求的连接装置进行车辆连接。

(2) 连接工具不完好、弯曲变形等，会产生运输事故的安全风险。管控措施：运输前必须认真检查连接工具是否完好，连接工具不完好时应立即更换后方可运输。

(3) 连接车辆不执行“五不开、五不挂”的要求，运输过程中跑车导致伤人的安全风险。管控措施：严格执行操作规程要求，必须做到“五不开、五不挂”。

3. 流程标准阐述方面

连车操作的流程：确认连接工具是否符合标准要求→确认连接工具完好并连接车辆→确认连接车辆符合标准要求。

标准：① 连接工具，必须确认连接工具是否符合标准要求，是否完好、有无变形开焊等隐患问题，连接工具不完好时应更换后方可运输；② 连接车辆，必须确认车辆连接情况，严格执行“五不开、五不挂”。

4. 作业环境评述方面

操作前应对连车作业环境及连接装置的完好情况进行检查，隐患问题处理合格后，方可连车作业：① 连接工具是否符合标准；② 连接工具是否完好；③ 车辆连接是否符合标准要求。

5. 操作手指口述方面

主要的操作手指口述安全确认环节如下：

(1) 手指：连接工具。口述：连接工具完好、无弯曲变形等，确认完毕。

(2) 手指：连接车辆。口述：车辆连接可靠，确认完毕。

(3) 手指：列车。口述：无超挂车，确认完毕。

案例50　车辆复轨过程中工具滑托伤人事故

一、事故案例简况

2011年6月27日，某矿开拓一队在撬矿车上道过程中，毛×拿撬棍撬车上道时，由于撬棍滑脱，身体失衡，头撞在矿车沿上，将其颧骨处碰伤。事后及时送往医院治疗，当日21时15分，毛×因呕吐物堵塞气管窒息而死亡。

二、双防技术分析及过程演变图例

此事故中，责任者对"车辆复轨"危险源存在"使用上道工具不当"的安全风险认识不到位，未执行"严禁使用撬棍等不防滑工具上道"的操作要求，导致车辆复轨过程中工具滑脱伤人事故发生。

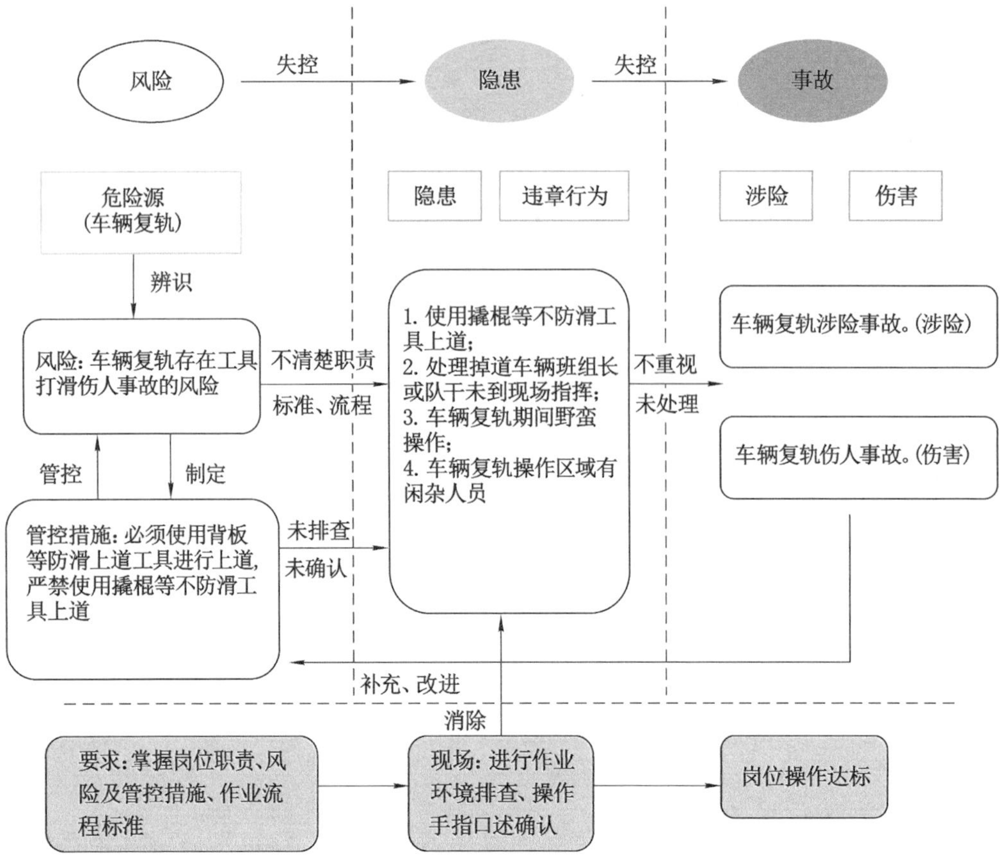

三、“五述”管理防治措施

为加强此类作业行为管理，杜绝类似事故发生，按照岗位“五述”管理要求，采取以下防治措施：

1. 岗位职责描述方面

作业人员应掌握车辆上道作业的工作内容、工作流程；掌握车辆上道作业期间的安全注意事项，按照车辆上道流程顺序进行操作，保证作业安全。

2. 岗位风险自述方面

此作业过程中存在的岗位风险及管控措施如下：

(1) 使用上道工具不当，工具滑脱导致伤人的安全风险。管控措施：必须使用背板等防滑上道工具进行上道，严禁使用撬棍等不防滑工具上道。

(2) 警戒设置不到位，会产生误伤他人的安全风险。管控措施：作业区域严禁闲杂人员进入。

3. 流程标准阐述方面

顶车操作的流程：确认工具是否恰当→确认车辆状况→上道作业。

标准：① 上道工具，必须使用背板等防滑上道工具进行上道，严禁使用撬棍等不防滑工具上道；② 警戒设置，作业区域严禁闲杂人员进入。

4. 作业环境评述方面

操作前应对车辆上道作业环境及工具的完好情况进行检查：① 车辆是否停稳；② 上道工具是否恰当。隐患问题处理合格后，方可上道作业。

5. 操作手指口述方面

主要的操作手指口述安全确认环节如下：

(1) 手指：工具。口述：工具选择恰当，完好、无弯曲变形等，确认完毕。

(2) 手指：警戒。口述：作业区域无闲杂人员，作业人员站位恰当，确认完毕。

案例51　绞车司机操作不规范伤亡事故(一)

一、事故案例简况

2005年1月4日17时许，某矿井下，南二盘区8#煤集中轨道巷由于绞车司机李×着急赶车下班，为了更快地将重车放到指定位置，李×未启动绞车，不带电放飞车；重车加速下滑，绞车制动，使其滚筒上钢丝绳受冲击剪切力作用断裂，导致发生跑车现象；重车将料场处风门撞坏后，将在风门后料场的作业者翟×撞击身亡。

二、双防技术分析及过程演变图例

此事故中，责任者对"操作绞车期间不带电放飞车"危险源存在"运行中的车辆跑车伤人"的安全风险认识不到位，未执行"操作绞车期间严禁不带电放飞车"的操作要求，导致运行中的车辆伤人。

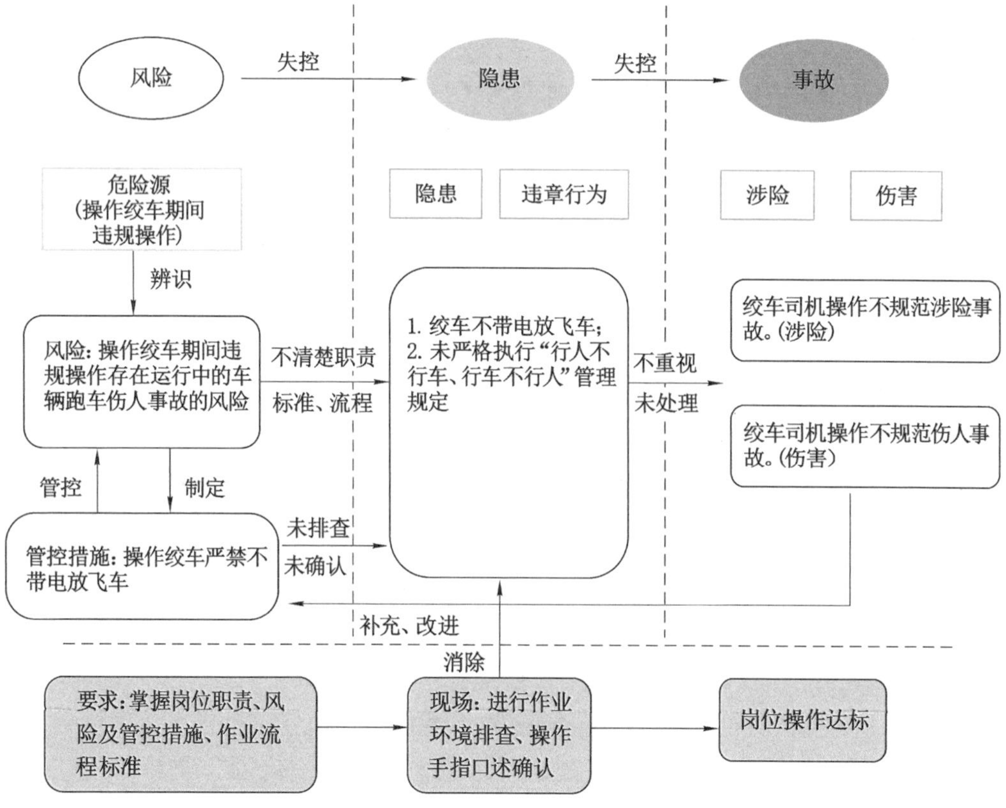

三、"五述"管理防治措施

为加强此类作业行为管理，杜绝类似事故发生，按照岗位"五述"管理要求，采取以下防治措施：

1. 岗位职责描述方面

作业人员应掌握绞车司机的工作内容、工作流程；掌握绞车司机作业期间的安全注意事项，按照绞车操作流程顺序进行操作，保证作业安全。

2. 岗位风险自述方面

此作业过程中存在的岗位风险及管控措施如下：

(1) 不带电放飞车，跑车导致伤人的安全风险。管控措施：操作绞车期间严禁不带电放飞车。

(2) 警戒设置不合理或未设置警戒，会产生运输期间车辆伤人的安全风险。管控措施：严格执行"行人不行车、行车不行人"的管理规定。

(3) 司机操作期间精力不集中，操作绞车误动作导致伤人的安全风险。管控措施：运输前必须确认司机精神状况，运行前必须喊话示警。

3. 流程标准阐述方面

绞车司机操作的流程：确认绞车车完好情况→确认警戒设置→鸣笛示警后按照信号指令运行。

标准：① 绞车操作，操作绞车期间严禁不带电放飞车。② 警戒设置，严格执行"行人不行车、行车不行人"的管理规定。③ 信号指令，司机严格按照信号指令行车，信号不清严禁启车运行；司机操作期间精力集中，运输前必须确认司机精神状况，运行前必须喊话示警。

4. 作业环境评述方面

操作前应对绞车司机作业环境及完好情况进行确认：① 绞车是否完好；② 警戒设置是否到位；③ 信号指令是否清晰；④ 启车运行前是否鸣笛示警。隐患问题处理合格后，方可启车作业。

5. 操作手指口述方面

主要的操作手指口述安全确认环节如下：

(1) 手指：绞车。口述：绞车完好，确认完毕。

(2) 手指：警戒。口述：警戒设置到位，确认完毕。

(3) 手指：绞车操作手把。口述：信号清晰、喊话示警、启车运行，确认完毕。

案例52 绞车司机操作不规范伤亡事故(二)

一、事故案例简况

2007年6月25日15时,某矿副斜井井底车场绞车硐室绞车司机刘×违章操作,在滚筒有余绳的情况下,采取了错误的处理措施,操作时站立位置不当,右手控制离合,左手冒险去拨绳,发生一起绞车运输事故,造成1人死亡。

二、双防技术分析及过程演变图例

此事故中,责任者对"操作绞车期间一手拨绳一手操作离合"危险源存在"运行中的绞车钢丝绳伤人"的安全风险认识不到位,未执行"操作绞车期间严禁一手拨绳一手操作离合"的操作要求,导致运行中绞车的钢丝绳伤人事故发生。

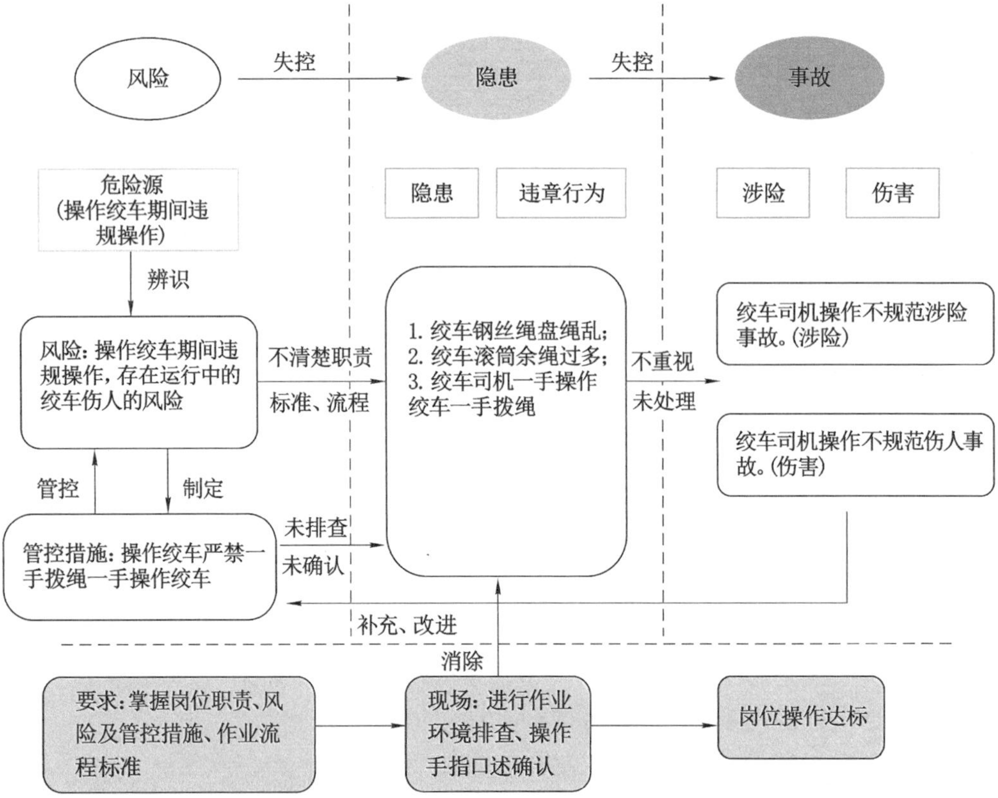

三、"五述"管理防治措施

为加强此类作业行为管理,杜绝类似事故发生,按照岗位"五述"管理要求,采取以

下防治措施：

1. 岗位职责描述方面

作业人员应掌握绞车司机的工作内容、工作流程；掌握绞车司机作业期间的安全注意事项，按照绞车操作流程顺序进行操作，保证作业安全。

2. 岗位风险自述方面

此作业过程中存在的岗位风险及管控措施如下：

(1) 操作绞车期间一手拨绳一手操作离合，绞车钢丝绳伤人的安全风险。管控措施：操作绞车期间严禁一手拨绳一手操作离合。

(2) 司机操作期间精力不集中，操作绞车误动作导致伤人的安全风险。管控措施：运输前必须确认司机精神状况，运行前必须喊话示警。

3. 流程标准阐述方面

绞车司机操作的流程：确认绞车完好情况→确认警戒设置→鸣笛示警后按照信号指令运行。

标准：① 绞车操作，操作绞车期间严禁一手拨绳一手操作离合。② 警戒设置，严格执行“行人不行车、行车不行人”的管理规定。③ 信号指令，司机严格按照信号指令行车，信号不清时严禁启车运行；司机操作期间精力集中，运输前必须确认司机精神状况，运行前必须喊话示警。

4. 作业环境评述方面

操作前应对绞车司机作业环境及完好情况进行确认：① 绞车是否完好；② 警戒设置是否到位；③ 信号指令是否清晰；④ 启车运行前是否鸣笛示警。隐患问题处理合格后，方可启车作业。

5. 操作手指口述方面

主要的操作手指口述安全确认环节如下：

(1) 手指：绞车。口述：绞车完好，确认完毕。

(2) 手指：警戒范围。口述：警戒设置到位，确认完毕。

(3) 手指：绞车操作手把。口述：信号清晰、喊话示警、启车运行，确认完毕。

案例53　电机车司机操作不规范伤亡事故

一、事故案例简况

2005年5月23日9时许，某矿井下南983运输大巷电机车大巷通行时机车无照明，仅依靠巷道内的照明灯，司机视线距离缩短，再加上邢×麻痹大意，车速过快，将在道心内行走的杨×撞击、碾压，导致其胸部严重挤压死亡。

二、双防技术分析及过程演变图例

此事故中，责任者对“机车带病运行”危险源存在“机车带病运行易造成运输事故”的安全风险认识不到位，未执行“严禁机车带病运行”的操作要求，导致运行中的车辆伤人事故发生。

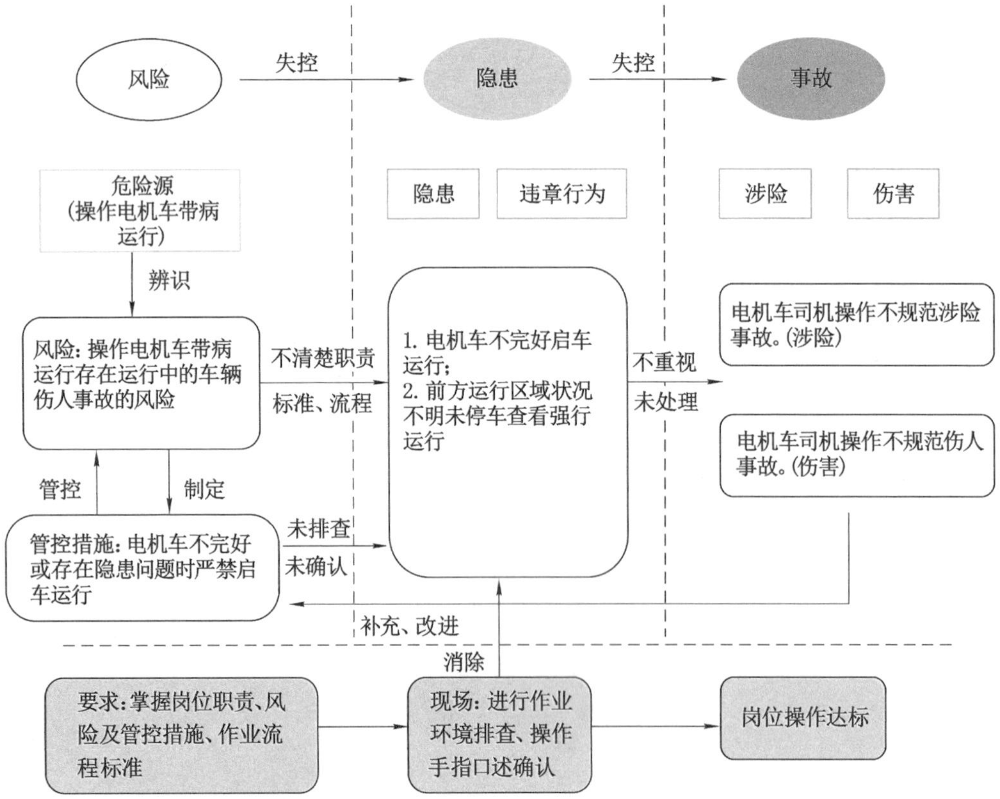

三、“五述”管理防治措施

为加强此类作业行为管理，杜绝类似事故发生，按照岗位“五述”管理要求，采取以

下防治措施：

1. 岗位职责描述方面

作业人员应掌握运输作业的工作内容、工作流程；掌握运输作业期间的安全注意事项，按照运输作业的流程顺序进行操作，保证作业安全。

2. 岗位风险自述方面

此作业过程中存在的岗位风险及管控措施如下：

(1) 电机车不完好，会产生车辆误动作导致车辆伤人的安全风险。管控措施：机车不完好时严禁使用。

(2) 车辆“带病”运行等，会产生运输事故的安全风险。管控措施：运输前必须认真检查车辆是否完好，有无脱轨，连接工具是否完好可靠。

3. 流程标准阐述方面

运输操作的流程：确认车辆完好情况→确认车辆连接情况→发出开车信号。

标准：① 必须确认电机车完好情况，机车不完好时严禁使用；② 必须确认车辆完好情况，无脱轨，否则严禁运行。

4. 作业环境评述方面

操作前应对运输作业环境及机车、车辆的完好情况进行检查：① 电机车是否完好；② 车辆是否完好；③ 连接是否牢靠。隐患问题处理合格后，方可运输作业。

5. 操作手指口述方面

主要的操作手指口述安全确认环节如下：

(1) 手指：电机车。口述：电机车完好，确认完毕。

(2) 手指：车辆情况。口述：车辆完好、无脱轨等情况，确认完毕。

(3) 手指：连接车辆。口述：车辆连接可靠，确认完毕。

案例54　绞车运输期间警戒不到位伤人事故

一、事故案例简况

2010年3月7日10:40左右,开拓二队在六区轨道巷使用对拉绞车运输物料期间,在警戒未放到位的情况下进行物料运输,绷紧的钢丝绳将经过五联巷口(此处应为警戒区,应安排有专职警戒员进行警戒工作)的通风区瓦检员薛××打翻倒地,造成薛××工伤(小腿胫骨和腓骨骨折)。

二、双防技术分析及过程演变图例

此事故中,责任者对"绞车运输期间,警戒不到位"危险源存在"警戒区内钢丝绳反弹或跑车伤人"的安全风险认识不到位,未执行"警戒不到位严禁开始运输"的操作要求,导致钢丝绳反弹(伤人)事故发生。

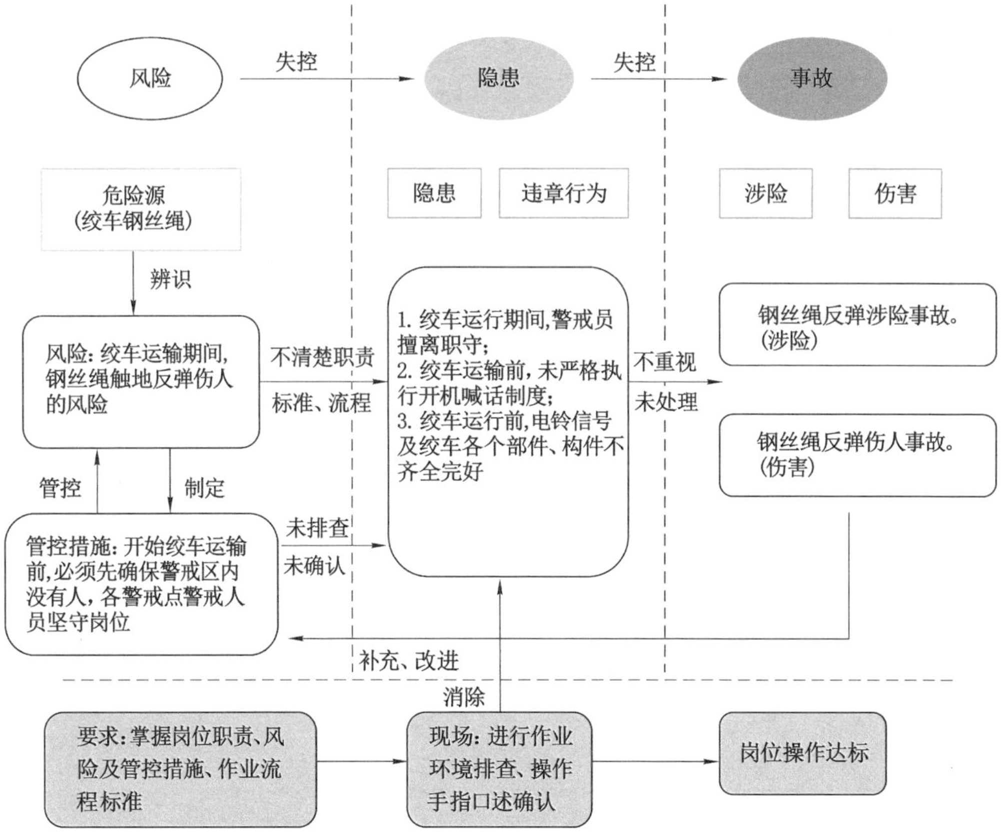

三、“五述”管理防治措施

为加强此类作业行为管理，杜绝类似事故发生，按照岗位“五述”管理要求，采取以下防治措施：

1. 岗位职责描述方面

警戒人员应掌握自身岗位职责、绞车运输工作内容以及警戒范围等安全注意事项，按照岗位作业规范操作，保证作业安全。

2. 岗位风险自述方面

此作业过程中存在的岗位风险及管控措施如下：

(1) 绞车运行期间，警戒员擅离职守，造成人员误入警戒区伤人风险。

管控措施：警戒员必须坚守岗位，拉好警戒绳，挂好警戒牌，严禁他人进入警戒范围内。

(2) 绞车运输前，未严格执行开机喊话制度，有作业人员未撤出警戒范围造成伤人的风险。

管控措施：绞车司机严格执行开机喊话制度，确认作业范围内无人员后方可进行操作。

(3) 绞车运行前，电铃信号及绞车各个部件、构件不齐全完好，有跑车伤人的风险。

管控措施：绞车运输前，检修工、绞车司机必须对绞车以及附属设备进行检查确认，各部位完好方可进行运输作业。

3. 流程标准阐述方面

流程：检查绞车、钢丝绳、卡子、矿车连接等处完好可靠→检查道轨符合标准、沿线等无阻碍→警戒员警戒到位，警戒线、警戒牌悬挂到位。

标准：① 必须保证绞车运输系统完好可靠；② 开始绞车运输前，必须先确保警戒区域内没有人，各个警戒点警戒人员坚守岗位。

4. 作业环境评述方面

检查绞车运输沿线无杂物阻碍，拦车器、顶帮完好无裂皮，道轨符合标准等。

5. 操作手指口述方面

主要的操作手指口述安全确认环节如下：

(1) 手指：绞车以及信号等。口述：绞车、钢丝绳、绳卡，确认完毕。

(2) 手指：道轨、顶帮。口述：道轨平整符合标准，顶帮完好，确认完毕。

(3) 手指：警戒范围。口述：警戒到位，警戒区域内无人员，确认完毕。

案例55　单轨吊司机摔伤事故

一、事故案例简况

2015年3月11日8点班15:30左右，掘进三队单轨吊司机在上单轨吊驾驶室过程中，未使用专用爬梯而是踩在矿车边沿，其间由于矿车移动导致李××失去平衡摔落，造成右胸腔积液的事故。

二、双防技术分析及过程演变图例

此事故中，责任者对"登高作业"危险源"存在掉落"的安全风险认识不到位，未执行"登高作业必须有专人扶梯，登高作业必须悬挂保险带，攀爬单轨吊司机室或其他载具必须使用专用爬梯"的作业要求，导致滑倒(伤人)事故发生。

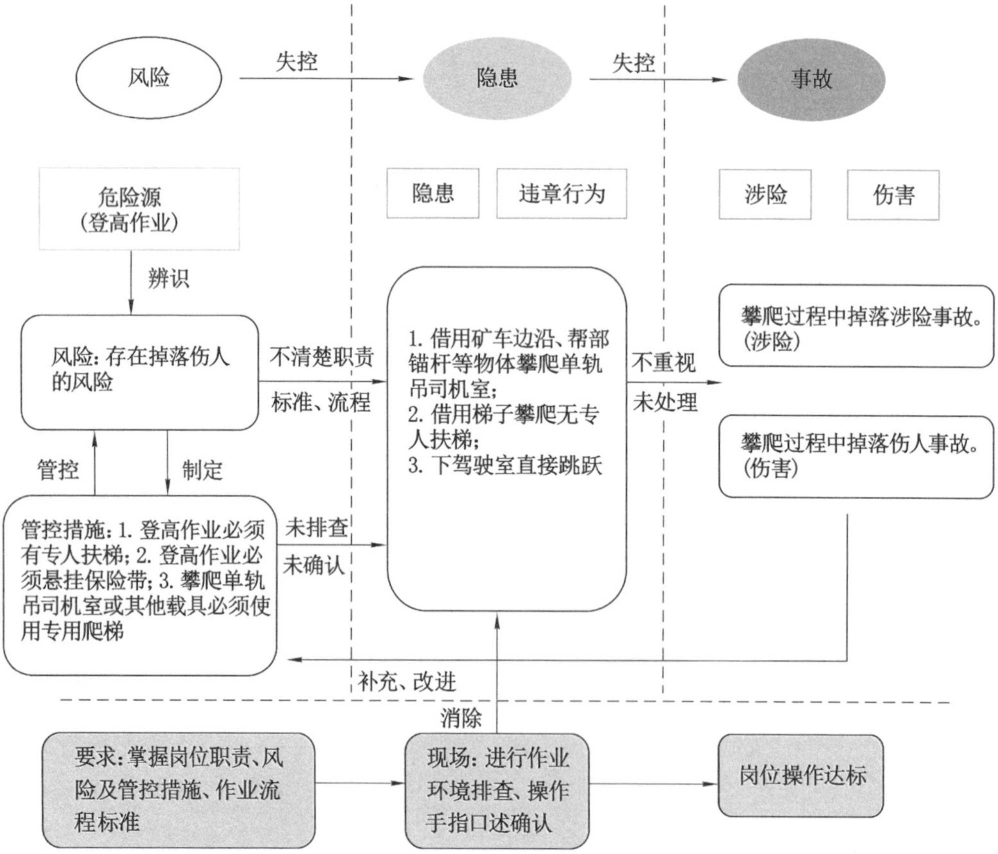

三、“五述”管理防治措施

为加强此类作业行为管理，杜绝类似事故发生，按照岗位“五述”管理要求，采取以下防治措施：

1. 岗位职责描述方面

作业人员应掌握单轨吊上下的工作内容；掌握登高作业及单轨吊扶梯设施使用的安全注意事项，按照登高作业的工作流程、顺序进行操作，保证作业安全。

2. 岗位风险自述方面

此作业过程中存在的岗位风险及管控措施如下：

(1) 登高作业期间，未系安全带存在掉落伤人的风险。管控措施：登高作业前，必须系安全带，否则严禁作业。

(2) 单轨吊上下车不使用扶梯，存在伤人的风险。管控措施：单轨吊上下车期间，必须使用扶梯，严禁使用矿车等设备进行上下车。

(3) 上下单轨吊期间，使用设备固定不牢靠，存在伤人的风险。管控措施：登高作业的设备必须固定牢靠，确认牢固可靠后方可进行作业，严禁单人作业的情况。

3. 流程标准阐述方面

登高作业的流程：系安全带→对登高作业设施情况进行检查→系安全带作业(上下车)。

标准：① 登高作业必须使用安全带；② 单轨吊上下车工具必须固定牢靠，确认可靠后方可上下车。

4. 作业环境评述方面

上下车前应对单轨吊上下车的作业环境及扶梯的完好情况进行检查：① 扶梯是否固定可靠；② 登高作业是否有安全带；③ 作业地点下车环境是否安全等。隐患问题处理合格后，方可上下车。

5. 操作手指口述方面

主要的操作手指口述安全确认环节如下：

(1) 手指：扶梯固定。口述：扶梯固定牢固，确认完毕。

(2) 手指：下车环境。口述：下车环境安全，确认完毕。

案例56 违章开皮带机涉险事故

一、事故案例简况

2018年6月21日8点班，掘三队利用检修班六采区皮带巷三部皮带机检修停运时间，对皮带机非行人侧进行扩帮施工，当班14:30左右，掘三队扩帮完成进行支护作业，副队长付××和班组长张×站在皮带机上锚注锚杆时，皮带机突然启动，两人立即跳下皮带机躲避。

二、双防技术分析及过程演变图例

此事故中，责任者对“皮带机”危险源“皮带机作业存在拉伤人员”的安全风险认识不到位，未执行“作业前，由班组长安排专人对皮带机开关进行停电、闭锁挂牌看管，作业期间严禁运行皮带机；作业地点要拉急停并悬吊警示牌；皮带机运行前必须打信号，确认回点后先进行点动操作，再进行正常运转”的作业要求，导致皮带机涉险事故发生。

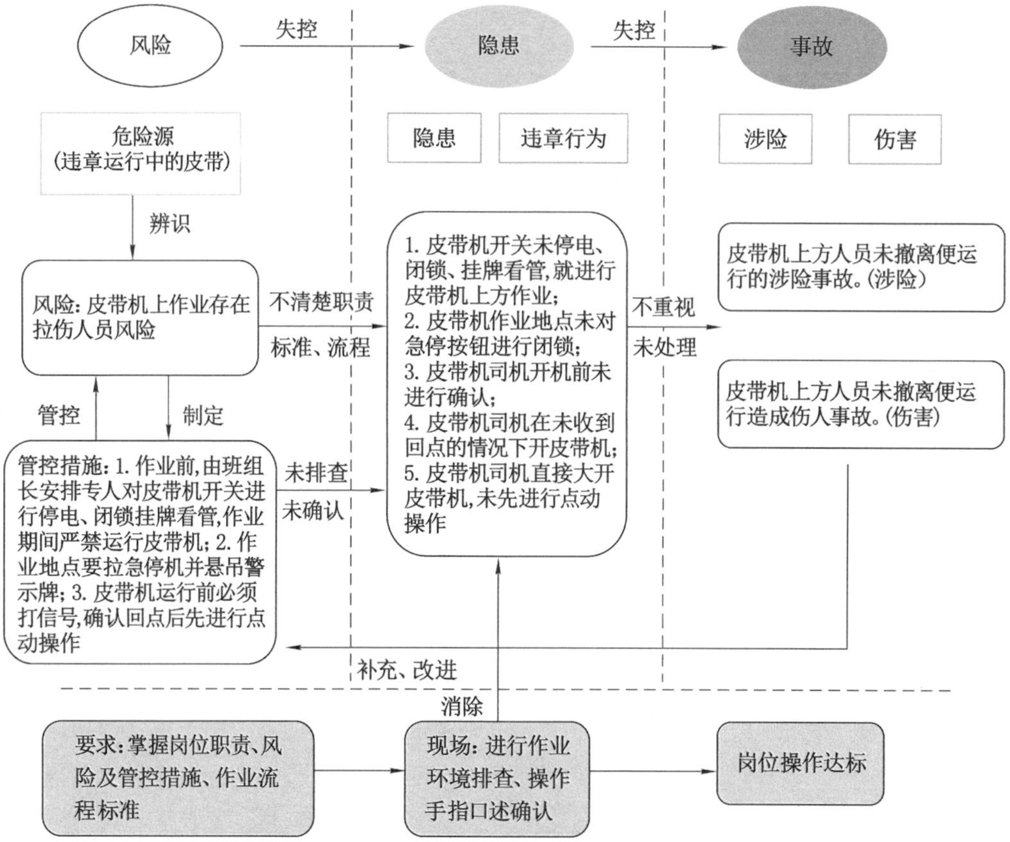

三、“五述”管理防治措施

为加强此类作业行为管理，杜绝类似事故发生，按照岗位“五述”管理要求，采取以下防治措施：

1. 岗位职责描述方面

作业人员应明确皮带机停运期间扩帮作业工作内容、施工工艺；掌握在皮带机非行人侧扩帮作业施工的安全注意事项，按照先停皮带机并挂牌、安排专人看管的工作流程、顺序进行操作，保证作业安全。

2. 岗位风险自述方面

此作业过程中存在的岗位风险及管控措施如下：

(1) 皮带机上方作业施工期间，存在皮带机运行伤人的风险。管控措施：在皮带机上方作业前，必须先对皮带机进行停电闭锁，挂牌看管，再将作业地点就近急停按钮进行闭锁。

(2) 皮带机司机开皮带机前未进行点动，存在伤人的风险。管控措施：皮带机运行前必须先对皮带机开关有无挂牌进行检查，并采用点动进行试运行，严禁直接大开皮带机。

3. 流程标准阐述方面

皮带机上方作业的流程：对皮带机进行停电闭锁并挂牌，安排专人看管→对作业地点附近皮带机急停保护进行闭锁→确保安全后再进行作业。

标准：皮带机停运时，必须将皮带机开关停电闭锁并挂牌，安排专人看管。

4. 作业环境评述方面

皮带机上方作业前先对作业环境及皮带机闭锁的情况进行检查：① 皮带机是否闭锁并挂牌停电；② 皮带机开关是否有专人看管；③ 作业地点处就近的皮带机急停保护是否作用等。隐患问题处理合格后，方可作业。

5. 操作手指口述方面

主要的操作手指口述安全确认环节如下：

(1) 手指：皮带机开关。口述：皮带机开关已关闭，确认完毕。

(2) 手指：皮带机开关停电牌。口述：皮带机开关停电牌已吊挂，确认完毕。

(3) 手指：作业点就近皮带机急停保护开关。口述：皮带机急停保护开关，皮带机上方可以作业，确认完毕。

案例57　单轨吊掉道事故

一、事故案例简况

2019年8月25日中班15:20左右，单轨吊空载运输至轨道巷的6162运输系统巷口处的反向道岔时(上行方向，未进入系统巷内)，因前方警戒人员张××对道岔开启不到位，对道岔活动梁由弯道扳到主道到位后限位装置(限位锤)未落下的情况没有确认，从而导致在单轨吊前行中将活动梁由主道上又再次顶至弯道上，致使单轨吊驾驶室掉道下坠(未落地，距底板0.6 m)。

二、双防技术分析及过程演变图例

此事故中，责任者对"单轨吊梁道岔"危险源存在"单轨吊存在掉道伤人"的安全风险认识不到位，未执行"单轨吊运行至道岔前，先确认道岔扳到位后再经过"的操作要求，导致单轨吊掉道(伤人)事故发生。

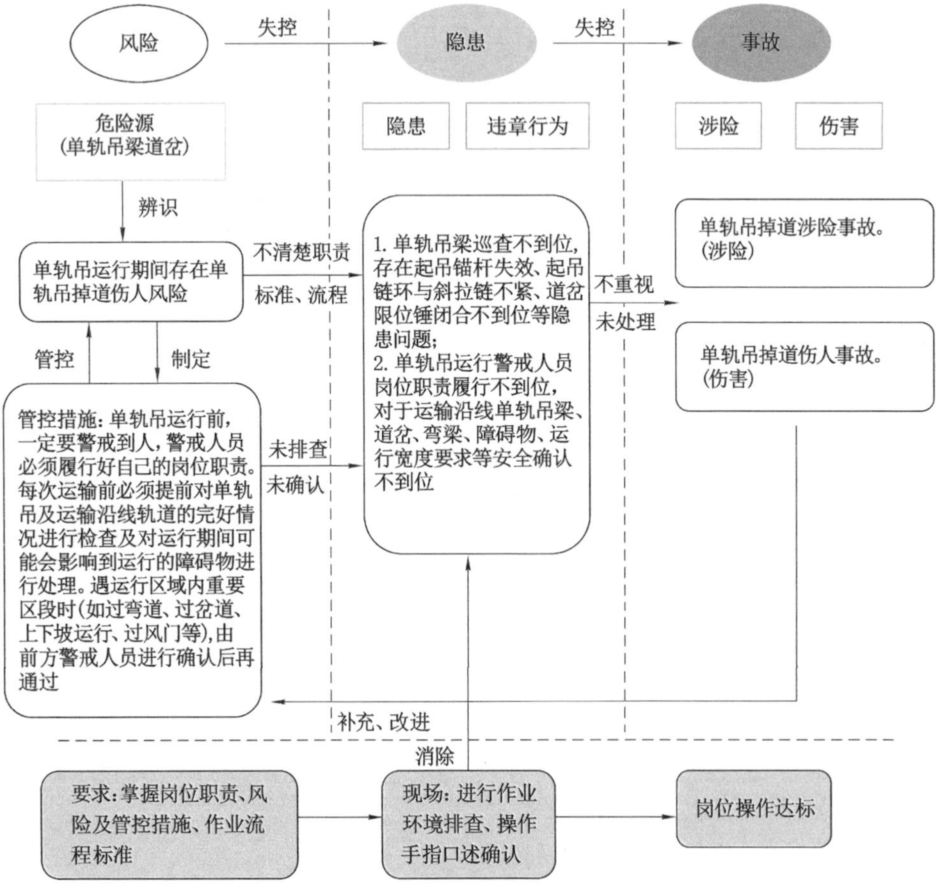

三、“五述”管理防治措施

为加强此类作业行为管理，杜绝类似事故发生，按照岗位“五述”管理要求，采取以下防治措施：

1. 岗位职责描述方面

作业人员应掌握单轨吊运行期间作业规范；掌握单轨吊运行期间操作、作业标准和警戒设置及安全注意事项，钢丝绳运行期间严格按照作业规范、顺序进行操作，保证作业安全。

2. 岗位风险自述方面

此作业过程中存在的岗位风险及管控措施如下：

岗位风险：单轨吊运行期间存在单轨吊掉道伤人风险。

管控措施：① 单轨吊运行前，一定要警戒到人，警戒人员必须履行好自己的岗位职责。每次运输前必须提前对单轨吊及运输沿线轨道的完好情况进行检查及对运行期间可能会影响到运行的障碍物进行处理。② 遇运行区域内重要区段时（如过弯道、过岔子、上下坡运行、过风门等），由前方警戒人员进行确认后再通过。

3. 流程标准阐述方面

单轨吊运行的流程：对现场安全作业环境进行检查并对隐患进行整改→机车完好情况必须经检查→单轨吊运输。

标准：

① 单轨吊运输前，必须提前对单轨吊及运输沿线轨道的完好情况进行检查及对运行期间可能会影响到运行的障碍物进行处理。

② 单轨吊运输前，由两名警戒人员负责在单轨吊前后 20 m 处设置警戒，并随机车运行跟进，遇运行区域内重要区段时（如过弯道、过岔道、上下坡运行、过风门等），由前方警戒人员进行确认后再通过。

③ 检查液压系统中的几个手动高压球阀的手柄在正确位置，如液压站氮气罐上的开关和卸荷阀要复位。

④ 液压站油箱油位和油温在正常范围，一般要求油位不得低于液位计的 1/2，油温允许在 20～50℃范围，且无浑浊变质。

⑤ 检查蓄电池液面高度，检查电解液酸碱浓度，如液面低于滤网防护板以上 25 mm 时，需加注蒸馏水，电解液浓度不得低于 1.28 g/cm^3，低于规定时可用密度为 1.400 g/cm^3 的硫酸液调整，严禁向蓄电池内直接加浓硫酸液调整。

⑥ 起吊梁、起吊链无磨损无变形。

⑦ 检查连接装置，销轴磨损不超过 1/10。

⑧ 检查驱动轮磨损情况，轮面直径不足 360 mm 时必须更换，否则不得开车。

⑨ 承载轮、导向轮无损坏、螺丝松动现象，如发现应及时更换，紧固螺丝。

⑩ 各液压管路、控制线路无损伤、变形，接头无漏液等。

⑪ 各制动油缸、夹紧油缸伸缩正常，无漏油、渗油。

⑫ 各制动闸块厚度低于 23 mm 时需更换。

⑬ 单轨吊机车前有照明后有红灯且喇叭正常，且制动块符合规定。

⑭ 单轨吊横梁使用符合德国工业标准(DIN 20593)的专用钢轨 I140E，直轨标准长度 3 m/2.25 m，宽度 68 mm，高度 155 mm，中板厚度 7+0.5 mm。

⑮ 单根直轨轨道垂直夹角大于 3.5°，水平夹角大于±1°。

⑯ 轨道垂直转弯用直轨完成，最小垂直曲率半径 10 m。

⑰ 弯轨及道岔与轨道连接处应用法兰连接。

⑱ 同一线路必须使用同型号轨道，道岔轨道要与线路轨道型号一致，轨道接头间隙不得大于 3 mm，高低和左右允许偏差分别为 2 mm 和 1 mm。

⑲ 吊挂紧固件应使用 10.9 级高强度 20 m×115 m 螺栓和 20 m×95 m 螺栓。

⑳ 吊挂链环选用 GB/T 12718—2001 标准的 ϕ18×64 规格的高强度圆环链。

㉑ 轨道、配套吊具、固定锚杆完好。轨道、配套吊具无脱落、开焊，固定锚杆无抽出、失效。

4. 作业环境评述方面

单轨吊运行前应对现场作业环境、设施等情况进行检查：① 检查运输路线是否畅通，单轨吊梁巡查是否有隐患，道岔闭合情况是否达到运输要求；② 检查运输区域瓦斯浓度是否低于 0.8%；③ 单轨吊运输前，警戒人员是否按要求进行警戒设置。确认无异常后，方可进行单轨吊运输作业。

5. 操作手指口述方面

主要的操作手指口述安全确认环节如下：

(1) 手指：现场作业环境。口述：作业区域顶板、巷帮无活矸危岩，运行区域内道路畅通，确认完毕。

(2) 手指：机车。口述：机车经检查各零部件齐全可靠，达到机车运输要求，确认完毕。

(3) 手指：警戒人员。口述：警戒人员到位，达到机车运输要求，可以开始运输，确认完毕。

(4) 手指：重要区域(道岔、弯梁、过风门区域)等。口述：道岔已扳到位(或者区域内可以通过)，达到机车运输要求，可以开始通过，确认完毕。

案例58 运输区巷违章运行无极车涉险事故

一、事故案例简况

2018年12月3日16:30左右，运输区无极车运输过程中，与综采准备队在无极车机尾段起底、装渣形成交叉作业，出现可能导致作业人员受到伤害的风险，从而发生涉险事故。

二、双防技术分析及过程演变图例

此事故中，责任者对“交叉作业”危险源存在“行车不行人”的安全风险辨识认识不到位，未执行“车辆停运”操作要求，导致综采准备队在一部无极车机尾段起底、装渣与无极车运行形成交叉作业，从而发生涉险事故。

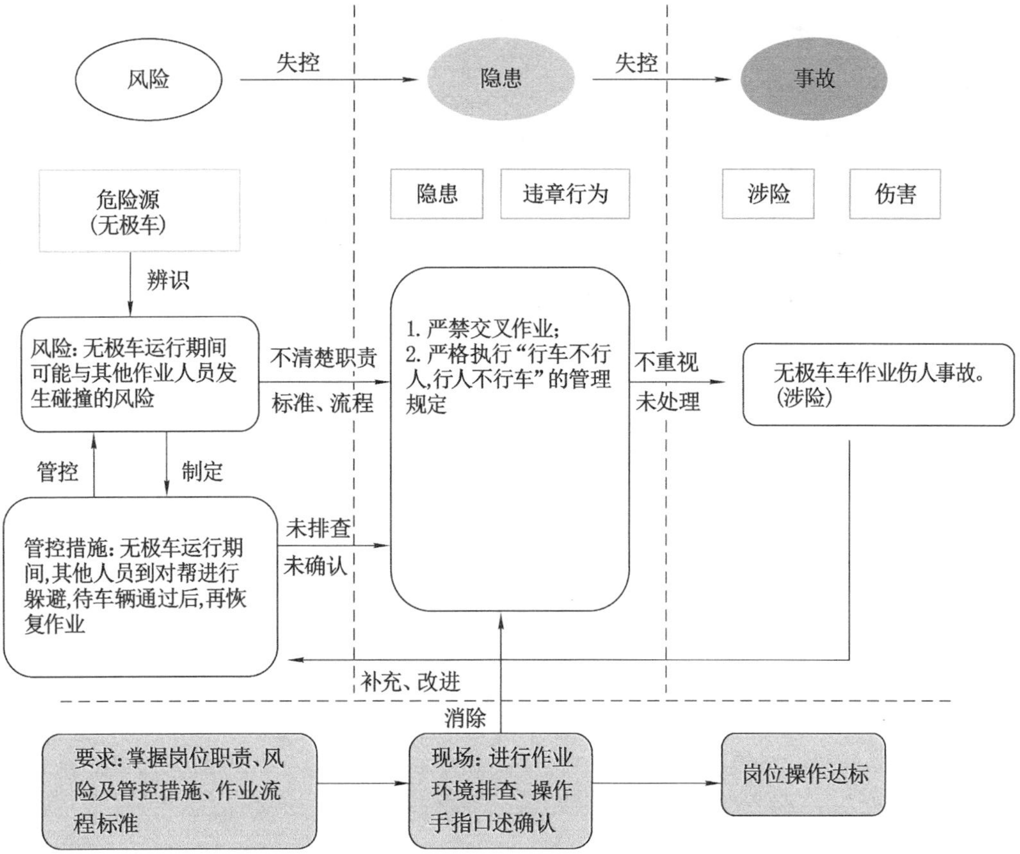

三、"五述"管理防治措施

为加强此类作业行为管理，杜绝类似事故发生，按照岗位"五述"管理要求，采取以下防治措施：

1. 岗位职责描述方面

作业人员应掌握无极车工作内容、施工工艺；掌握无极车工设施使用的安全注意事项，按照无极车工的工作流程、顺序进行操作，保证作业安全。

2. 岗位风险自述方面

此作业过程中存在的岗位风险及管控措施如下：

岗位风险：行车行人及行人行车伤人的风险。

管控措施：严格执行"行车不行人，行人不行车"制度。

3. 流程标准阐述方面

流程：检车行车路线→确认无极车完好→正常行驶。

标准：有人行走时必须停车。

4. 作业环境评述方面

拆卸前应对无极车的完好情况进行检查：① 行车不行人；② 行人不行车。隐患问题处理合格后，方可运行。

5. 操作手指口述方面

主要的操作手指口述安全确认环节如下：

(1) 手指：无极车。口述：无极车完好，确认完毕。

(2) 手指：行驶路线。口述：行驶路线正常，行驶区域无人，确认完毕。

案例59　回柱绞车滑移伤人事故

一、事故案例简况

2016年5月10日17:30，采二队职工成×在11-305工作面进采煤机机身作业。在机尾转弯时由于底板软，牵引过程中阻力增大，绞车负荷过大，绞车司机成×没有立即停车，而是继续开动绞车，导致固定绞车底座后部的两根ϕ20 mm×2 000 mm左旋螺纹高强锚杆断裂，绞车受惯性牵引力向前滑移1.8 m左右，将前部两根固定锚杆拽出，4根压柱倾斜，回柱绞车滑移造成绞车司机成×碰伤左小腿。

二、双防技术分析及过程演变图例

此事故中，责任者对“绞车牵引运输期间，绞车锚固不牢靠及牵引力受阻”危险源存在“牵引过程中阻力增大，未及时停车而强拉硬拽”的安全风险认识不到位，未执行“运行期间发现绞车负荷过大、钢丝绳过度受力时应立即停车处理”的操作要求，导致绞车移位伤人的事故发生。

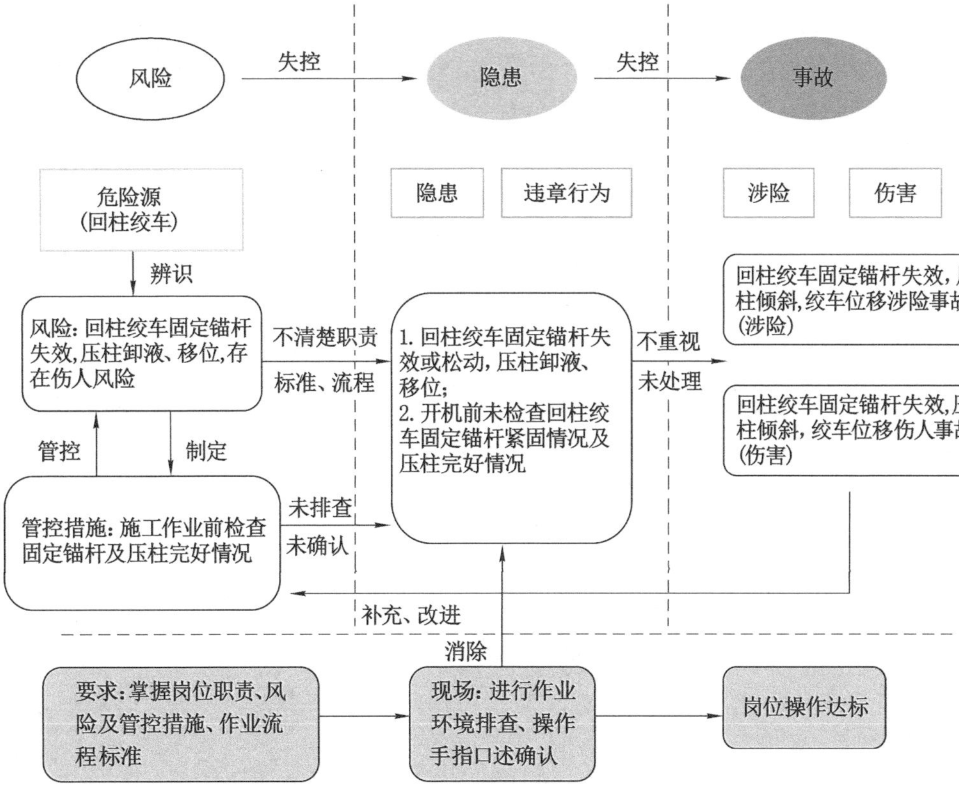

三、“五述”管理防治措施

为加强此类作业行为管理，杜绝类似事故发生，按照岗位“五述”管理要求，采取以下防治措施：

1. 岗位职责描述方面

作业人员应掌握回柱绞车固定底锚的施工工艺，掌握刹车、离合、钢丝绳、信号等完好情况，回柱绞车压柱、戗柱的压力不得低于11.5 MPa；掌握牵引设备的安全注意事项，按照牵引设备的工作流程、顺序进行操作，保证作业安全。

2. 岗位风险自述方面

此作业过程中存在的岗位风险及管控措施如下：

（1）操作绞车期间要认真落实岗位责任制，避免由于操作不当所造成的安全风险。管控措施：操作绞车运行期间发现绞车负荷过大、钢丝绳过度受力时应立即停车处理，严禁强拉硬拽等行为。

（2）司机操作期间精力不集中，信号员监督不到位，操作失误导致伤人的安全风险。管控措施：绞车运行前必须确认司机精神状态，信号员必须监督到位，绳道范围内严禁有人，跟移设备必须保持10 m以上的安全距离，出现异常情况时必须及时制止牵引设备的操作。

3. 流程标准阐述方面

绞车司机操作的流程：确认绞车锚固及压柱的压力完好情况→确认绞车刹车、离合、钢丝绳、信号等完好情况→确认警戒设置→信号确认安全后按照指令运行设备。

标准：① 绞车锚固不合格时、压柱压力不足时严禁启动绞车；② 绞车刹车、离合、钢丝绳、信号不完好的情况下，严禁启动绞车；③ 警戒设置，严格执行“行人不行车、行车不行人”的管理规定；④ 信号指令，司机严格按照信号指令行车，信号不清严禁启动运行绞车；⑤ 运输前必须确认司机精神状况，运行前必须喊话警示。

4. 作业环境评述方面

操作前应对绞车司机作业环境及完好情况进行确认：① 绞车是否完好；② 警戒设置是否到位；③ 信号指令是否清晰；④ 启动绞车运行前是否警示。隐患问题处理合格后，方可启动绞车作业。

5. 操作手指口述方面

主要的操作手指口述安全确认环节如下：

（1）手指：绞车。口述：绞车完好，确认完毕。

（2）手指：钢丝绳、离合器、刹车。口述：钢丝绳、离合器、刹车完好。

（3）手指：警戒。口述：警戒设置到位，确认完毕。

（4）手指：绞车操作手把。口述：信号清晰、喊话警示、启动绞车运行，确认完毕。

第五章 通风专业事故案例分析与防治

案例60 处理夹钻时未将钻机闭锁事故

一、事故案例简况

某矿0点班，由于打钻作业中出现夹钻情况，当班钻机操作工王××在处理夹钻期间，没有将开关闭锁，直接站在钻孔口观察孔内情况，构成涉险事故。

二、双防技术分析及过程演变图例

此涉险事故中，责任者对"钻机"危险源存在"偷启动伤人"的安全风险认识不到位，未执行"处理夹钻时必须将钻机闭锁"的操作要求，导致事故的发生。

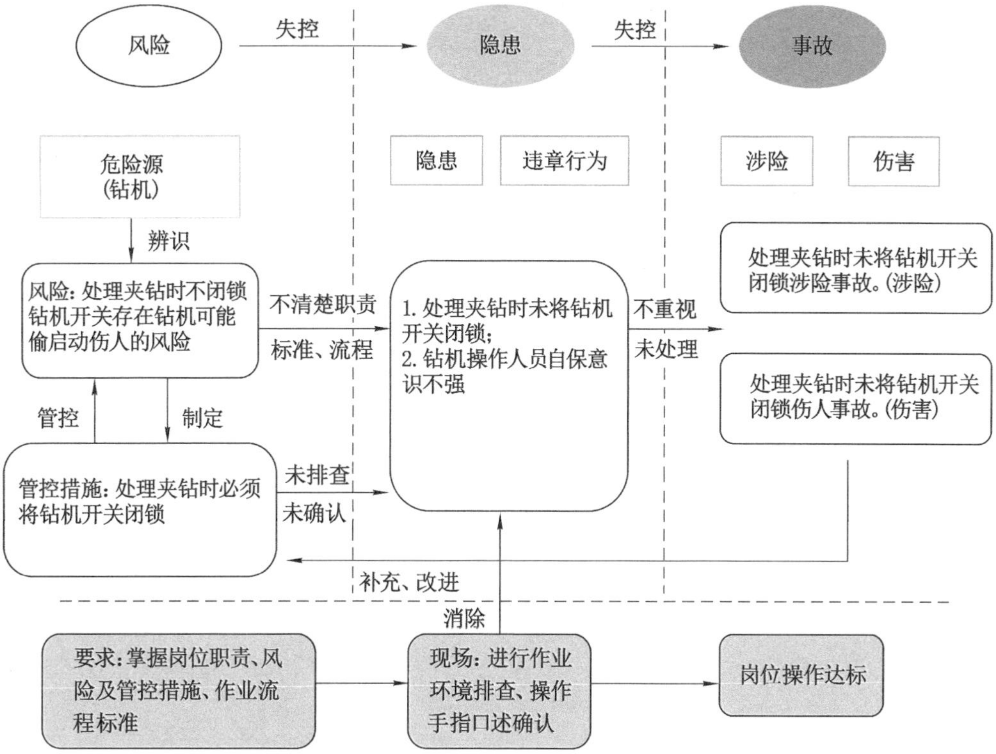

三、“五述”管理防治措施

为加强此类作业行为管理，杜绝类似事故发生，按照岗位“五述”管理要求，采取以下防治措施：

1. 岗位职责描述方面

作业人员应掌握处理夹钻作业所需操作要领；掌握处理夹钻作业所需安全注意事项，要将钻机开关进行闭锁。

2. 岗位风险自述方面

此作业过程中存在的岗位风险及管控措施如下：

处理夹钻作业过程中钻机有偷启动的风险。管控措施：处理夹钻作业时，必须将钻机开关闭锁。

3. 流程标准阐述方面

处理夹钻作业的流程：将钻机操作台手把打到零位→钻机开关闭锁→开始处理夹钻作业。

标准：① 钻机操作台手把，必须打到零位；② 处理夹钻作业前必须将钻机开关打到零位。

4. 作业环境评述方面

拆卸前应对处理夹钻作业的作业环境进行检查，隐患问题处理合格后，方可进行作业：① 钻机手把是否打到零位，钻机开关是否闭锁；② 作业地点顶帮是否安全、退路是否畅通。

5. 操作手指口述方面

主要的操作手指口述安全确认环节如下：

（1）手指：钻机操作台手把。口述：钻机操作台手把已打到零位，确认完毕。

（2）手指：钻机开关。口述：钻机开关已闭锁，确认完毕。

案例61　打钻作业未及时观察返水情况导致喷钻事故

一、事故案例简况

某矿4点班，在进行本煤层钻孔施工作业时，当班钻机操作工毛××未及时发现孔内返水情况，继续打钻施工造成钻孔小面积喷钻，班组长李××及时制止停钻停水，未造成钻机下风侧探头超限，无人员受伤。

二、双防技术分析及过程演变图例

此事故中，由于责任者对“打钻作业”危险源存在“喷钻伤人”的安全风险认识不到位，未执行“打钻作业工程中要时刻观察钻孔返水有无异常”的操作要求，导致事故的发生。

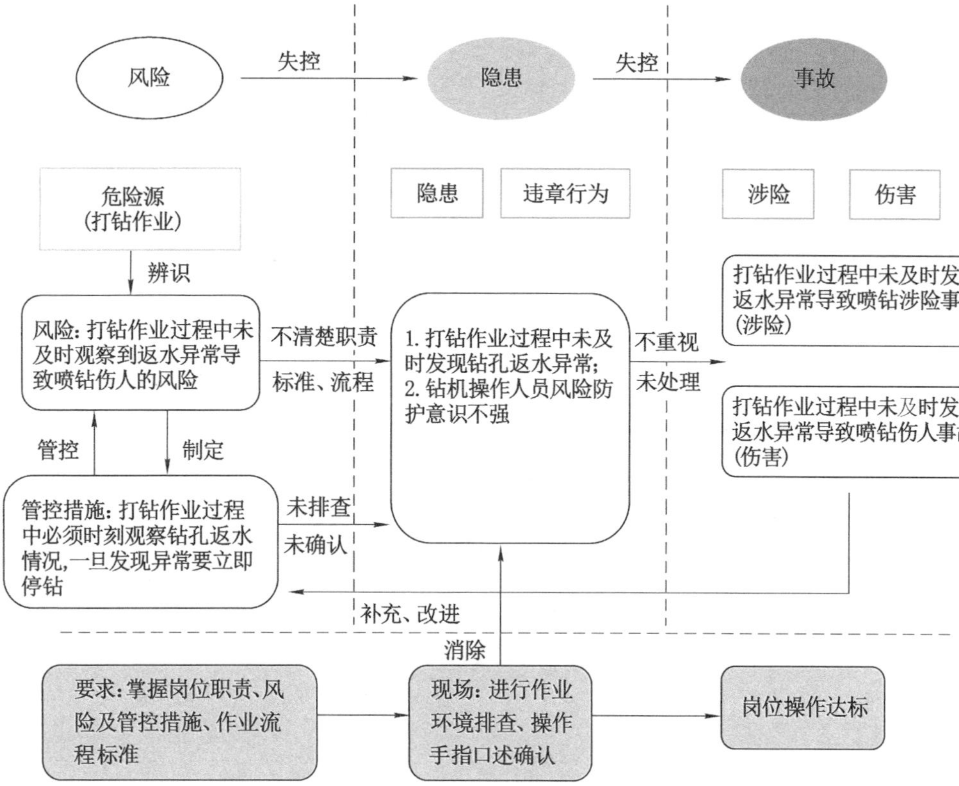

三、“五述”管理防治措施

为加强此类作业行为管理，杜绝类似事故发生，按照岗位“五述”管理要求，采取以下防治措施：

1. 岗位职责描述方面

作业人员应掌握打钻作业所需操作要领；掌握打钻作业所需安全注意事项，要认真观察返水情况，保证作业安全。

2. 岗位风险自述方面

此作业过程中存在的岗位风险及管控措施如下：

岗位风险：打钻作业存在喷钻的风险。

管控措施：打钻作业过程中，必须认真观察返水是否正常，一旦发现异常，立即停钻。

3. 流程标准阐述方面

打钻作业的流程：上钻杆→开启静压水管阀门→观察钻孔返水情况→开始打钻作业。

标准：打钻作业过程中，要时刻观察返水是否正常，返水水量要和进水量一致，流量平稳不波动。

4. 作业环境评述方面

打钻前应对打钻作业的作业环境进行检查：① 钻机是否固定到位；② 打钻过程中钻孔返水是否正常；③ 作业地点顶帮是否安全、退路是否畅通。隐患问题处理合格后，方可进行作业。

5. 操作手指口述方面

主要的操作手指口述安全确认环节如下：

(1) 手指：钻机。口述：钻机固定到位，牢固可靠，确认完毕。

(2) 手指：钻孔。口述：钻孔返水正常，确认完毕。

案例 62　倒链滑动造成管路下坠事故

一、事故案例简况

某矿 8 点班，抽放队职工吴××在 6162 巷上隅角断 ϕ529 管路期间，使用倒链进行管路的起吊，其间，倒链大链突然滑动，造成管路下坠 0.6 m，作业期间管路下方无人员站立，无人员受伤。

二、双防技术分析及过程演变图例

此事故中，由于责任者对“倒链大链滑动”危险源存在“砸伤人员”的安全风险认识不到位，未执行“倒链起吊管路时大链固定到位不得出现滑动”的操作要求，导致事故的发生。

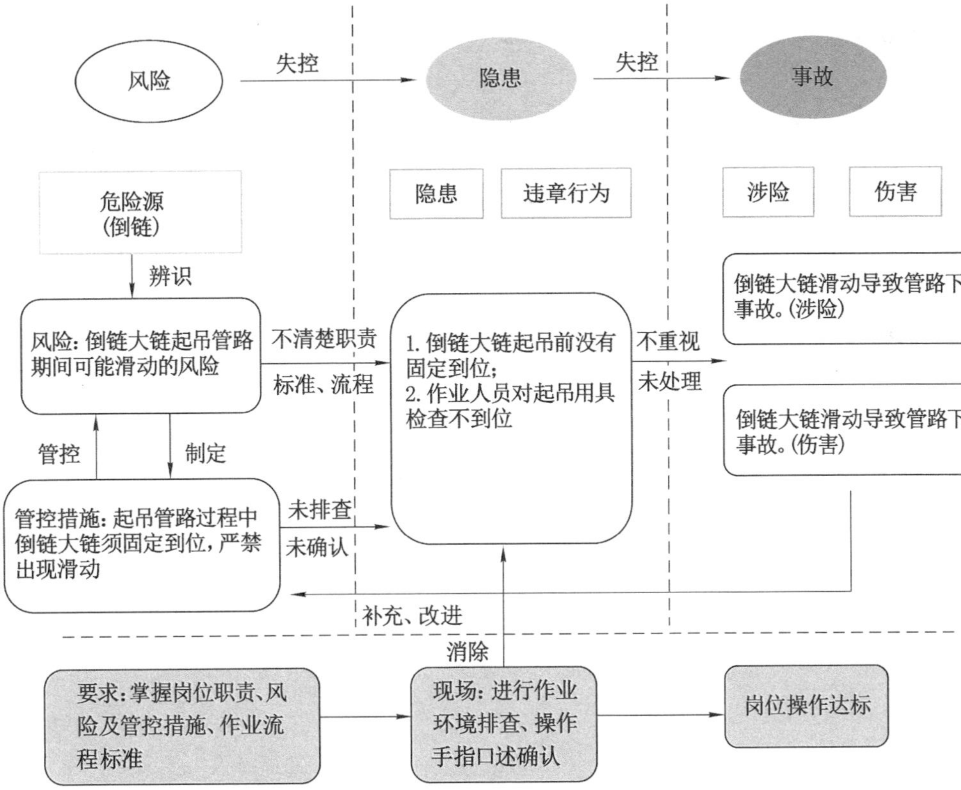

三、“五述”管理防治措施

为加强此类作业行为管理，杜绝类似事故发生，按照岗位“五述”管理要求，采取以

下防治措施：

1. 岗位职责描述方面

作业人员应掌握断管路作业所需操作要领；掌握断管路作业所需安全注意事项，保证作业安全。

2. 岗位风险自述方面

此作业过程中存在的岗位风险及管控措施如下：

(1) 倒链存在大链滑动的风险。

管控措施：使用倒链前，必须对倒链的完好情况进行检查。

(2) 断管路作业存在管路滑落的风险。

管控措施：吊挂管路时必须牢固可靠，任何人员不得站在管路正下方。

3. 流程标准阐述方面

断管路作业的流程：检查倒链是否完好→用倒链固定好管路→开始断管路作业。

标准：① 使用倒链前，必须检查倒链的完好情况，倒链必须完好无损、功能正常。② 登高作业必须系好安全带，安全带必须挂在牢固可靠的位置。

4. 作业环境评述方面

断管路作业前应对断管路作业的作业环境及扶梯、安全带的完好情况进行检查：① 扶梯架设位置是否牢固，扶梯是否完好，安全带是否完好；② 是否有专人扶梯；③ 作业地点顶帮是否安全、退路是否畅通；④ 倒链是否完好，功能是否正常。隐患问题处理合格后，方可登高作业。

5. 操作手指口述方面

主要的操作手指口述安全确认环节如下：

(1) 手指：扶梯、安全带。口述：扶梯、安全带完好，架设位置可靠，确认完毕。

(2) 手指：扶梯人员。口述：有专人扶梯，确认完毕。

(2) 手指：倒链。口述：倒链完好，功能正常，确认完毕。

案例63　地面泵站抽放泵联轴器断裂导致停泵事故

一、事故案例简况

某矿0点班，由于当班司机陈××未及时发现2#抽放泵蛇形联轴器传动部位不停地往外甩油，致使2#抽放泵蛇形联轴器弹簧内高温黄油短缺，造成2#泵减速器与电机传动部位联轴器断裂，导致2#抽放泵偷停，未造成人员受伤。

二、双防技术分析及过程演变图例

该事故中，由于责任者对“联轴器缺油”危险源存在“停泵”的安全风险认识不到位，未执行“抽放泵联轴器严禁缺油运转”的操作要求，导致事故的发生。

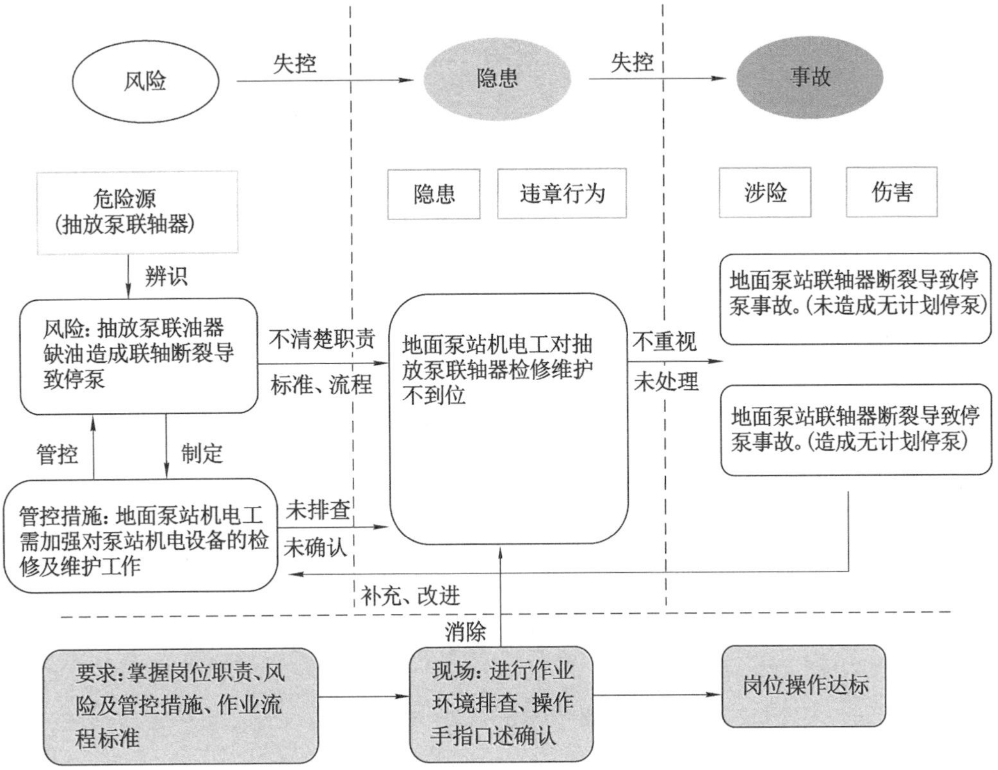

三、“五述”管理防治措施

为加强此类作业行为管理，杜绝类似事故发生，按照岗位“五述”管理要求，采取以

下防治措施：

1. 岗位职责描述方面

作业人员应掌握泵站司机所需操作要领；掌握泵站司机所需安全注意事项，保证作业安全。

2. 岗位风险自述方面

此作业过程中存在的岗位风险及管控措施如下：

岗位风险：抽放泵联轴器存在缺油断裂导致停泵的风险。

管控措施：日常做到对联轴器的维护及检修，及时注油。

3. 流程标准阐述方面

泵站司机作业的流程：确认抽放泵联轴器完好、不缺油→保持抽放泵正常运转。

标准：抽放泵联轴器必须油量充足，无抖动、异响、甩油等现象。

4. 作业环境评述方面

拆卸前应对作业环境完好情况进行检查：抽放泵联轴器油量是否充足，是否存在抖动、异响、甩油等现象。隐患问题处理合格后，方可进行作业。

5. 操作手指口述方面

主要的操作手指口述安全确认环节如下：

手指：抽放泵联轴器。口述：抽放泵联轴器油量充足，无抖动、异响、甩油等现象，确认完毕。

案例64 地面泵站管道间管道漏瓦斯事故

一、事故案例简况

煤矿4点班，泵站司机卢××在管路巡查过程中，发现旧系统管道间环境瓦斯探头显示值由原来的0.02%上升至0.35%，随即采用数瓦对附近沿线ϕ426 mm正压抽放管路进行检查，发现通往瓦斯发电站的ϕ426 mm正压抽放管路漏瓦斯，数瓦显示1%左右，当班泵站司机立即进行封堵，未造成瓦斯超限。

二、双防技术分析及过程演变图例

此事故中，责任者对“管路漏瓦斯”危险源存在“瓦斯超限”的安全风险认识不到位，未执行“日常对泵站抽放路管道间管道是否漏气进行排查”的操作要求，导致事故的发生。

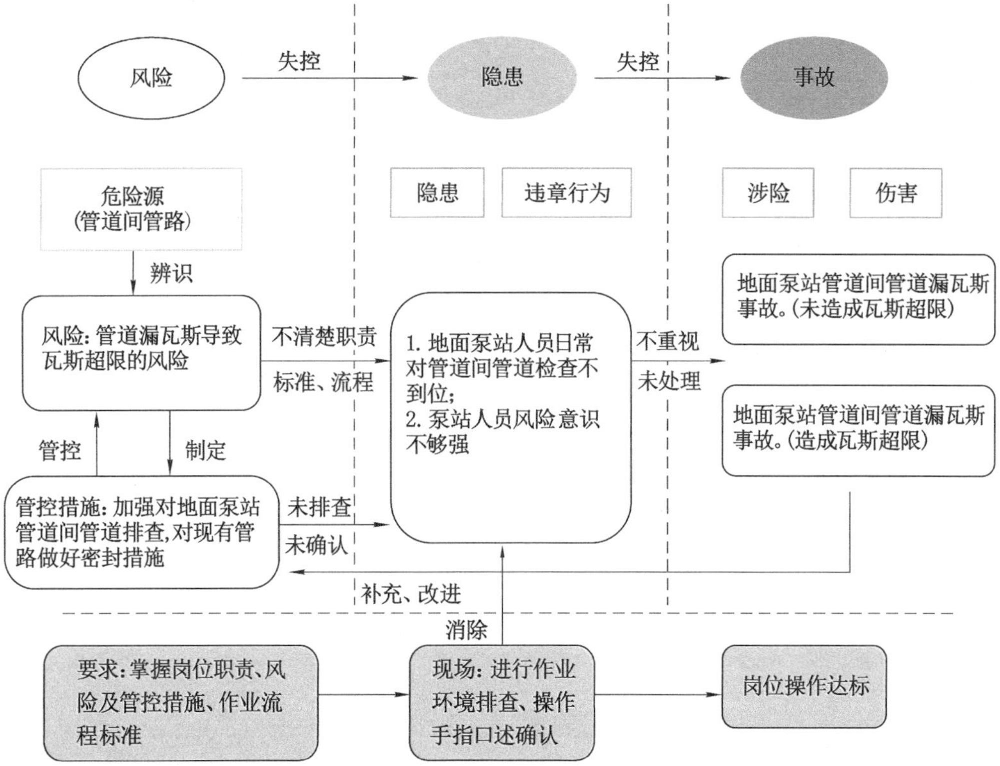

三、“五述”管理防治措施

为加强此类作业行为管理，杜绝类似事故发生，按照岗位“五述”管理要求，采取以

下防治措施：

1. 岗位职责描述方面

作业人员应掌握泵站司机所需操作要领；掌握泵站司机所需安全注意事项，保证作业安全。

2. 岗位风险自述方面

此作业过程中存在的岗位风险及管控措施如下：

岗位风险：管道间抽放管路存在泄漏瓦斯的风险。

管控措施：管道间安全瓦斯探头，管路连接处做好密封措施。

3. 流程标准阐述方面

管道间巡查的流程：查看管道间瓦斯探头是否异常→听管路有无漏气声音→用便携式数瓦检查管路连接处。

标准：① 管道间瓦斯必须在安全范围内，不得出现瓦斯探头报警情况。② 管道间不得有管路漏气的声音。

4. 作业环境评述方面

作业前应对管道间的作业环境及人行通道完好情况进行检查：① 管道间瓦斯探头显示是否正常，是否有报警情况；② 是否有管道漏气的声音。隐患问题处理合格后，方可进行作业。

5. 操作手指口述方面

主要的操作手指口述安全确认环节如下：

(1) 手指：管道间瓦斯探头。口述：探头显示正常，数值在正常范围内，确认完毕。

(2) 手指：管道间抽放管路。口述：管路无漏气声音，确认完毕。

案例65　地面泵站水池缺水导致无计划停泵事故

一、事故案例简况

煤矿0点班，由于夜班司机褚××、郝××未按照规定要求每2 h往地面高水位池供水，造成地面泵站高水位池缺水，当时缺水断电设置的水位断电值为0.8 m；经过分析盘问，两名泵站司机睡岗，未按照规定要求每2 h巡查一次，造成了地面2台抽放泵无计划停泵。

二、双防技术分析及过程演变图例

此事故中，责任者对“泵站司机睡岗导致水池缺水”危险源存在“停泵”的安全风险认识不到位，未执行“加强泵站司机责任心、严禁出现睡岗”的操作要求，导致事故的发生。

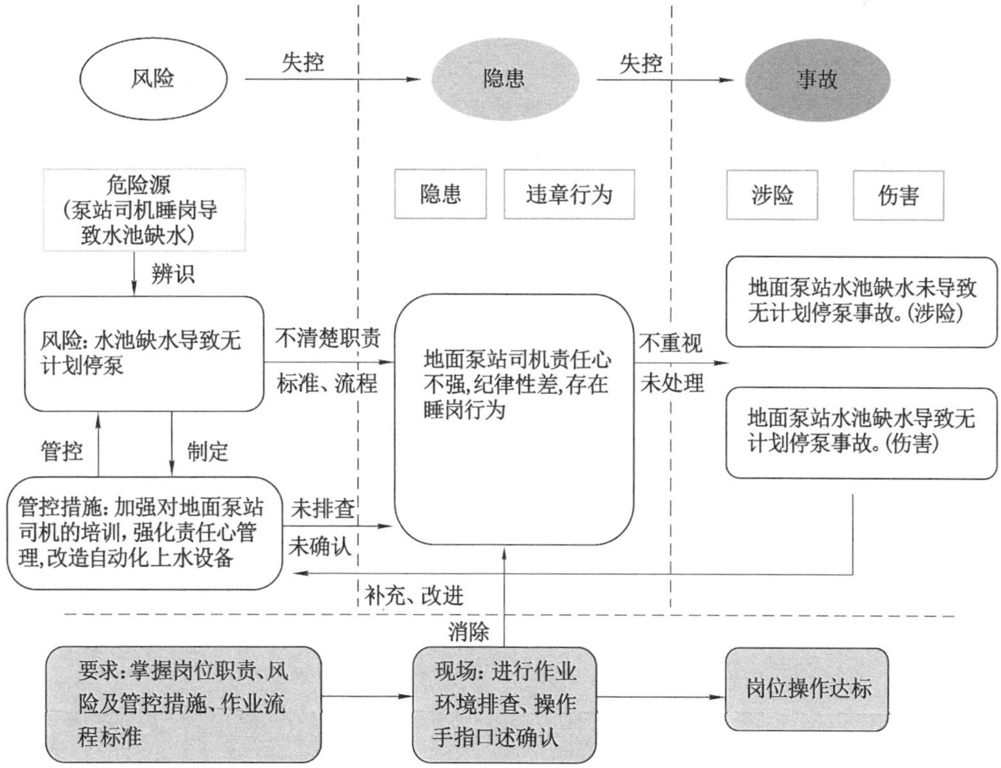

三、“五述”管理防治措施

为加强此类作业行为管理，杜绝类似事故发生，按照岗位“五述”管理要求，采取以

下防治措施：

1. 岗位职责描述方面

作业人员应掌握泵站司机所需操作要领；掌握泵站司机所需安全注意事项，保证作业安全。

2. 岗位风险自述方面

此作业过程中存在的岗位风险及管控措施如下：

岗位风险：加水作业存在泵站司机睡岗忘加水导致停泵风险。

管控措施：加强泵站司机劳动纪律管理，提高泵站司机责任心，安装自动加水设备。

3. 流程标准阐述方面

加水作业的流程：检查泵站水池水位→开始加水→加水至规定位置→停止加水。

标准：水池水量必须在规定范围内，不得超过最大值，不得低于最小值。

4. 作业环境评述方面

加水前应对加水作业的作业环境进行检查：① 加水设备是否运转正常；② 水池水位是否在规定范围内。隐患问题处理合格后，方可进行作业。

5. 操作手指口述方面

主要的操作手指口述安全确认环节如下：

(1) 手指：加水设备。口述：加水设备完好，功能正常，确认完毕。

(2) 手指：泵站水池。口述：水池水位正常，确认完毕。

案例 66　注浆机管路连接器伤人事故

一、事故案例简况

煤矿 8 点班，抽放队职工薛××使用注浆机对本煤层钻孔进行注浆期间，由于注浆泵距离钻孔较远，注浆泵与封孔器之间的管路连接使用的快速连接器没有安装紧固，在注浆期间崩脱，注浆高压液随处喷洒，万幸没有人员受伤。

二、双防技术分析及过程演变图例

此事故中，责任者对“连接器崩脱”危险源存在“打伤人员”的安全风险认识不到位，未执行“快速连接器安装必须紧固”的操作要求，导致快速连接器崩脱事故的发生。

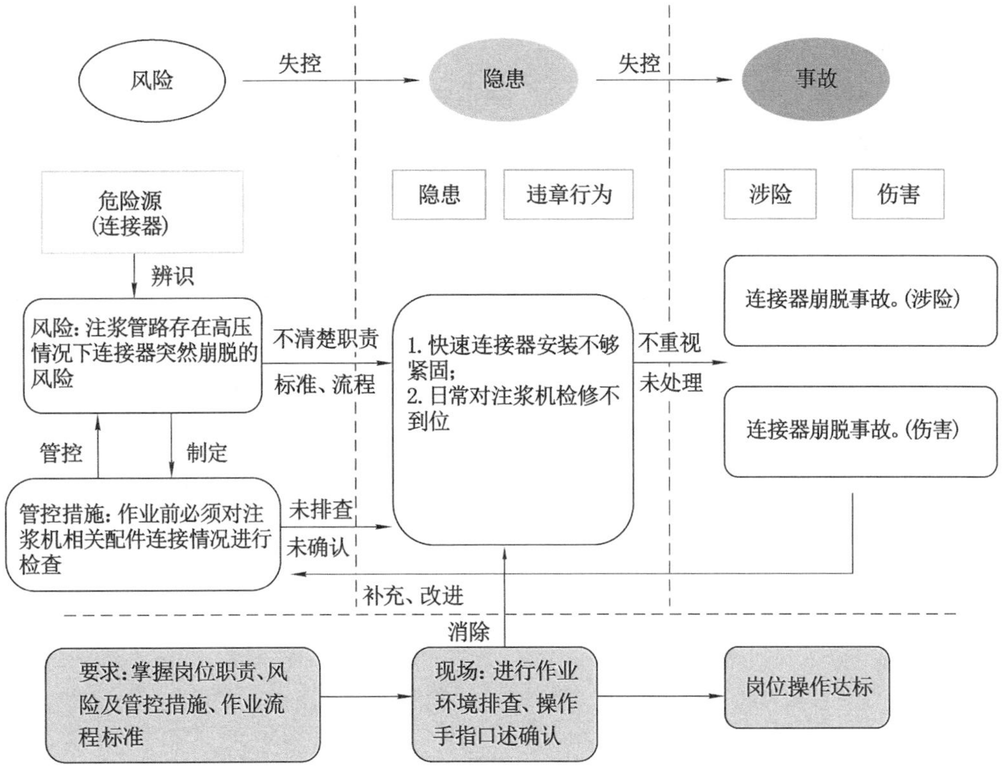

三、“五述”管理防治措施

为加强此类作业行为管理，杜绝类似事故发生，按照岗位“五述”管理要求，采取以下防治措施：

1. 岗位职责描述方面

作业人员应掌握注浆作业所需操作要领;掌握注浆作业所需安全注意事项,保证作业安全。

2. 岗位风险自述方面

此作业过程中存在的岗位风险及管控措施如下:

岗位风险:注浆作业中存在注浆管接头脱落的风险。

管控措施:注浆作业前必须对注浆管接头进行检查,必须使用专用U形卡,U形卡必须上到位。

3. 流程标准阐述方面

注浆作业的流程:将注浆料倒入搅拌桶中→开启搅拌桶→开始注浆。

标准:① 注浆料必须搅拌均匀,水分配比符合要求;② 注浆压力要稳定,最大压力不得超过3 MPa。

4. 作业环境评述方面

注浆前应对注浆作业的作业环境及注浆管连接器的完好情况进行检查:① 注浆机是否运转正常,注浆料是否搅拌均匀;② 注浆管连接器是否完好,是否使用专用U形卡;③ 注浆压力是否正常。隐患问题处理合格后,方可登高作业。

5. 操作手指口述方面

主要的操作手指口述安全确认环节如下:

(1) 手指:注浆机。口述:注浆机运转正常,功能正常,确认完毕。

(2) 手指:注浆管连接器。口述:注浆管连接器完好,专用U形卡已安装到位,确认完毕。

案例 67　钻机静压水管接头崩落事故

一、事故案例简况

煤矿 0 点班，钻工高××连接钻机冷却水管时没有正确使用 U 形卡，而使用铁丝代替 U 形卡，造成作业中静压水管接头崩落，现场立即重新固定好 U 形卡，此次事故未造成人员受伤。

二、双防技术分析及过程演变图例

此事故中，责任者对“冷却水管接头”危险源存在“崩落伤人”的安全风险认识不到位，未执行“水管接头必须使用 U 形卡固定”的操作要求，导致事故的发生。

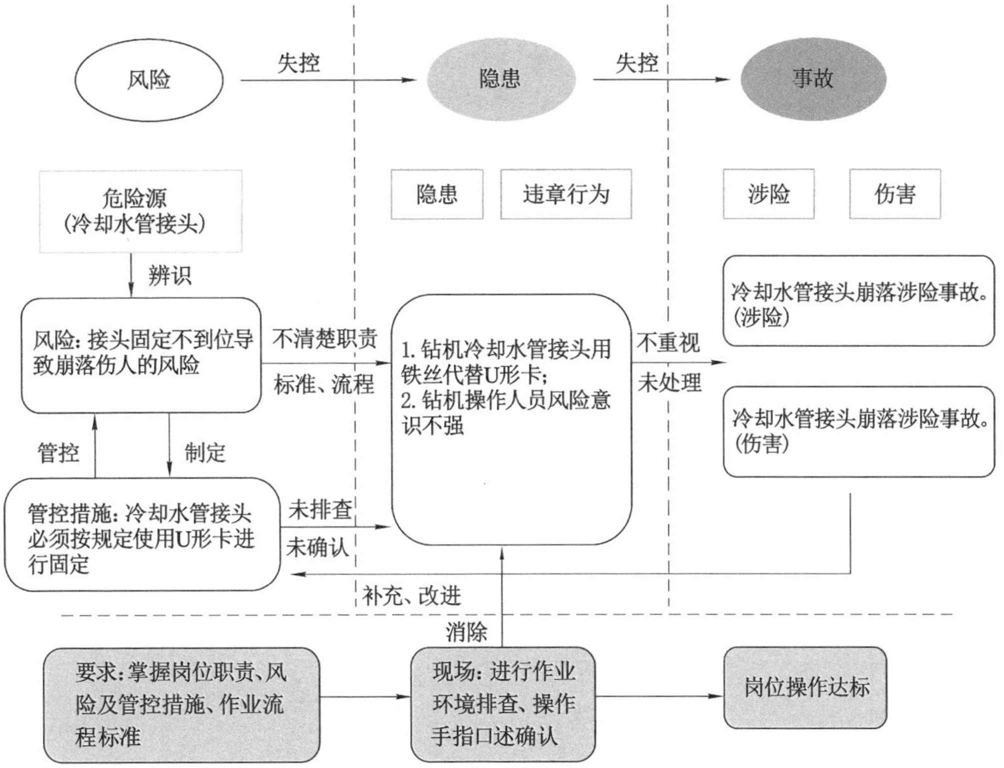

三、“五述”管理防治措施

为加强此类作业行为管理，杜绝类似事故发生，按照岗位“五述”管理要求，采取以下防治措施：

1. 岗位职责描述方面

作业人员应掌握打钻作业所需操作要领；掌握打钻作业所需安全注意事项，保证作业安全。

2. 岗位风险自述方面

此作业过程中存在的岗位风险及管控措施如下：

岗位风险：打钻作业过程中静压水管接头有崩脱的风险。

管控措施：静压水管接头必须完好，必须使用配套U形卡。

3. 流程标准阐述方面

打钻作业的流程：开启静压水管阀门→观察钻孔返水情况→开始作业。

标准：① 打钻作业期间，钻孔返水流量必须稳定，与进水流量保持一致；② 静压水管接头必须完好无损，功能正常，必须使用配套U形卡进行固定。

4. 作业环境评述方面

作业前应对作业环境进行检查：① 钻机是否固定到位，是否牢固可靠；② 钻孔返水是否正常；③ 静压水管接头是否完好，是否使用配套U形卡。隐患问题处理合格后，方可进行作业。

5. 操作手指口述方面

主要的操作手指口述安全确认环节如下：

(1) 手指：钻机。口述：钻机固定到位，运行正常，确认完毕。

(2) 手指：静压水管。口述：静压水管接头完好，使用配套U形卡固定到位，确认完毕。

案例68　钻孔筛管滑脱事故

一、事故案例简况

煤矿4点班，抽放队职工张××在6072巷8#裂隙钻场打钻期间，已经施工完成的3#钻孔内筛管滑脱，直接戳到地上，导致钻孔筛管滑脱涉险事故。

二、双防技术分析及过程演变图例

此事故中，责任者对"钻孔筛管滑脱"危险源存在"碰伤人员"的安全风险认识不到位，未执行"钻孔下筛管后需采取措施防止滑脱"的操作要求，导致钻孔筛管滑脱事故的发生。

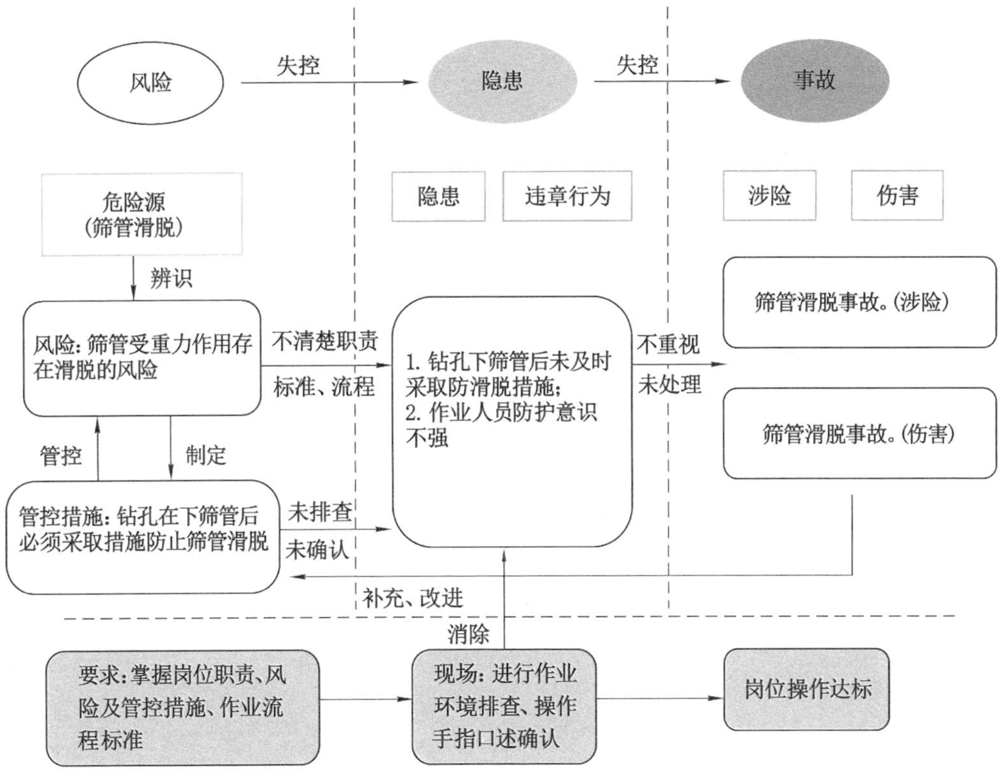

三、"五述"管理防治措施

为加强此类作业行为管理，杜绝类似事故发生，按照岗位"五述"管理要求，采取以下防治措施：

1. 岗位职责描述方面

作业人员应掌握打钻作业所需操作要领;掌握打钻作业所需安全注意事项,要有筛管防滑脱措施,保证作业安全。

2. 岗位风险自述方面

此作业过程中存在的岗位风险及管控措施如下:

(1) 钻孔下筛管存在筛管滑脱的风险。

管控措施:下筛管时必须采取措施阻止筛管滑脱。

(2) 筛管滑脱有伤人的风险。

管控措施:采取措施阻止筛管下滑,人员不得站在钻孔正对面。

3. 流程标准阐述方面

下筛管作业的流程:下筛管到指定位置→采取措施固定筛管,阻止筛管下滑。

标准:① 下筛管后,必须采取措施固定筛管;② 下筛管期间,人员禁止站在钻孔正对面。

4. 作业环境评述方面

拆卸前应对钻孔瓦斯进行检查,检查作业区域顶板巷帮是否完好:① 钻孔瓦斯是否正常;② 筛管是否完好;③ 作业地点顶帮是否安全、退路是否畅通。隐患问题处理合格后,方可进行作业。

5. 操作手指口述方面

主要的操作手指口述安全确认环节如下:

(1) 手指:钻孔。口述:钻孔瓦斯检查正常,可以进行下筛管作业,确认完毕。

(2) 手指:筛管。口述:筛管完好,已采取防止滑脱措施,确认完毕。

案例69　传感器高报事故

一、事故案例简况

2020年煤矿早班，监测队职工高××在对监控传感器进行接线时，将不同传感器通信线接错，导致传感器误报警，并将高报值上传至集团平台，导致出现传感器高报事故。

二、双防技术分析及过程演变图例

此事故中，责任者对“传感器接线”危险源存在“接线错误导致高报”的安全风险辨识不到位，在进行接线作业时，未及时进行线缆标记和确认，同时未按规定向值机台汇报进行标校操作，导致误操作造成传感器高报事故。

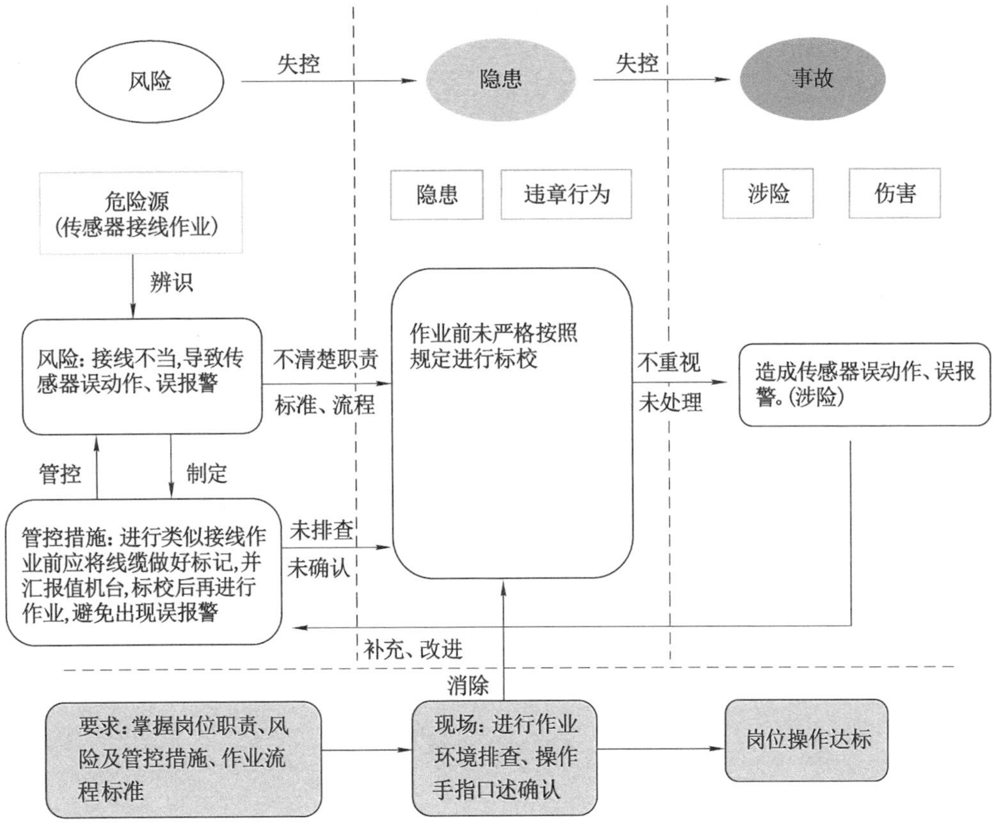

三、“五述”管理防治措施

为加强此类作业行为管理，杜绝类似事故发生，按照岗位“五述”管理要求，采取以

下防治措施：

1. 岗位职责描述方面

作业人员应掌握传感器接线工作流程，按顺序进行操作，保证作业安全。

2. 岗位风险自述方面

此作业过程中存在的岗位风险及管控措施如下：

岗位风险：接线错误造成传感器误报警。

管控措施：接线前，必须先在地面对传感器进行测试。

3. 流程标准阐述方面

拆卸风管的流程：测试传感器→对传感器外观进行检查→安装传感器。

标准：① 在地面调试间测试传感器是否正常；② 对现场环境进行检查，并按照接线顺序进行接线。

4. 作业环境评述方面

接线时先检查传感器是否完好，测试是否正常后，方可安装作业：① 在地面调试间测试传感器是否正常；② 对现场环境进行检查，并按照接线顺序进行接线。

5. 操作手指口述方面

主要的操作手指口述安全确认环节如下：

(1) 手指：传感器。口述：传感器外观完好，确认完毕。

(2) 手指：传感器。口述：传感器已在地面调试间测试，传感器正常，确认完毕。

案例70　机载传感器调校期间设备伤人事故

一、事故案例简况

煤矿早班，监测队职工诸××在对工作面综掘机机载传感器进行调校时，未与设备所在区队进行沟通，调校期间设备突然运转，导致伤人事故发生。

二、双防技术分析及过程演变图例

此事故中，责任者对“机载传感器调校”危险源存在“设备突然运转伤人”的安全风险辨识不到位，在调校作业时，未事先与设备所在区队联系，区队检修设备期间，设备突然运行导致伤人事故。

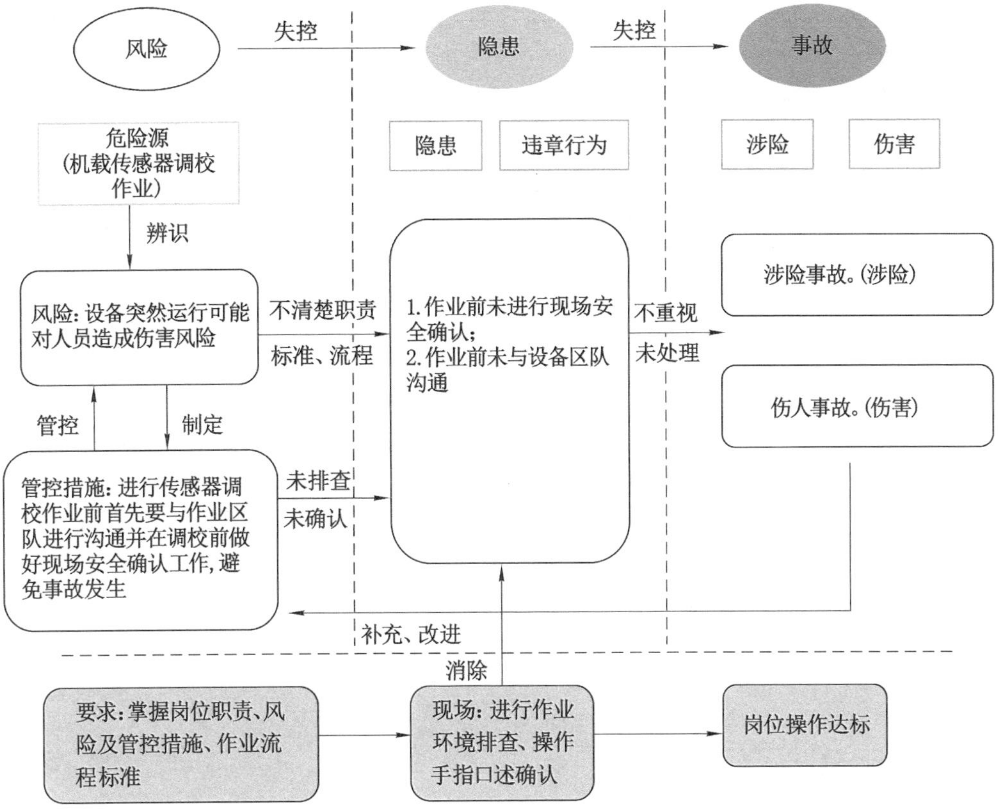

三、“五述”管理防治措施

为加强此类作业行为管理，杜绝类似事故发生，按照岗位“五述”管理要求，采取以下防治措施：

1. 岗位职责描述方面

作业人员应掌握作业工作流程,按照顺序进行操作,保证作业安全。

2. 岗位风险自述方面

此作业过程中存在的岗位风险及管控措施如下:
岗位风险:设备突然运行可能对人员造成伤害风险。
管控措施:机载传感器调校前,必须先与现场负责人进行沟通。

3. 流程标准阐述方面

机载传感器调校的流程:与现场负责人沟通→对机载传感器进行调校→完成调校。
标准:先与现场负责人进行沟通,必须确保综掘机、单轨吊等设备处于静止状态。

4. 作业环境评述方面

调校机载传感器时,先联系现场负责人,确保综掘机、单轨吊等设备处于静止状态时,方可作业:① 综掘机、单轨吊等设备处于静止状态;② 作业地点顶帮是否安全、退路是否畅通等。

5. 操作手指口述方面

主要的操作手指口述安全确认环节如下:
(1) 手指:机载传感器。口述:综掘机、单轨吊等设备处于静止状态,确认完毕。
(2) 手指:机载传感器。口述:传感器安装位置无误,确认完毕。

案例71　煤矿爆破事故

一、事故案例简况

2017年11月6日，工作面炮眼施工完毕后，通风队爆破员进入工作面进行检查，背药工从临时火药点将火药背入工作面，进行装药，装完后，未执行“三人连锁”，直接启动发爆器，造成人员死亡。

二、双防技术分析及过程演变图例

此事故中，责任者对“违章作业”危险源存在“爆破伤人”的安全风险辨识认识不到位，未执行“三人连锁”操作要求，导致人员死亡的事故。

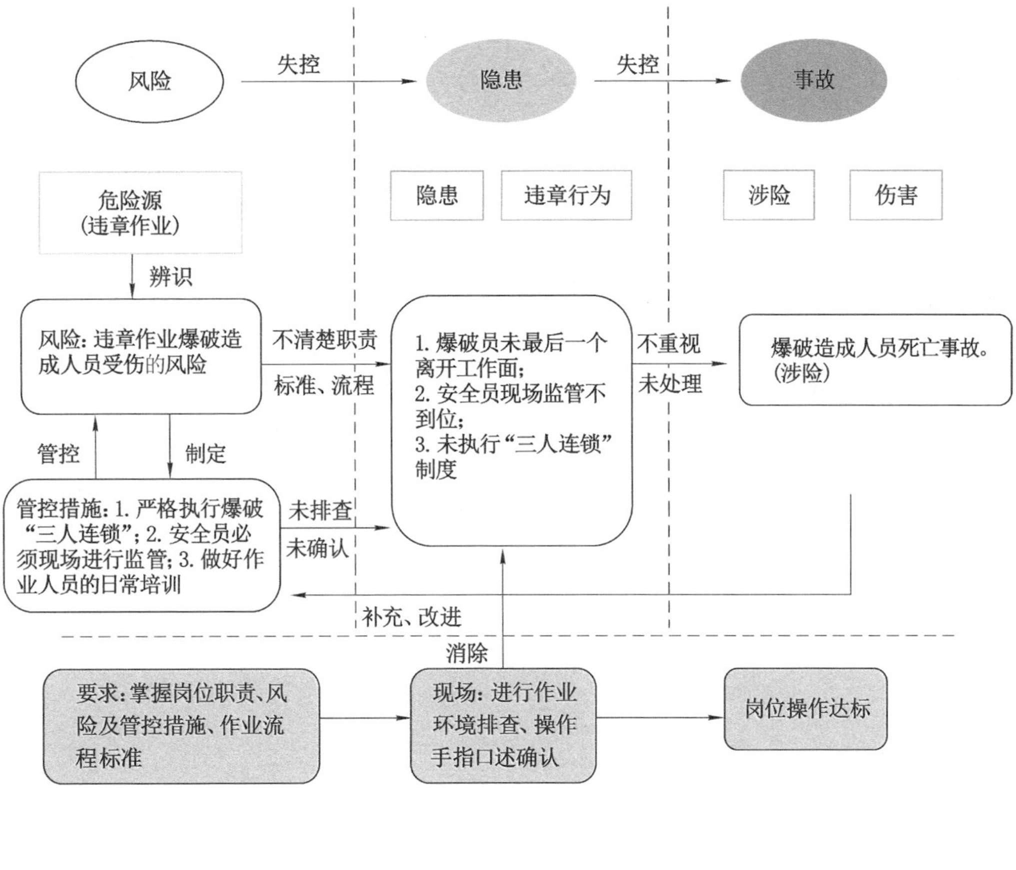

三、“五述”管理防治措施

为加强此类作业行为管理，杜绝类似事故发生，按照岗位“五述”管理要求，采取以下防治措施：

1. 岗位职责描述方面

作业人员应掌握爆破作业的工作内容、施工工艺;掌握爆破作业的安全注意事项;按照爆破作业的工作流程、顺序进行操作,保证作业安全。

2. 岗位风险自述方面

此作业过程中存在的岗位风险及管控措施如下:

(1) 爆破未撤人伤人的风险。

管控措施:严格执行"三人连锁爆破"制度,爆破前对警戒区域进行一次全面检查。

(2) 处理拒爆伤人的风险。

管控措施:严格按照规定处理拒爆。

(3) 爆破期间警戒不到位伤人的风险。

管控措施:要求班组长必须亲自设置警戒及撤除警戒。

3. 流程标准阐述方面

爆破警戒的流程:装药前检查瓦斯→防治警戒→"三人连锁爆破"→爆破。

标准:① 爆破前,必须检查瓦斯及严格执行爆破"五不准";② 爆破必须严格执行"三人连锁"。

4. 作业环境评述方面

对爆破前作业地点完好情况进行检查:① 警戒是否设置到位;② 顶板及瓦斯是否合格;③ 是否执行"三人连锁爆破"制度等。隐患问题处理合格后,方可爆破作业。

5. 操作手指口述方面

主要的操作手指口述安全确认环节如下:

(1) 手指:瓦检员、爆破员。口述:"三人连锁"已执行,确认完毕。

(2) 手指:瓦检员。口述:爆破前各项工作已就绪,确认完毕。

案例72　私自离开钻机操作台事故

一、事故案例简况

2020年7月5日0点班，防尘队定向组职工韩××在2-6072巷17号钻场1#钻孔施工期间，在扩孔时私自离开钻机操作台，钻机上压力表出现异常后未及时发现，最后造成防喷钻杆和153钻头断在孔内的事故发生。

二、双防技术分析及过程演变图例

此事故中，责任者对“私自离开运转的定向钻机”危险源存在“钻机伤人或损坏设备”的安全风险认识不到位，未执行“钻机开关未闭锁状态下，司机严禁离开操作台，若因工作原因必须离开时，必须进行停电闭锁”的操作要求，导致防喷钻杆和153钻头断在孔内。

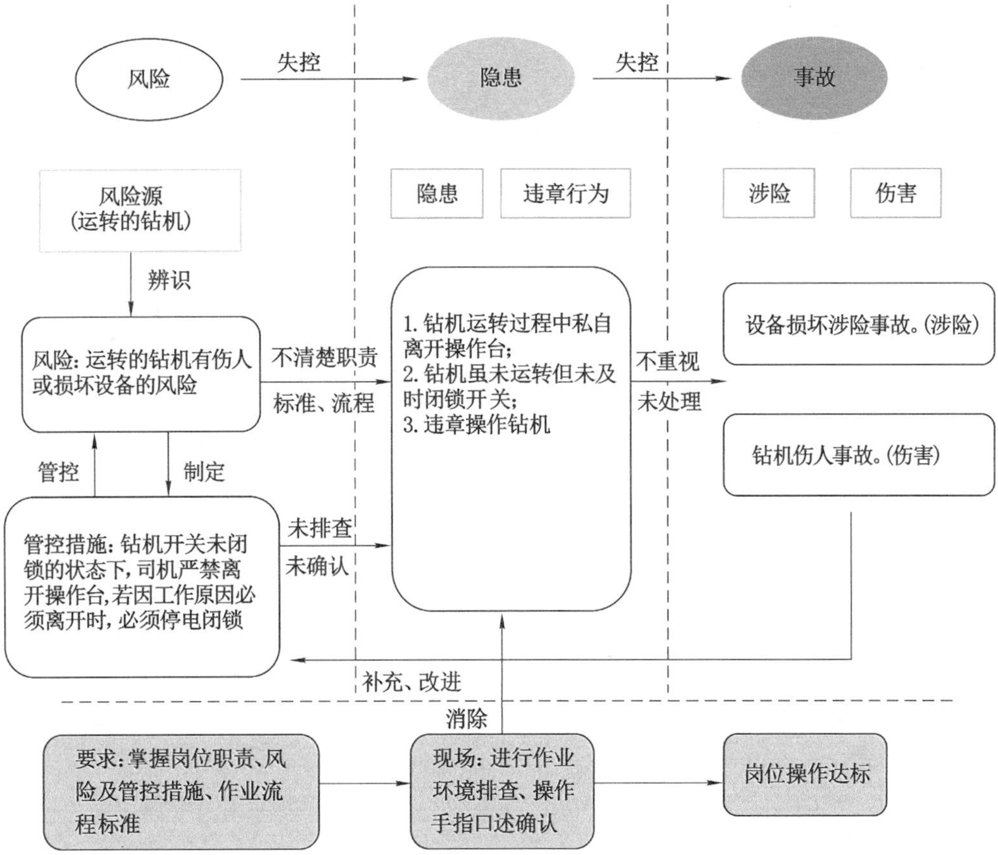

三、"五述"管理防治措施

为加强此类作业行为管理,杜绝类似事故发生,按照岗位"五述"管理要求,采取以下防治措施:

1. 岗位职责描述方面

作业人员应掌握定向钻机施工期间钻机司机操作操作平台的工作内容、施工方法;掌握钻机司机操作操作平台时的安全注意事项,按照钻机司机操作操作平台时的流程、顺序进行操作,保证作业安全。

2. 岗位风险自述方面

此作业过程中存在的岗位风险及管控措施如下:

岗位风险:钻机司机离开操作平台未停止钻机,造成钻机损坏或误伤人员。

管控措施:定向钻机施工期间,钻机司机必须时刻注意钻机操作平台上各压力表的变化情况,发现问题及时处理。需要短时间离开钻机操作平台时,必须停止钻机运行(司机不得离开操作平台3 m范围);如钻机司机需要长时间离开操作平台,必须对钻机开关进行闭锁。

3. 流程标准阐述方面

钻机司机操作操作平台的流程:打开开关→钻机正常运行→钻机停止运行、闭锁开关。

标准:① 定向钻机施工期间,钻机司机必须时刻注意钻机操作平台上各压力表的变化情况,发现问题及时处理;② 钻机司机短时间离开钻机操作平台时,必须停止钻机运行(司机不得离开操作平台3 m范围);③ 钻机司机需要长时间离开操作平台时,必须对钻机开关进行闭锁。

4. 作业环境评述方面

钻机司机操作操作平台时要对作业环境及钻机完好情况进行检查,确保安全后,方可进行作业:① 顶板是否完好;② 钻机上供水系统、供油系统、供电系统是否完好;③ 各管路接头连接是否可靠;④ 有毒有害气体浓度是否正常。

5. 操作手指口述方面

主要的操作手指口述安全确认环节如下:

(1) 手指:顶板。口述:顶板完好,确认完毕。

(2) 手指:钻机。口述:钻机各部件完好,确认完毕。

(3) 手指:有毒有害气体浓度。口述:有毒有害气体浓度符合要求,确认完毕。

案例73　爆破伤人事故

一、事故案例简况

2007年8月28日8点班12:40分左右，某矿皮带下山工作面打眼、装药、连线等工序完成后，人员撤至材料堆放点粉煤灰袋处(距工作面迎头83～92 m)开始爆破，爆破5～6 min左右，发现职工罗××被爆破崩伤，造成腿部骨折。

二、双防技术分析及过程演变图例

此事故中，责任人对“爆破”危险源存在“警戒距离掌握不到位”的安全风险认识不到位，未执行“掘进工作面岩巷警戒距离规定要求100 m，爆破土充填不实”的操作要求，导致职工罗××被爆破崩伤的事故发生。

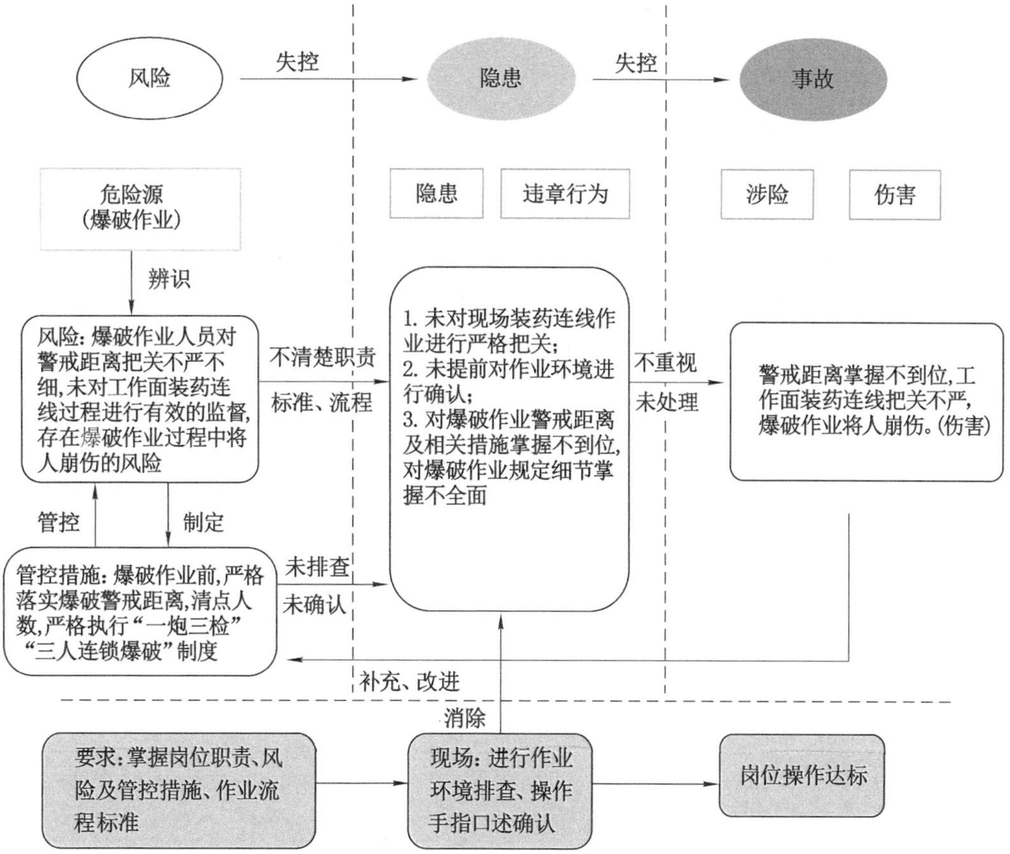

三、"五述"管理防治措施

为加强此类作业行为管理，杜绝类似事故发生，按照岗位"五述"管理要求，采取以下防治措施：

1. 岗位职责描述方面

作业人员必须持特殊工种证上岗，严格按照爆破说明书要求，对个人岗位职责、作业环境范围、岗位危险源掌握到位；仔细检查爆破喷雾、爆破水针、爆破遮挡、警戒牌、警戒绳是否准备齐全。

2. 岗位风险自述方面

此作业过程中存在的岗位风险及管控措施如下：

(1) 作业期间存在现场顶板松软或破碎将人砸伤的风险。

管控措施：应提前观察周边作业环境，及时排查隐患，对工作面迎头敲帮问顶，防止装药期间片帮冒顶，确保作业安全。

(2) 装药作业期间，作业范围内存在杂散电流，造成电雷管早爆炸伤的风险。

管控措施：装药作业期间，严格把关连线过程，禁止脚线接地，及时将脚线扭结成短路，防止杂散电流引爆雷管。

(3) 现场存在爆破器材不完好，人员检查不到位，造成爆破母线、雷管脚线与导电体接触引发炸伤人员的风险。

管控措施：提前检查好爆破仪器，严格检查装药连线过程，确保作业过程准确无误。

(4) 现场存在人员未撤到警戒距离外有掩护的地点将人员崩伤的风险。

管控措施：严格落实警戒距离，安排好警戒人员，坚决执行"一炮三检""三人连锁爆破"制度，爆破员必须最后一个离开工作面，并在爆破作业前配合班组长清点人数。

3. 流程标准阐述方面

爆破作业的流程：观察现场作业环境→检查瓦斯→装药→检查瓦斯浓度→爆破→检查瓦斯浓度→处理拒爆→交接班。

标准：① 观察作业环境，确保作业环境安全；② 检查工作面爆破作业前的瓦斯浓度，严格执行"一炮三检""三人连锁爆破"制度，落实好警戒距离；③ 处理拒爆时，严格按照处理流程进行，严禁使用高压风管或者锚杆硬物伸入爆破眼中。

4. 作业环境评述方面

注意观察作业周边环境是否安全：① 顶板是否完好；② 雷管、火药存放是否安全；③ 作业前是否进行了安全确认。

5. 操作手指口述方面

主要的操作手指口述安全确认环节如下：

(1) 手指:发爆器、便携式瓦斯检测仪、爆破母线。口述:检查发爆器、便携式瓦斯检测仪、爆破母线完好,确认完毕。

(2) 手指:雷管、炸药。口述:雷管××发,火药××千克,确认完毕。

(3) 手指:雷管背箱、炸药背箱。口述:雷管、火药箱已锁好,确认完毕。

(4) 手指:作业环境。口述:支护牢固,无危岩活矸,确认完毕。

(5) 手指:被检查设备和风水管路。口述:设备已停电闭锁,风水管路遮挡完好,确认完毕。

(6) 手指:作业区域。口述:巷道堵塞物不超规定,瓦斯浓度低于0.8%,炮眼符合规定可以装药,确认完毕。

(7) 手指:工作面现场。口述:炮眼封泥符合规定,连线无误,确认完毕。

(8) 手指:警戒人员。口述:警戒人员已到位,警戒距离符合规定,瓦斯正常,可以连接爆破母线,确认完毕。

(9) 手指:工作面。口述:爆破烟已吹散,通风良好,瓦斯浓度低于0.8%,顶板、支架完好无损,确认完毕。

(10) 手指:工作面。口述:工作面无拒爆、瞎炮,确认完毕。

案例74　违章爆破事故

一、事故案例简况

2009年12月26日交叉班，某矿维护队出勤6人，中午13:00负责人袁××主持召开班前会，班前会重点对施工区域的生产情况进行了具体安排。14:30左右，维护队人员进入主副井联巷作业点，对施工点抬棚、支护等进行检查，然后开始作业，出渣、补打顶锚杆(5根)、打爆破眼(21个)等；大约18:30开始进行装药；18:50左右所有爆破眼装药完毕(要求一次只准起爆10个炮眼)。随后班组长吕××安排唐××、杨××、董××、张××和敬××到二区轨道巷口、中央水仓口、大巷6#交岔点、主井底以及中央变电所检修道口设置警戒；19:15左右，主副井联巷爆破，崩塌抬棚。

二、双防技术分析及过程演变图例

此事故中，责任者对“未按规定进行爆破作业”危险源存在“爆破作业事故”的安全风险认识不到位，未按照“爆破作业措施规定作业”的操作要求，导致爆破作业崩塌抬棚的涉险事故发生。

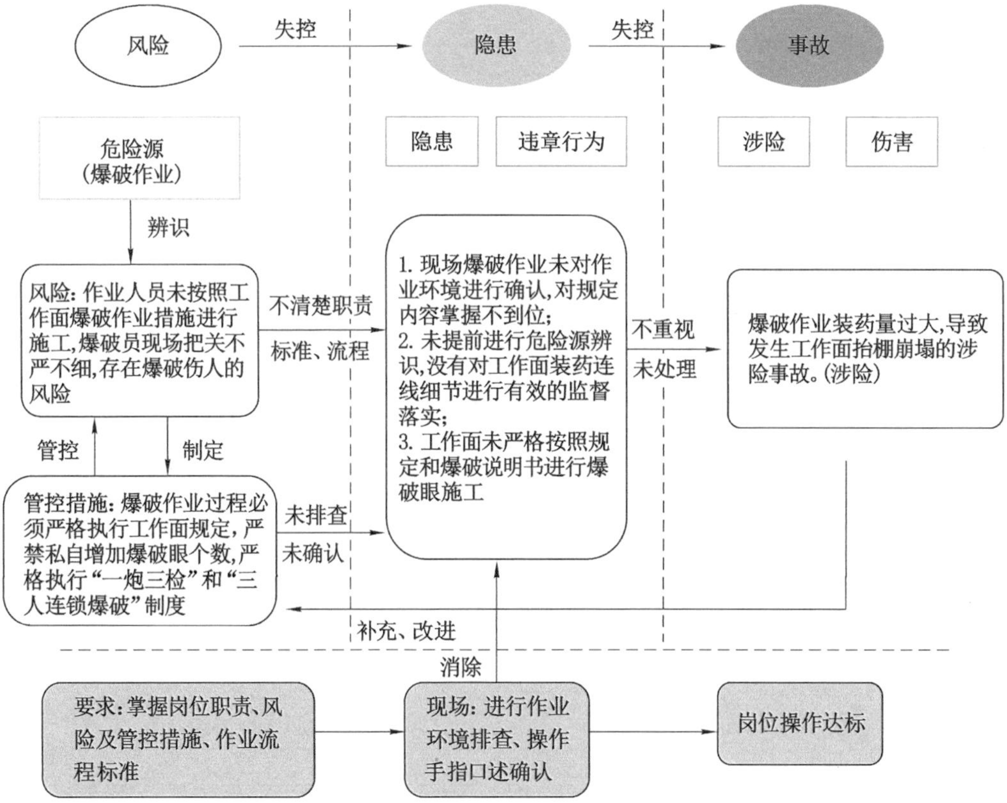

三、“五述”管理防治措施

为加强此类作业行为管理，杜绝类似事故发生，按照岗位“五述”管理要求，采取以下防治措施：

1. 岗位职责描述方面

作业人员必须持特殊工种证上岗，严格按照爆破说明书要求，对个人岗位职责、作业环境范围、岗位危险源掌握到位；仔细检查爆破喷雾、爆破水针、爆破遮挡、警戒牌、警戒绳是否准备齐全。

2. 岗位风险自述方面

此作业过程中存在的岗位风险及管控措施如下：

(1) 作业期间存在现场顶板松软或破碎将人砸伤的风险。

管控措施：应提前观察周边作业环境，及时排查隐患，对工作面迎头敲帮问顶，防止装药期间片帮冒顶，确保作业安全。

(2) 装药作业期间，作业范围内存在杂散电流，造成电雷管早爆炸伤的风险。

管控措施：装药作业期间，严格把关连线过程，禁止脚线接地，及时将脚线扭结成短路，防止杂散电流引爆雷管。

(3) 现场存在爆破器材不完好，人员检查不到位，造成爆破母线、雷管脚线与导电体接触引发炸伤人员的风险。

管控措施：提前检查好爆破仪器，严格检查装药连线过程，确保作业过程准确无误。

(4) 现场存在未人员撤到警戒距离外有掩护的地点将人员崩伤的风险。

管控措施：严格落实警戒距离，安排好警戒人员，坚决执行“一炮三检”“三人连锁爆破”制度，爆破员必须最后一个离开工作面，并在爆破作业前配合班组长清点人数。

3. 流程标准阐述方面

爆破作业的流程：观察现场作业环境→检查瓦斯浓度→装药→检查瓦斯浓度→爆破→检查瓦斯浓度→处理拒爆→交接班。

标准：① 观察作业环境，确保作业环境安全；② 检查工作面爆破作业前的瓦斯浓度，严格执行“一炮三检”和“三人连锁爆破”制度，落实好警戒距离；③ 处理拒爆时，严格按照处理流程进行，严禁使用高压风管或者是锚杆硬物伸入爆破眼中。

4. 作业环境评述方面

注意观察作业周边环境是否安全：① 顶板是否完好；② 雷管、火药存放是否安全；③ 作业前是否进行了安全确认。

5. 操作手指口述方面

主要的操作手指口述安全确认环节如下：

(1) 手指:发爆器、便携式瓦斯检测仪、爆破母线。口述:检查发爆器、便携式瓦斯检测仪、爆破母线完好,确认完毕。

(2) 手指:雷管、炸药。口述:雷管××发,炸药××千克,确认完毕。

(3) 手指:雷管背箱、炸药背箱。口述:雷管、炸药箱已锁好,确认完毕。

(4) 手指:作业环境。口述:支护牢固,无危岩活矸,确认完毕。

(5) 手指:被检查设备和风水管路。口述:设备已停电闭锁,风水管路遮挡完好,确认完毕。

(6) 手指:作业区域。口述:巷道堵塞物不超规定,瓦斯浓度低于0.8%,爆破眼符合规定可以装药,确认完毕。

(7) 手指:工作面现场。口述:爆破眼封泥符合规定,连线无误,确认完毕。

(8) 手指:警戒人员。口述:警戒人员已到位,警戒距离符合规定,瓦斯正常,可以连接爆破母线,确认完毕。

(9) 手指:工作面。口述:爆破烟已吹散,通风良好,瓦斯浓度低于0.8%,顶板、支架完好无损,确认完毕。

(10) 手指:工作面。口述:工作面无拒爆、瞎炮,确认完毕。

案例75　冲闯爆破警戒线违章事故

一、事故案例简况

2009年10月12日8点班，某矿维护队主副井联巷交叉点返修段爆破警戒期间，通风队爆破员柏××制止违章不主动、检举不积极，瓦检员李××私自违反警戒时间，导致开拓准备队芦××、开三队李××等人强行越过警戒线的群体性严重违章事故。

二、双防技术分析及过程演变图例

此事故中，责任者对"爆破作业"危险源存在"警戒没有严格把关，爆破员违反警戒时间"的安全风险认识不到位，未严格执行"一炮三检、'三人连锁爆破'制度"的操作要求，导致下班人员私自群体闯入警戒范围的涉险事故发生。

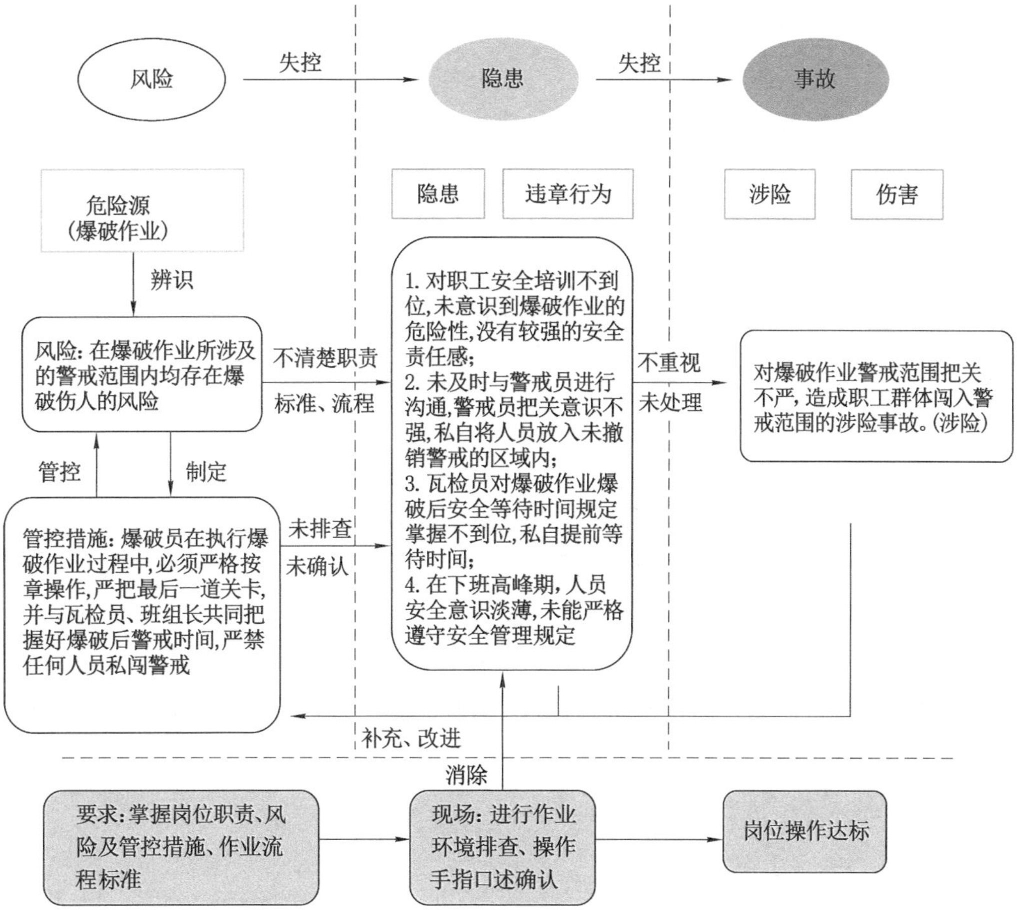

三、“五述”管理防治措施

为加强此类作业行为管理，杜绝类似事故发生，按照岗位“五述”管理要求，采取以下防治措施：

1. 岗位职责描述方面

作业人员必须持特殊工种证上岗，严格按照爆破说明书要求，对个人岗位职责、作业环境范围、岗位危险源掌握到位；仔细检查爆破喷雾、爆破水针、爆破遮挡、警戒牌、警戒绳是否准备齐全。

2. 岗位风险自述方面

此作业过程中存在的岗位风险及管控措施如下：

(1) 作业期间存在现场顶板松软或破碎将人砸伤的风险。

管控措施：应提前观察周边作业环境，及时排查隐患，对工作面迎头敲帮问顶，防止装药期间片帮冒顶，确保作业安全。

(2) 装药作业期间，作业范围内存在杂散电流，造成电雷管早爆炸伤的风险。

管控措施：装药作业期间，严格把关连线过程，禁止脚线接地，及时将脚线扭结成短路，防止杂散电流引爆雷管。

(3) 现场存在爆破器材不完好，人员检查不到位，造成爆破母线、雷管脚线与导电体接触引发炸伤人员的风险。

管控措施：提前检查好爆破仪器，严格检查装药连线过程，确保作业过程准确无误。

(4) 现场存在未人员撤到警戒距离外有掩护的地点将人员崩伤的风险。

管控措施：严格落实警戒距离，安排好警戒人员，坚决执行“一炮三检”“三人连锁爆破”制度，爆破员必须最后一个离开工作面，并在爆破作业前配合班组长清点人数。

3. 流程标准阐述方面

爆破作业的流程：观察现场作业环境→检查瓦斯浓度→装药→检查瓦斯浓度→爆破→检查瓦斯浓度→处理拒爆→交接班。

标准：① 观察作业环境，确保作业环境安全；② 检查工作面爆破作业前的瓦斯浓度，严格执行“一炮三检”和“三人连锁爆破”制度，落实好警戒距离；③ 处理拒爆时，严格按照处理流程进行，严禁使用高压风管或者是锚杆硬物伸入爆破眼中。

4. 作业环境评述方面

注意观察作业周边环境是否安全：① 顶板是否完好；② 雷管、火药存放是否安全；③ 作业前是否进行了安全确认。

5. 操作手指口述方面

主要的操作手指口述安全确认环节如下：

(1) 手指:发爆器、便携式瓦斯检测仪、爆破母线。口述:检查发爆器、便携式瓦斯检测仪、爆破母线完好,确认完毕。

(2) 手指:雷管、炸药。口述:雷管××发,炸药××千克,确认完毕。

(3) 手指:雷管背箱、炸药背箱。口述:雷管、炸药箱已锁好,确认完毕。

(4) 手指:作业环境。口述:支护牢固,无危岩活矸,确认完毕。

(5) 手指:被检查设备和风水管路。口述:设备已停电闭锁,风水管路遮挡完好,确认完毕。

(6) 手指:作业区域。口述:巷道堵塞物不超规定,瓦斯浓度低于0.8%,爆破眼符合规定可以装药,确认完毕。

(7) 手指:工作面现场。口述:爆炸眼封泥符合规定,连线无误,确认完毕。

(8) 手指:警戒人员。口述:警戒人员已到位,警戒距离符合规定,瓦斯正常,可以连接爆破母线,确认完毕。

(9) 手指:工作面。口述:爆破烟已吹散,通风良好,瓦斯浓度低于0.8%,顶板、支架完好无损,确认完毕。

(10) 手指:工作面。口述:工作面无拒爆、瞎炮,确认完毕。

案例76　瓦斯爆炸事故

一、事故案例简况

2000年10月26日约18:05,某煤矿2-207综采工作面采空区发生局部瓦斯爆炸事故,造成设施、设备损坏,巷道部分垮落。在工作面内的当班人员大部分被冲击波推倒,距爆源约25 m的范围内有6人被轻度烧伤,8人被轻微碰伤。

二、双防技术分析及过程演变图例

此事故中,责任者对"工作面瓦斯"危险源存在"浓度超限爆炸"的安全风险认识不到位,未执行"瓦斯检查作业流程"的操作要求,在工作面生产期间瓦斯浓度超限却不知情,导致瓦斯爆炸的事故发生。

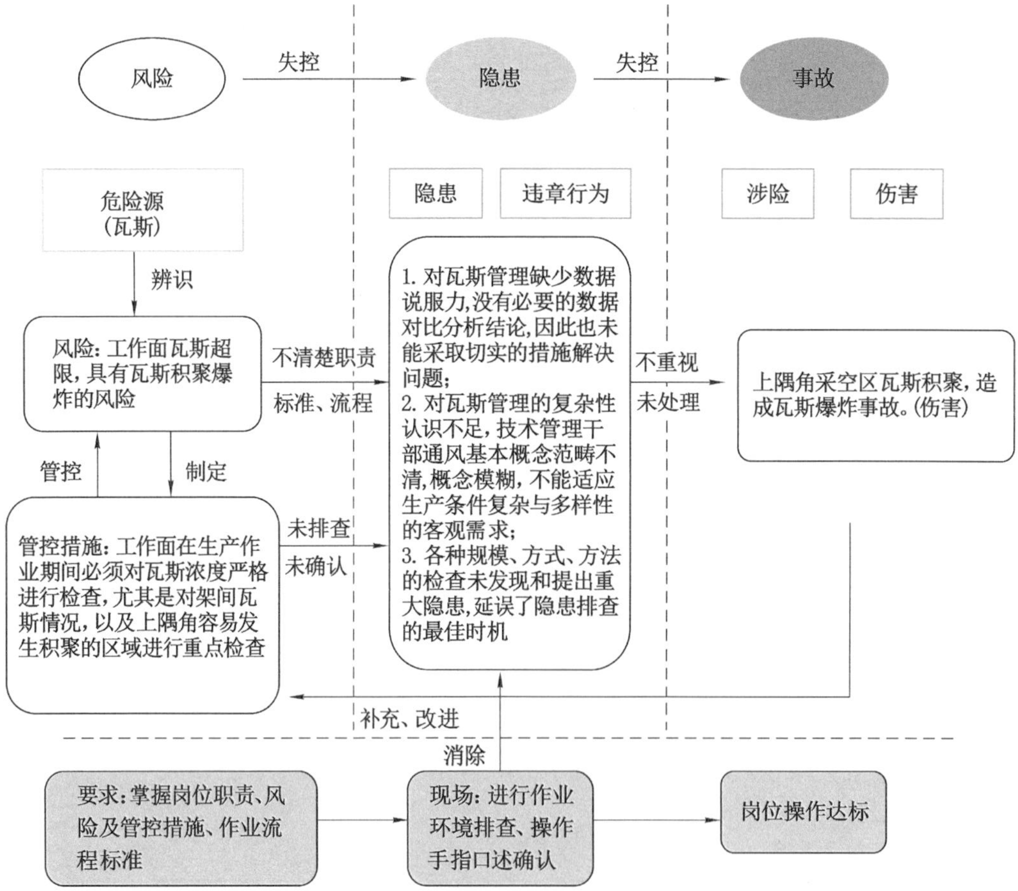

三、“五述”管理防治措施

为加强此类作业行为管理，杜绝类似事故发生，按照岗位“五述”管理要求，采取以下防治措施：

1. 岗位职责描述方面

瓦检员必须取得特殊工种操作资格证才能上岗；对个人岗位职责、作业环境范围、岗位危险源必须严格落实到位；负责责任区域内瓦斯、有毒有害气体的检查，“一通三防”设施完好情况的检查以及“一通三防”隐患排查治理情况的督促落实。

2. 岗位风险自述方面

此作业过程中存在的岗位风险及管控措施如下：

(1) 存在隐患排查及落实处理不到位，造成工作面瓦斯积聚的风险。

管控措施：应提前观察周边作业环境，及时排查隐患，确保工作面瓦斯正常，保证正常生产。

(2) 存在瓦斯检查不到位，局部瓦斯积聚，造成瓦斯爆炸的风险。

管控措施：对责任区域内的瓦斯及其他有毒有害气体必须严格按照计划路线检查到位，确保无假检、漏检现象并做到“三对口”；瓦斯浓度超限时及时停止作业，撤出人员。

(3) 存在爆破过程把关不到位，造成工作面爆破后瓦斯及其他有毒有害气体超限的风险。

管控措施：爆破作业严格执行“一炮三检”“三人连锁爆破”制度，对瓦斯、二氧化碳、一氧化碳等有毒有害气体严格检查，并记录到位。

3. 流程标准阐述方面

瓦斯检查的流程：仪器对零→到达检查地点→安全检查→取样→读数→填瓦斯检查手册→现场班组长签字→填写瓦检牌板→汇报。

标准：① 观察作业环境，确保作业环境安全；② 检查光学瓦检仪，便携式瓦斯、CO检测仪完好；③ 瓦检员交接班牌板应完好并正确填写，确认瓦斯检查计划路线，检查瓦斯检测手杖齐全完好，交接确认好本班工作面异常情况及存在的问题。

4. 作业环境评述方面

注意观察作业周边环境是否安全：① 顶板是否完好，两帮是否鼓起，有无片帮的可能；② 检查区域是否有大型吊装设备运行，巷道内是否湿滑，注意行走安全。

5. 操作手指口述方面

主要的操作手指口述安全确认环节如下：

(1) 手指：光学瓦检仪，便携式瓦斯、CO检测仪。口述：检查光学瓦检仪，便携式瓦斯、CO检测仪完好，确认完毕。

（2）手指：瓦斯检查员交接班牌板。口述：检查瓦斯检查员交接班牌板完好，确认完毕。

（3）手指：瓦斯检查计划路线、瓦斯检测手杖。口述：检查瓦斯检查计划路线、瓦斯检测手杖齐全完好，确认完毕。

（4）手指：作业环境。口述：作业环境安全，确认完毕。

（5）手指：作业现场待测地点。口述：检查待测地点瓦斯、有害气体无异常，管理牌板完好，确认完毕。

（6）手指：被检查的通防设施。口述：责任区域内通防设施完好，确认完毕。

（7）手指：被检查的监测监控设备。口述：责任区域内监测监控设备完好，误差在允许范围内，确认完毕。

（8）手指：皮带机头消防设施。口述：皮带机头各类消防设施齐全、完好，设置位置符合规定，确认完毕。

第六章　地测专业事故案例分析与防治

案例 77　钻机转动部伤人事故

一、事故案例简况

2011 年 1 月 4 日 4 点班，探放水队职工王××和张××在 2-6021 工作面检修钻机后，张××把扳手放到钻机的油箱盖子上，开始试钻机。试了 10 min 左右时，扳手从油箱盖子上掉下来，掉到电机转动部分的三角带下（此时钻机仍保持运行状态），张××弯下腰去捡扳手，右手捡扳手，左手不小心触到了转动部分的三角带，把左手中指夹伤。

二、双防技术分析及过程演变图例

此事故中，责任者对“运转中的钻机”危险源存在“转动部位伤人”的安全风险认识不到位，未执行“检修钻机前，先停机闭锁”的操作要求，导致钻机转动部位（伤人）事故发生。

三、“五述”管理防治措施

为加强此类作业行为管理，杜绝类似事故发生，按照岗位“五述”管理要求，采取以下防治措施：

1. 岗位职责描述方面

作业人员应掌握钻机的构造和性能做到正确操作和保养钻机、钻杆等，保证设备完好。

2. 岗位风险自述方面

此作业过程中存在的岗位风险及管控措施如下：

检修钻机存在未停机闭锁，直接检修导致钻机转动部位伤人的风险。

管控措施：检修钻机前，必须先停机闭锁。

3. 流程标准阐述方面

检修钻机的流程：停机闭锁→检修钻机→试运转。

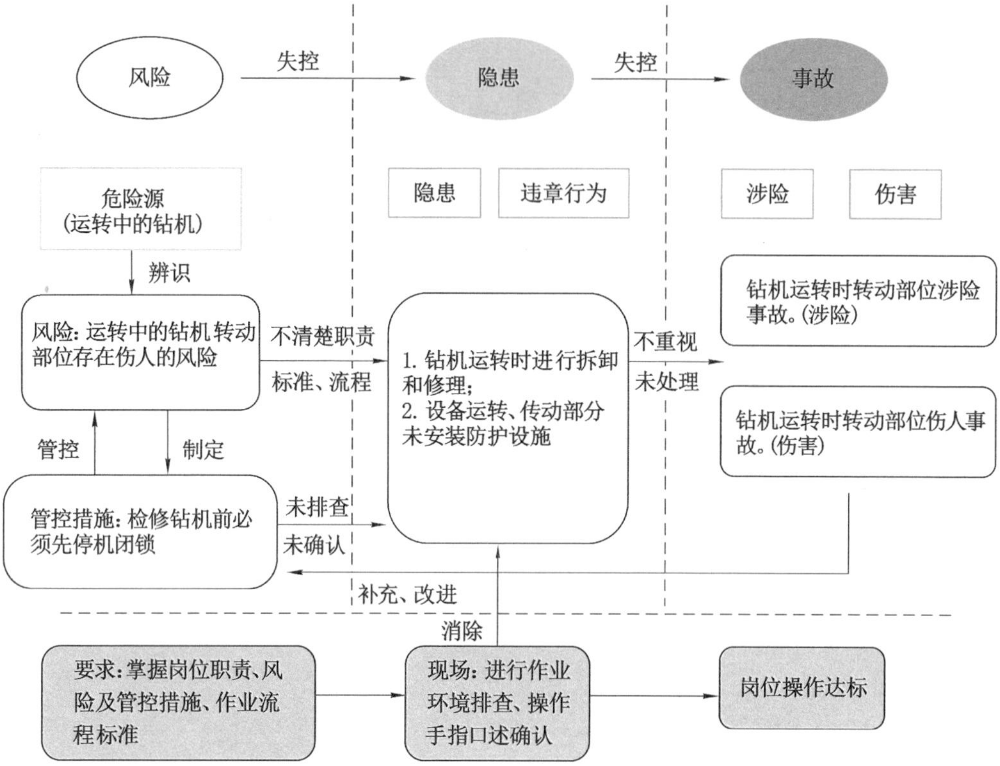

标准:停机闭锁,必须将开关手把完全打至零位。

4. 作业环境评述方面

检修钻机前应对作业环境及钻机的完好情况进行检查:① 钻机及配件、工具是否良好;② 钻机运转、传动部分是否有防护设施。隐患问题处理合格后,方可作业。

5. 操作手指口述方面

主要的操作手指口述安全确认环节如下:

(1) 手指:操作防护。口述:操作防护齐全可靠,确认完毕。

(2) 手指:工具。口述:当班工作所需工具准备妥当、检查完好,确认完毕。

案例78　钻孔喷钻涉险事故

一、事故案例简况

2019年3月14日4点班，在2-6182工作面探放水队施工钻孔期间，职工张××孔内喷钻，煤渣飞溅造成涉险事故的发生。

二、双防技术分析及过程演变图例

此事故中，责任者对“钻孔喷钻”危险源存在“煤渣飞溅伤人”的安全风险认识不到位，未执行“施工钻孔前，孔口位置吊挂防止因喷钻造成的煤渣飞溅的废旧皮带”的操作要求，导致煤渣飞溅(涉险)事故发生。

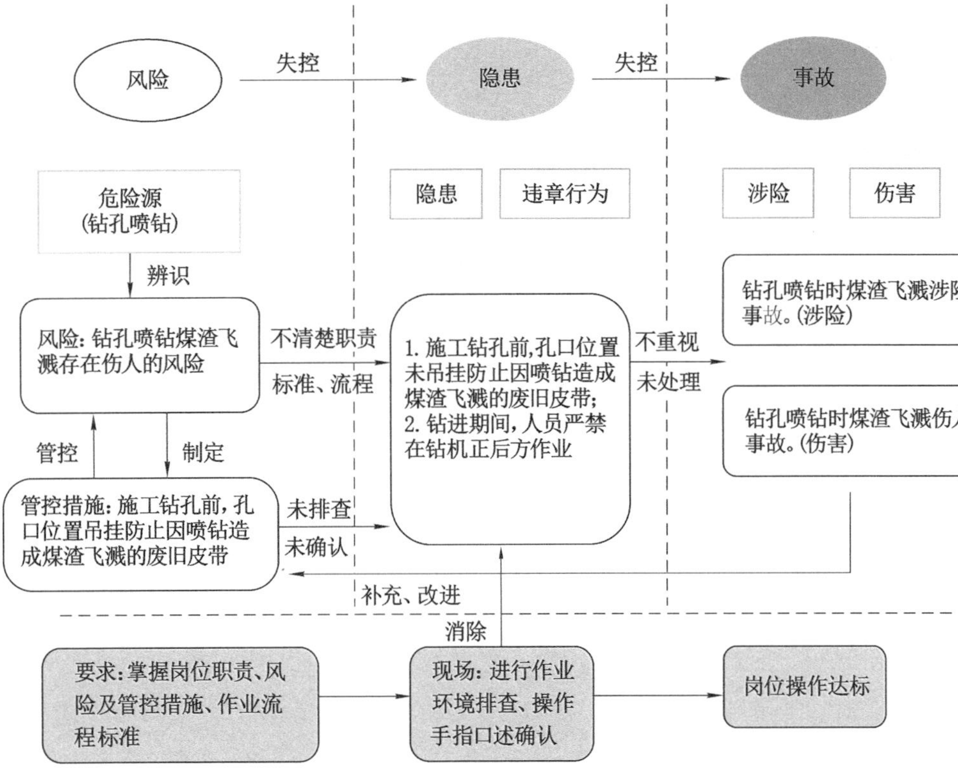

三、“五述”管理防治措施

为加强此类作业行为管理，杜绝类似事故发生，按照岗位“五述”管理要求，采取以下防治措施：

1. 岗位职责描述方面

作业人员应做到精力集中,认真操作,监视设备运转情况和钻孔内的情况,发现异常及时停止处理。

2. 岗位风险自述方面

此作业过程中存在的岗位风险及管控措施如下:

岗位风险:孔内喷钻,煤渣飞溅伤人的风险。管控措施:施工钻孔前,在孔口位置吊挂防止因喷钻造成煤渣飞溅的废旧皮带。

3. 流程标准阐述方面

施工钻孔的流程:检查设备仪表和工具→钻机试运转及开孔→钻探作业。

标准:① 检查钻机的完好情况;② 根据施工设计确定开孔位置,做好孔口防护。

4. 作业环境评述方面

施工钻孔前应对作业环境及钻机的完好情况进行检查:① 钻机安装是否符合要求,钻机固定是否牢固;② 钻机及配件、工具是否良好;③ 钻孔防护措施是否到位。隐患问题处理合格后,方可作业。

5. 操作手指口述方面

主要的操作手指口述安全确认环节如下:

手指:钻孔。口述:钻孔防护措施已到位,确认完毕。

案例79　抬运钻机涉险事故

一、事故案例简况

2018年9月28日8点班，放水队职工曹××、要××在抬运钻机期间两人不同肩造成钻机掉落涉险事故的发生。

二、双防技术分析及过程演变图例

此事故中，责任者对“抬运钻机”危险源存在“不同肩抬运钻机掉落伤人”的安全风险认识不到位，未执行“抬运钻机期间要同肩抬运”的操作要求，导致钻机掉落（涉险）事故发生。

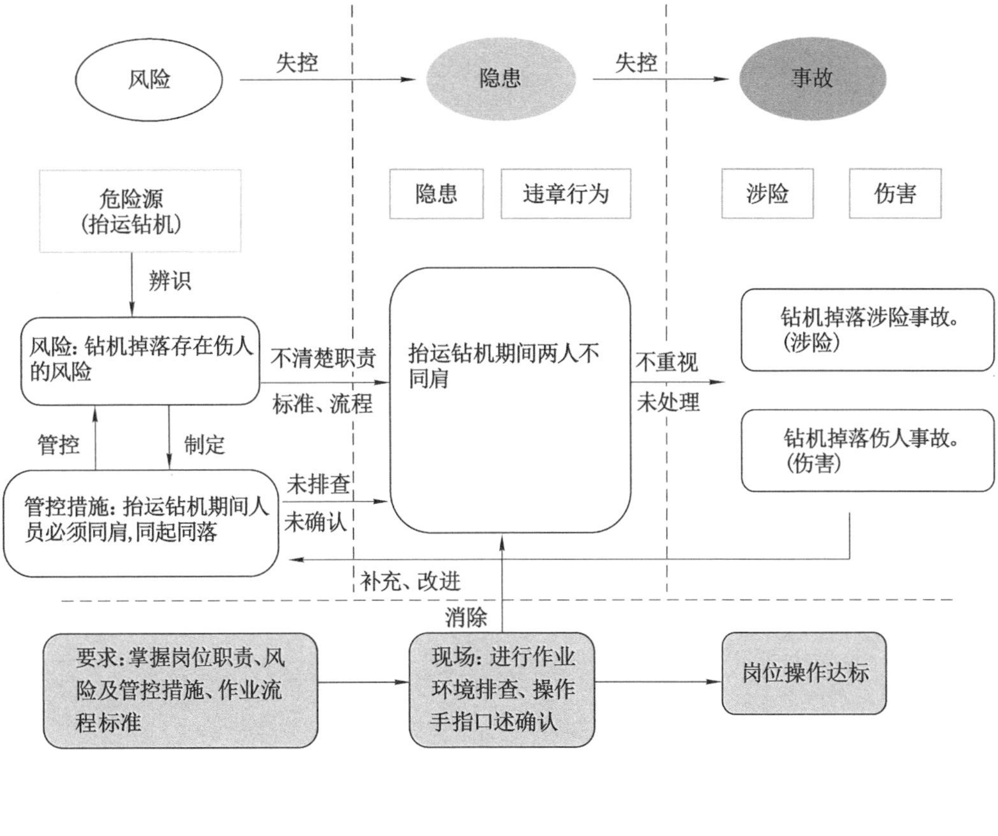

三、“五述”管理防治措施

为加强此类作业行为管理，杜绝类似事故发生，按照岗位“五述”管理要求，采取以下防治措施：

1. 岗位职责描述方面

作业人员应掌握抬运钻机的工作流程,按照顺序进行操作,保证作业安全。

2. 岗位风险自述方面

此作业过程中存在的岗位风险及管控措施如下:

抬运钻机期间两人不同肩导致钻机掉落伤人的风险。

管控措施:抬运钻机期间人员必须同肩。

3. 流程标准阐述方面

抬运钻机的流程:确认现场作业环境行走路线安全→抬运钻机。

标准:① 确认现场作业环境安全,行走路线无杂物;② 抬运钻机同肩抬运,同起同落。

4. 作业环境评述方面

作业前应对作业环境及钻机的完好情况进行检查:① 行走路线是否畅通;② 钻机是否完好;③ 作业地点顶帮是否安全、退路是否畅通等。隐患问题处理合格后,方可作业。

5. 操作手指口述方面

主要的操作手指口述安全确认环节如下:

手指:钻机。口述:同肩抬运,同起同落,确认完毕。

案例 80　登高作业涉险事故

一、事故案例简况

2020 年 5 月 13 日 4 点班，在 2-6131 工作面组装钻机期间，探放水队职工丁×在梯子上登高作业吊挂倒链时未系安全带，造成涉险事故的发生。

二、双防技术分析及过程演变图例

此事故中，责任者对“登高作业”危险源存在“未系安全带从高空坠落伤人”的安全风险认识不到位，未执行“登高作业期间必须佩戴安全带”的操作要求，导致登高作业(涉险)事故发生。

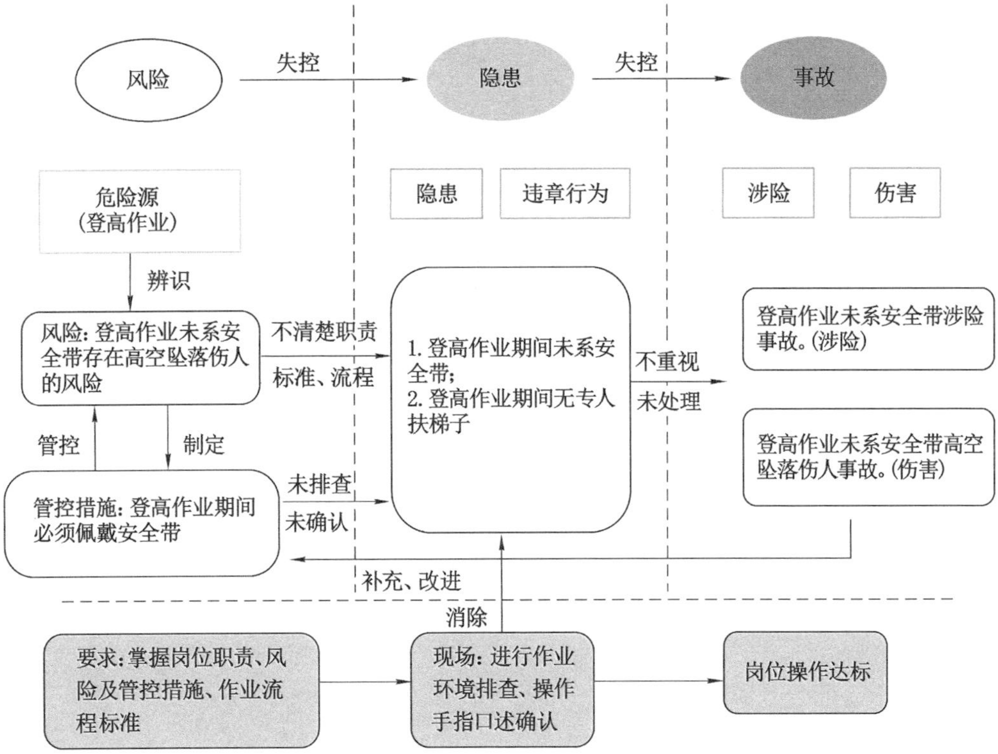

三、“五述”管理防治措施

为加强此类作业行为管理，杜绝类似事故发生，按照岗位“五述”管理要求，采取以下防治措施：

1. 岗位职责描述方面

作业人员应掌握登高作业期间的安全注意事项保证作业安全。

2. 岗位风险自述方面

此作业过程中存在的岗位风险及管控措施如下：

(1) 登高作业期间未系安全带，导致高空坠落伤人的风险。

管控措施：登高作业前，必须系好安全带。

(2) 登高作业期间未安排专人扶梯，导致高空坠落伤人的风险。

管控措施：登高作业前，必须安排专人扶梯。

3. 流程标准阐述方面

登高作业的流程：搭设梯子→登高作业。

标准：① 梯子搭设牢靠，有专人扶梯；② 登高作业佩戴安全带。

4. 作业环境评述方面

作业前应对作业环境及梯子的完好情况进行检查：① 梯子是否完好；② 安全带是否有破口、乏旧；③ 作业地点顶帮是否安全、退路是否畅通等。隐患问题处理合格后，方可作业。

5. 操作手指口述方面

主要的操作手指口述安全确认环节如下：

(1) 手指：梯子。口述：梯子完好，有专人扶梯，确认完毕。

(2) 手指：安全带。口述：安全带完好，已佩戴，确认完毕。

案例 81　钻机管路崩脱涉险事故

一、事故案例简况

2018 年 9 月 21 日 4 点班，在 2-6072 工作面探放水队施工钻孔期间职工李××，钻机油管接头松动，油管崩脱导致涉险事故。

二、双防技术分析及过程演变图例

此事故中，责任者对“钻机管路”危险源存在“管路崩脱伤人”的安全风险认识不到位，未执行“油管松动立即停机紧固，油管崩脱立即检查钻机液压系统压力是否合乎要求、钻机油管以及接头是否完好，发现不完好立即更换”的操作要求，导致管路崩脱（涉险）事故发生。

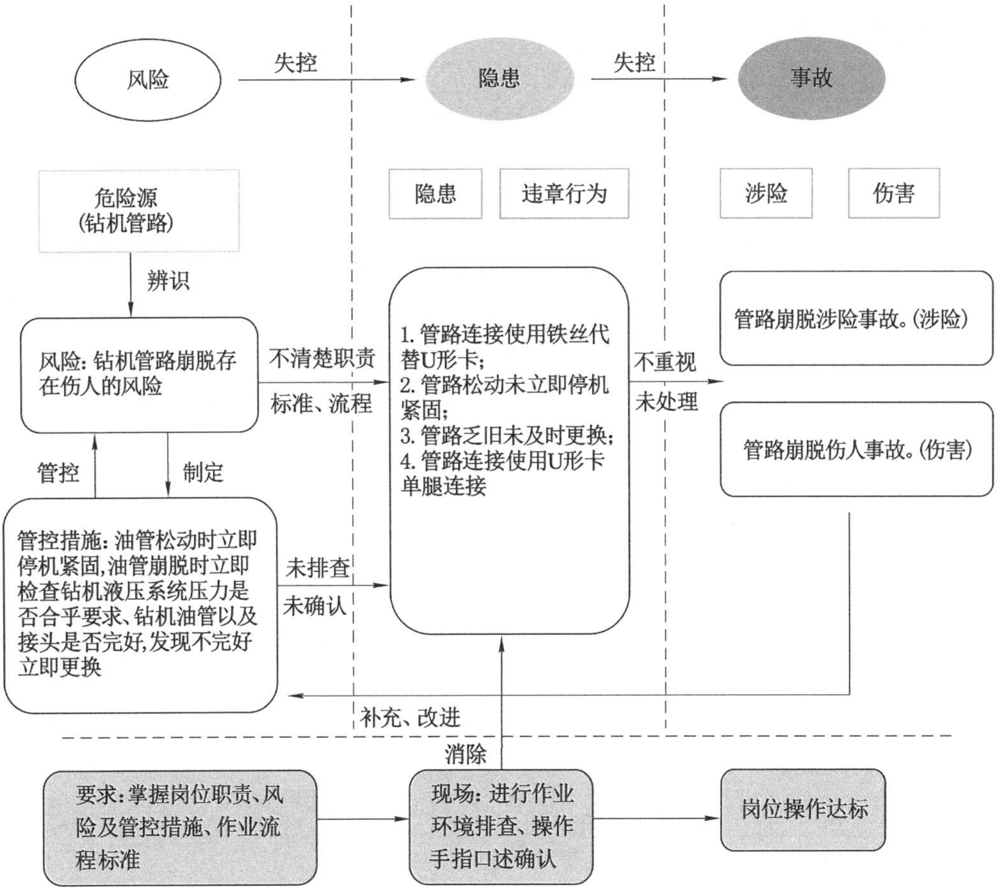

三、"五述"管理防治措施

为加强此类作业行为管理，杜绝类似事故发生，按照岗位"五述"管理要求，采取以下防治措施：

1. 岗位职责描述方面

作业人员应掌握钻机作业期间的作业流程，保证作业安全。

2. 岗位风险自述方面

此作业过程中存在的岗位风险及管控措施如下：

(1) 存在管路乏旧，导致管路崩脱伤人的风险。

管控措施：管路出现乏旧、裂口等情况，必须进行更换。

(2) 风管存在U形卡插接不牢靠，导致管路崩脱伤人的风险。

管控措施：管路连接插头必须使用U形卡，U形卡必须插接到位，严禁出现单腿连接的情况。

3. 流程标准阐述方面

施工钻孔的流程：检查设备仪表和工具→钻机试运转及开孔→钻探作业。

标准：① 检查钻机的完好情况；② 检查各管路连接情况。

4. 作业环境评述方面

作业前应对作业环境及钻机的完好情况进行检查：① U形卡是否连接可靠；② 管路是否有破口、乏旧；③ 作业地点顶帮是否安全、退路是否畅通等。隐患问题处理合格后，方可作业。

5. 操作手指口述方面

主要的操作手指口述安全确认环节如下：

手指：钻机。口述：检查钻机机具配合良好，钻头、钻杆、油管等完好，各部件连接正确，确认完毕。

案例 82　钻机倾倒涉险事故

一、事故案例简况

2019 年 7 月 7 日 4 点班，在 2-6161 工作面探放水队施工钻孔期间，职工张×钻机倾倒造成涉险事故。

二、双防技术分析及过程演变图例

此事故中，责任者对“钻机”危险源存在“钻机倾倒伤人”的安全风险认识不到位，未执行“施工钻孔前，检查钻机固定锚杆紧固情况”的操作要求，导致钻机倾倒（涉险）事故发生。

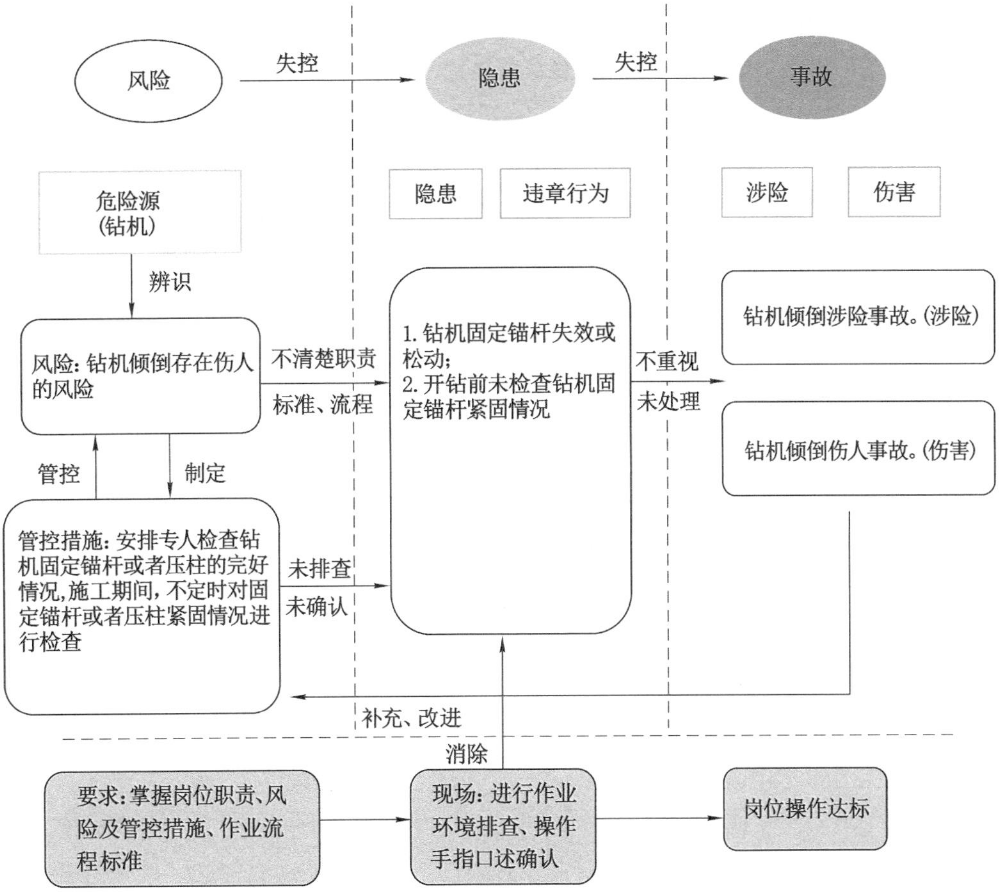

三、"五述"管理防治措施

为加强此类作业行为管理，杜绝类似事故发生，按照岗位"五述"管理要求，采取以下防治措施：

1. 岗位职责描述方面

作业人员应掌握施工钻孔的工作内容、施工工艺；掌握钻机使用的安全注意事项，按照施工钻孔的工作流程、顺序进行操作，保证作业安全。

2. 岗位风险自述方面

此作业过程中存在的岗位风险及管控措施如下：

钻机固定不牢固，会造成钻机伤人的风险。管控措施：风动钻机采用压柱固定时，不定时安排专人检查压柱的紧固情况，并将防倒链固定在顶板锚网上。液压钻机采用底锚固定时，安排专人不定时检查底锚紧固情况。

3. 流程标准阐述方面

施工钻孔的流程：检查设备仪表和工具→钻机试运转及开孔→钻探作业。

标准：钻机压柱、戗柱齐全，安装牢靠，综合保护装置完好、可靠。

4. 作业环境评述方面

作业前应对作业环境及钻机的完好情况进行检查：钻机压柱、戗柱及综合保护装置是否达标。隐患问题处理合格后，方可作业。

5. 操作手指口述方面

主要的操作手指口述安全确认环节如下：

手指：钻机压柱。口述：钻机压柱、戗柱安装牢靠，综合保护装置完好，确认完毕。

案例 83　钻杆绞动涉险事故

一、事故案例简况

2019 年 9 月 4 日 4 点班，在 2-6162 工作面施工钻孔期间，探放水队职工申××戴手套上钻杆，钻杆绞住手套，造成涉险事故。

二、双防技术分析及过程演变图例

此事故中，责任者对“钻杆”危险源存在“钻杆绞动伤人”的安全风险认识不到位，未执行“上、卸钻杆期间严禁戴手套”的操作要求，导致钻杆绞动（涉险）事故发生。

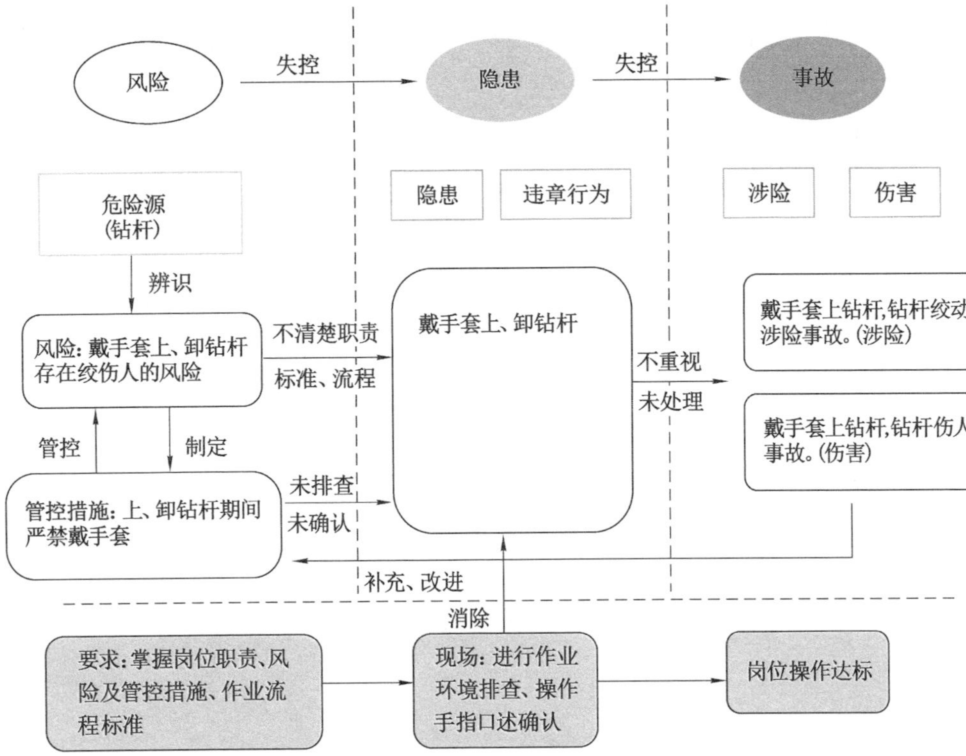

三、“五述”管理防治措施

为加强此类作业行为管理，杜绝类似事故发生，按照岗位“五述”管理要求，采取以下防治措施：

1. 岗位职责描述方面

作业人员应掌握施工钻孔的工作内容、施工工艺；掌握钻机使用的安全注意事项，按照施工钻孔的工作流程、顺序进行操作，保证作业安全。

2. 岗位风险自述方面

此作业过程中存在的岗位风险及管控措施如下：

戴手套上、卸钻杆存在绞伤人的风险。

管控措施：上、卸钻杆期间严禁戴手套。

3. 流程标准阐述方面

施工钻孔的流程：检查设备仪表和工具→钻机试运转及开孔→钻探作业。

标准：加退钻杆，将钻机离合器拉到“零”位→停止水泵供水→加、退钻杆→恢复水泵供水→进行钻进。

4. 作业环境评述方面

作业前应对作业环境及钻机的完好情况进行检查：① 钻机及配件、工具是否良好；② 钻机试运转准备，钻机各部件是否紧固合格，油管是否完好；③ 作业地点顶帮是否安全、退路是否畅通等。隐患问题处理合格后，方可作业。

5. 操作手指口述方面

主要的操作手指口述安全确认环节如下：

手指：钻机。口述：将钻机离合器拉到“零”位，停止水泵供水，加、退钻杆，恢复水泵供水，进行钻进，确认完毕。

案例 84　钻机跑钻涉险事故

一、事故案例简况

2020 年 1 月 8 日 4 点班，在 2-6181 工作面施工钻孔期间，职工晁××在钻机正后方作业，孔内喷钻，钻机跑钻造成涉险事故。

二、双防技术分析及过程演变图例

此事故中，责任者对“钻机”危险源存在“钻机跑钻”的安全风险认识不到位，未执行“钻进期间，人员严禁在钻机正后方作业”的操作要求，导致钻机跑钻(涉险)事故发生。

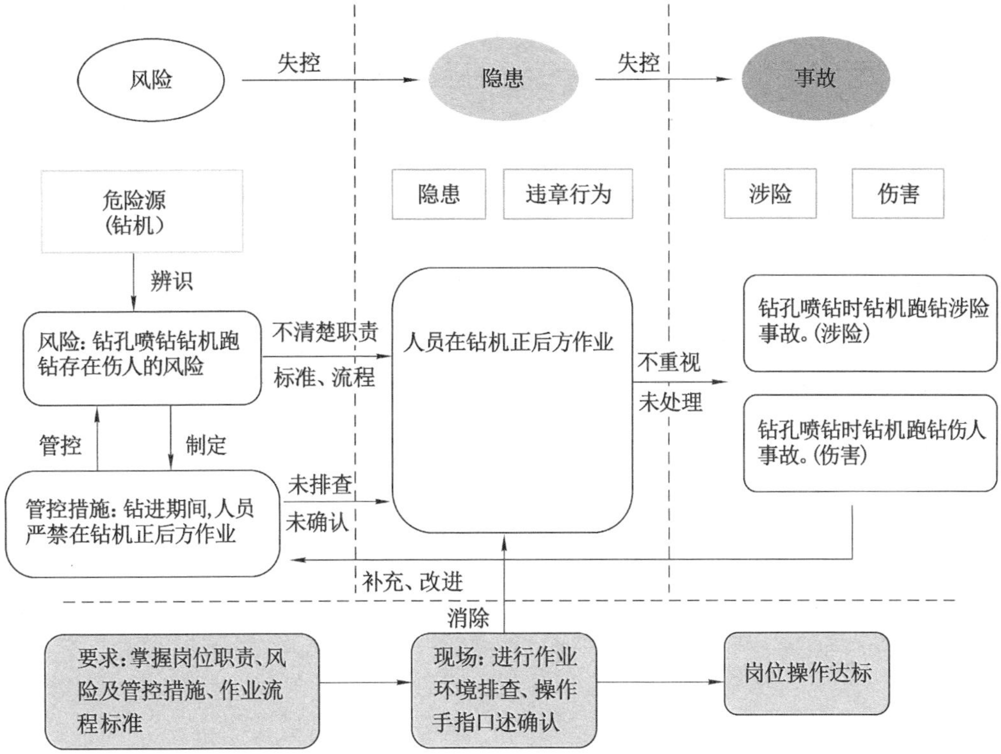

三、“五述”管理防治措施

为加强此类作业行为管理，杜绝类似事故发生，按照岗位“五述”管理要求，采取以下防治措施：

1. 岗位职责描述方面

作业人员应掌握施工钻孔的工作内容、施工工艺；掌握钻机使用的安全注意事项，按照施工钻孔的工作流程、顺序进行操作，保证作业安全。

2. 岗位风险自述方面

此作业过程中存在的岗位风险及管控措施如下：

钻孔喷钻钻机跑钻存在伤人的风险。

管控措施：钻进期间，人员严禁在钻机正后方作业。

3. 流程标准阐述方面

施工钻孔的流程：检查设备仪表和工具→钻机试运转及开孔→钻探作业。

标准：发现突、透水（或瓦斯、其他有毒有害气体异常喷出）征兆时，立即停止钻进，但不得拔出钻杆，立即撤人到安全地点，并向调度室汇报，根据调度室指令进行下一步工作。

4. 作业环境评述方面

作业前应对作业环境及钻机的完好情况进行检查：① 钻机压柱、戗柱及综合保护装置是否达标；② 钻机试运转准备，钻机各部件是否紧固合格，油管是否完好；③ 作业地点顶帮是否安全、退路是否畅通等。隐患问题处理合格后，方可作业。

5. 操作手指口述方面

主要的操作手指口述安全确认环节如下：

手指：钻机。口述：发现突、透水（或瓦斯、其他有毒有害气体异常喷出）征兆时，立即停止钻进，但不得拔出钻杆，立即撤人到安全地点，并向调度室汇报，根据调度室指令进行下一步工作，确认完毕。

案例 85　掌子面片帮涉险事故

一、事故案例简况

2020 年 1 月 17 日 4 点班，在八采区末端水仓工作面施工钻孔前，班组长张××未对迎头进行敲帮问顶，造成掌子面片帮涉险事故。

二、双防技术分析及过程演变图例

此事故中，责任者对“顶板”危险源存在“掌子面片帮伤人”的安全风险认识不到位，未执行“施工钻孔前，由跟班队干负责监护，班组长亲自使用专用工具对施工地点 5 m 范围内的支护进行检查，确认完好”的操作要求，导致掌子面片帮（涉险）事故发生。

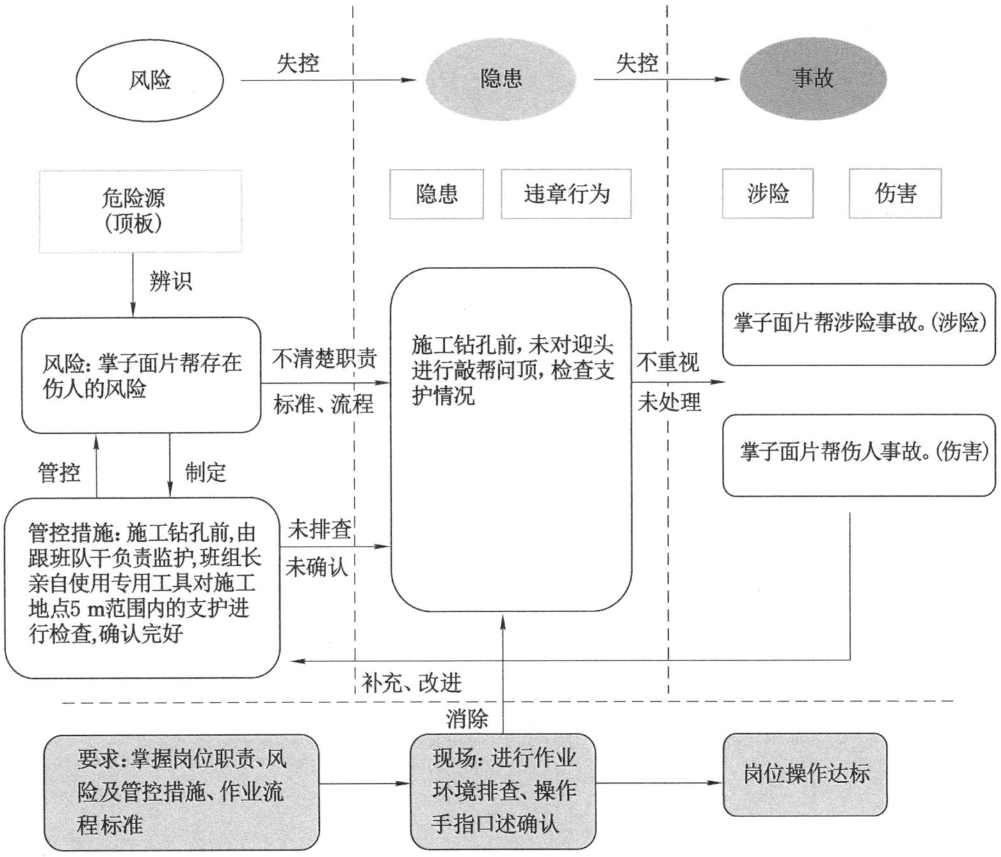

三、“五述”管理防治措施

为加强此类作业行为管理，杜绝类似事故发生，按照岗位“五述”管理要求，采取以下防治措施：

1. 岗位职责描述方面

作业人员应掌握施工钻孔的工作内容、施工工艺；掌握钻机使用的安全注意事项，按照施工钻孔的工作流程、顺序进行操作，保证作业安全。

2. 岗位风险自述方面

此作业过程中存在的岗位风险及管控措施如下：

掌子面片帮存在伤人的风险。

管控措施：施工钻孔前，由跟班队干负责监护，班组长亲自使用专用工具对施工地点 5 m 范围内的支护进行检查，确认完好。

3. 流程标准阐述方面

施工钻孔的流程：检查作业环境→检查设备仪表和工具→钻机试运转及开孔→钻探作业。

标准：巷道支护完好、可靠，排水沟畅通，蓄水池无杂物。

4. 作业环境评述方面

作业前应对作业环境及钻机的完好情况进行检查：① 钻机压柱、戗柱及综合保护装置是否达标；② 钻机试运转准备，钻机各部件是否紧固合格，油管是否完好；③ 巷道支护完好、可靠、排水沟畅通，蓄水池无杂物。隐患问题处理合格后，方可作业。

5. 操作手指口述方面

主要的操作手指口述安全确认环节如下：

手指：顶帮。口述：已严格执行敲帮问顶制度，钻机附近支护完好，无掉顶片帮伤人危险，确认完毕。

案例 86　卸钻杆涉险事故

一、事故案例简况

2020 年 4 月 27 日 4 点班，在 2-6132 工作面施工钻孔期间，探放水队职工王××在退钻卸钻杆期间使用钻杆敲打钻杆，造成钻杆反弹涉险事故。

二、双防技术分析及过程演变图例

此事故中，责任者对“钻杆”危险源存在“钻杆伤人”的安全风险认识不到位，未执行“退钻卸钻杆时应用专用工具，严禁用钻杆直接敲打”的操作要求，导致钻杆反弹（涉险）事故发生。

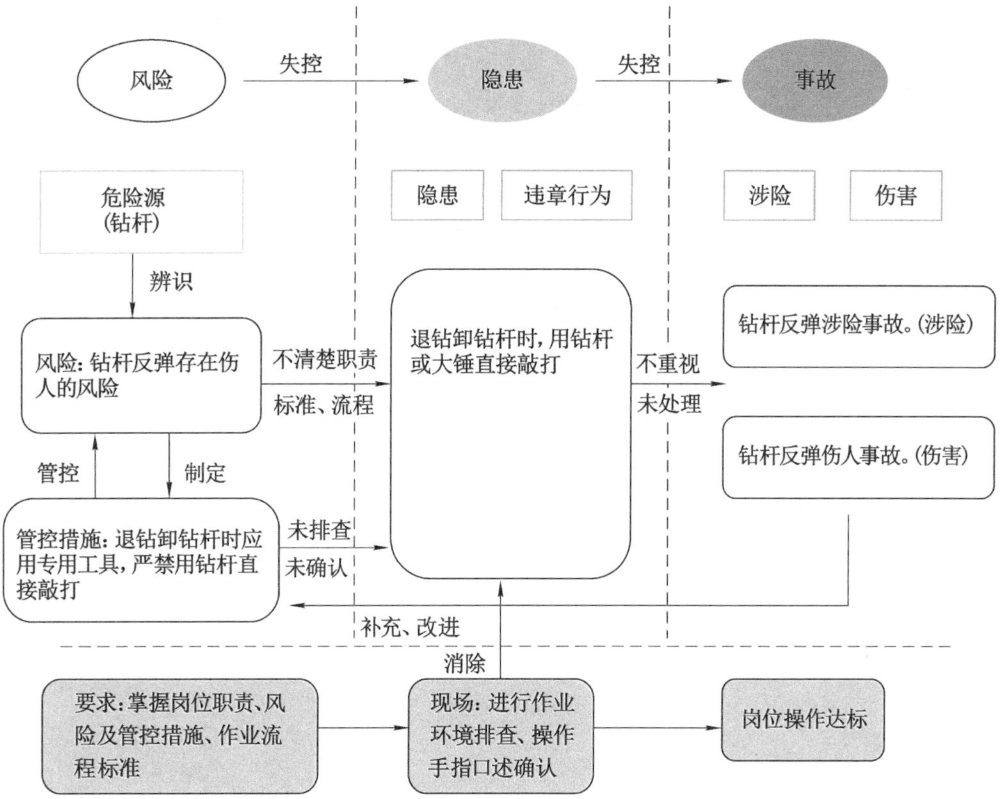

三、“五述”管理防治措施

为加强此类作业行为管理，杜绝类似事故发生，按照岗位“五述”管理要求，采取以下防治措施：

1. 岗位职责描述方面

作业人员应掌握施工钻孔的工作内容、施工工艺；掌握钻机使用的安全注意事项，按照施工钻孔的工作流程、顺序进行操作，保证作业安全。

2. 岗位风险自述方面

此作业过程中存在的岗位风险及管控措施如下：

钻杆反弹存在伤人的风险。

管控措施：退钻卸钻杆时应用专用工具，严禁用钻杆直接敲打。

3. 流程标准阐述方面

施工钻孔的流程：检查作业环境→检查设备仪表和工具→钻机试运转及开孔→钻探作业。

标准：上、卸钻杆应用专用工具。

4. 作业环境评述方面

作业前应对作业环境及钻机的完好情况进行检查：① 钻机压柱、戗柱及综合保护装置是否达标；② 钻机试运转准备，钻机各部件是否紧固合格，油管是否完好；③ 巷道支护完好、可靠，排水沟畅通，蓄水池无杂物。隐患问题处理合格后，方可作业。

5. 操作手指口述方面

主要的操作手指口述安全确认环节如下：

手指：钻机。口述：检查钻机机具配合良好，钻头、钻杆、油管等完好，各部件连接正确，确认完毕。

第七章　其他事故案例分析与防治

案例87　抬运轨道作业事故

一、事故案例简况

2012年7月13日0点班7:30分左右，综采队602工作面副巷口抬运轨道，抬运到位后在向第二层道木上摆放道轨期间(在摆放道轨时，分层摆放，每层8根，层与层之间用道木分开)，另一侧已经抬起，董××所在一侧根据口号连起带放，由于抬起高度不够，轨道没有超过道木，造成董××左手小拇指碰在道木上，造成左手小拇指末端骨折。

二、双防技术分析及过程演变图例

此事故中，责任者对“抬运轨道作业”危险因素存在“下放轨道时，存在轨道抬起高度不够，致使作业人员磕碰”的安全风险认识不到位，责任人未执行“抬运轨道时作业人员必须相互配合，协调一致”的操作要求，导致在抬运轨道下放过程中，未协调好，道轨高度不够磕碰伤人事故发生。

三、“五述”管理防治措施

为加强此类作业行为管理，杜绝类似事故发生，按照岗位“五述”管理要求，采取以下防治措施：

1. 岗位职责描述方面

作业人员应掌握施工40T刮板输送机机尾固定底锚的工作内容、施工工艺；掌握风动锚头及风水管路设施使用的安全注意事项；按照拆卸压风管路的工作流程、顺序进行操作，保证作业安全。

2. 岗位风险自述方面

此作业过程中存在的岗位风险及管控措施如下：

(1) 拆卸风管存在未关闭供风阀门直接拆卸风管导致风管崩脱伤人的风险。管控措施：拆卸风管前，必须先对供风管路阀门进行关闭。

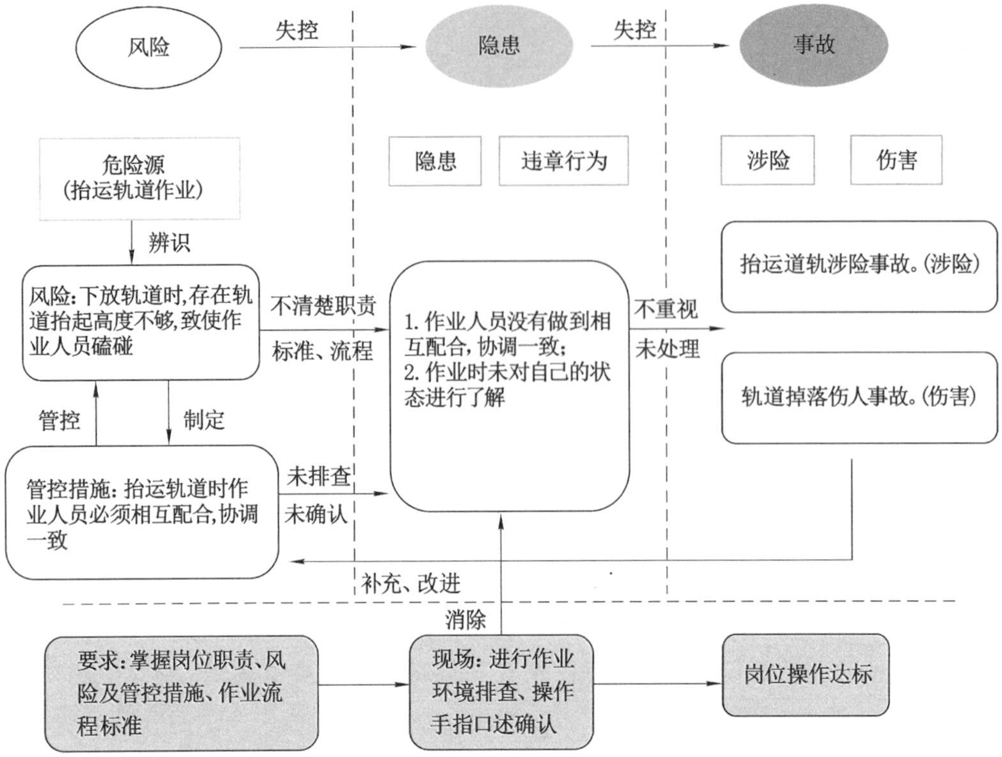

(2) 拆卸风管存在管路乏旧、风管爆裂导致高压空气伤人的风险。管控措施:风管出现乏旧、裂口等情况,必须进行更换。

(3) 拆卸风管存在U形卡插接不牢靠,导致风管崩脱伤人的风险。管控措施:风管连接插头必须使用U形卡,U形卡必须插接到位,严禁出现单腿连接的情况。

3. 流程标准阐述方面

拆卸风管的流程:关供风阀门→对风动机具卸压→拆卸风管。

标准:① 关闭供风阀门,必须将手把完全打至"零"位;② 风动机具卸压,由操作人员空开风动机具,待风压完全泄完,方可拆卸风动机具。

4. 作业环境评述方面

拆卸前应对拆卸风管的作业环境及风动机具的完好情况进行检查:① U形卡是否连接可靠;② 管路是否有破口、乏旧;③ 作业地点顶帮是否安全、退路是否畅通等。隐患问题处理合格后,方可拆卸作业。

5. 操作手指口述方面

主要的操作手指口述安全确认环节如下:

(1) 手指:供风阀门。口述:供风阀门已关闭,确认完毕。

(2) 手指:风动锚头。口述:风动锚头已经卸压,安全完成拆卸风管操作,确认完毕。

案例88 拆卸静压水管球阀崩脱伤人事故

一、事故案例简况

2017年9月8日17:25左右，综采队2-605采煤工作面副巷拆卸排水管路期间，发生一起寸半静压水管球阀崩脱伤人事故，导致职工李××右眼受伤。

二、双防技术分析及过程演变图例

此事故中，责任者对“静压水管球阀”危险因素存在“崩脱伤人”的安全风险认识不到位，责任人未执行“作业前，对静压水管球阀的紧固情况进行检查”的操作要求，导致在拆卸排水管路过程中，未排查发现只有一道丝扣紧固受力的球阀，导致球阀受力震动崩脱伤人事故发生。

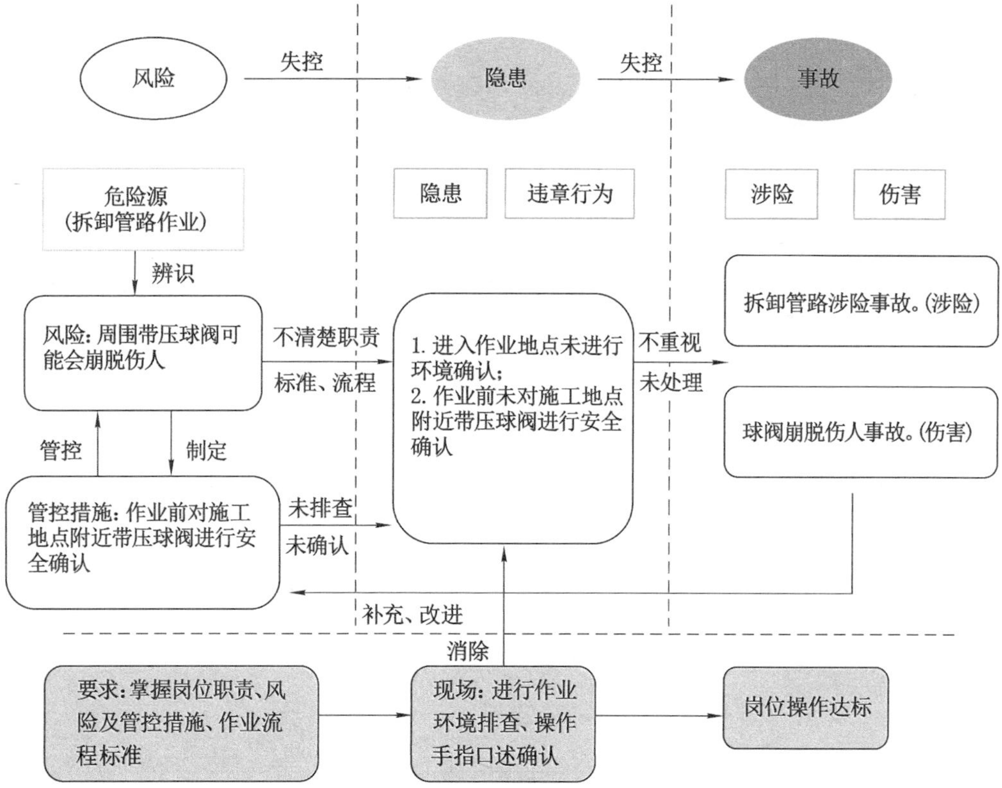

三、“五述”管理防治措施

为加强此类作业行为管理，杜绝类似事故发生，按照岗位“五述”管理要求，采取以

下防治措施：

1. 岗位职责描述方面

作业人员应掌握施工40T刮板输送机机尾固定底锚的工作内容、施工工艺；掌握风动锚头及风水管路设施使用的安全注意事项，按照拆卸压风管路的工作流程、顺序进行操作，保证作业安全。

2. 岗位风险自述方面

此作业过程中存在的岗位风险及管控措施如下：

(1) 拆卸风管存在未关闭供风阀门，直接拆卸风管导致风管崩脱伤人的风险。管控措施：拆卸风管前，必须关闭供风管路阀门。

(2) 拆卸风管存在管路乏旧、风管爆裂导致高压空气伤人的风险。管控措施：风管出现乏旧、裂口等情况，必须进行更换。

(3) 拆卸风管存在U形卡插接不牢靠，导致风管崩脱伤人的风险。管控措施：风管连接插头必须使用U形卡，U形卡必须插接到位，严禁出现单腿连接的情况。

3. 流程标准阐述方面

拆卸风管的流程：关闭供风阀门→对风动机具卸压→拆卸风管。

标准：① 关闭供风阀门，必须将手把完全打至"零"位；② 风动机具卸压，由操作人员空开风动机具，待风压完全泄完，方可拆卸风动机具。

4. 作业环境评述方面

拆卸前应对拆卸风管的作业环境及风动机具的完好情况进行检查：① U形卡是否连接可靠；② 管路是否有破口、乏旧；③ 作业地点顶帮是否安全、退路是否畅通等。隐患问题处理合格后，方可进行拆卸作业。

5. 操作手指口述方面

主要的操作手指口述安全确认环节如下：

(1) 手指：供风阀门。口述：供风阀门已关闭，确认完毕。

(2) 手指：风动锚头。口述：风动锚头已经卸压，安全完成拆卸风管操作，确认完毕。

案例89　拆卸钢丝绳绳头作业事故

一、事故案例简况

2019年2月2日中班15:30左右，综采队职工贾××在602车场卸装有单体柱的平板车，在拆捆绑单体柱的钢丝绳时，绳头突然甩出划伤其左眼，造成眼角膜破裂。

二、双防技术分析及过程演变图例

此事故中，责任者对“拆卸钢丝绳作业”危险因素存在“掏绳头时，绳头松劲甩出伤人”的安全风险认识不到位，责任人未执行“拆卸钢丝绳作业人员严禁站在绳头松劲受力甩出的方向”的操作要求，导致在拆卸钢丝绳过程中绳头松劲甩出伤人事故发生。

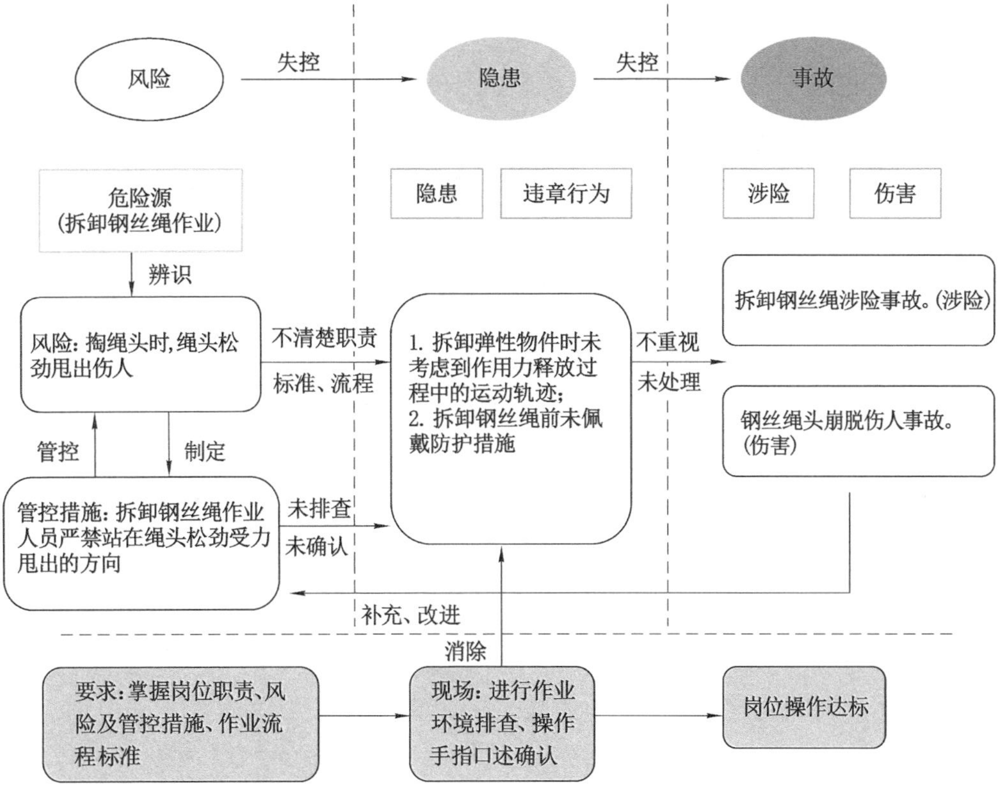

三、“五述”管理防治措施

为加强此类作业行为管理，杜绝类似事故发生，按照岗位“五述”管理要求，采取以下防治措施：

1. 岗位职责描述方面

作业人员应掌握施工40T刮板输送机机尾固定底锚的工作内容、施工工艺；掌握风动锚头及风水管路设施使用的安全注意事项，按照拆卸压风管路的工作流程、顺序进行操作，保证作业安全。

2. 岗位风险自述方面

此作业过程中存在的岗位风险及管控措施如下：

(1) 拆卸风管存在未关闭供风阀门，直接拆卸风管导致风管崩脱伤人的风险。管控措施：拆卸风管必须先关闭供风管路阀门。

(2) 拆卸风管存在管路乏旧、风管爆裂导致高压空气伤人的风险。管控措施：风管出现乏旧、裂口等情况，必须进行更换。

(3) 拆卸风管存在U形卡插接不牢靠，导致风管崩脱伤人的风险。管控措施：风管连接插头必须使用U形卡，U形卡必须插接到位，严禁出现单腿连接的情况。

3. 流程标准阐述方面

拆卸风管的流程：关供风阀门→对风动机具卸压→拆卸风管。

标准：① 关闭供风阀门，必须将手把完全打至零位；② 风动机具卸压，由操作人员空开风动机具，待风压完全卸完，方可拆卸风动机具。

4. 作业环境评述方面

拆卸前应对拆卸风管的作业环境及风动机具的完好情况进行检查：① U形卡是否连接可靠；② 管路是否有破口、乏旧；③ 作业地点顶帮是否安全、退路是否畅通等。隐患问题处理合格后，方可拆卸作业。

5. 操作手指口述方面

主要的操作手指口述安全确认环节如下：

(1) 手指：供风阀门。口述：供风阀门已关闭，确认完毕。

(2) 手指：风动锚头。口述：风动锚头已经卸压，安全完成拆卸风管操作，确认完毕。

案例90　拔钉子钳子碰伤事故

一、事故案例简况

2018年8月8日8点班10:30左右，2-611工作面副巷挂牌板作业时，综采准备队职工李××使用钳子拔钉子，由于操作不当导致钳子磕在李××左眼下眼眶，造成左眼受伤。

二、双防技术分析及过程演变图例

此事故中，责任者对“钳子拔钉子”危险源存在“用力过猛钳子返回碰伤”的安全风险认识不到位，未严格执行“使用个人工具规范操作”的操作要求，导致钳子误操作（伤人）事故发生。

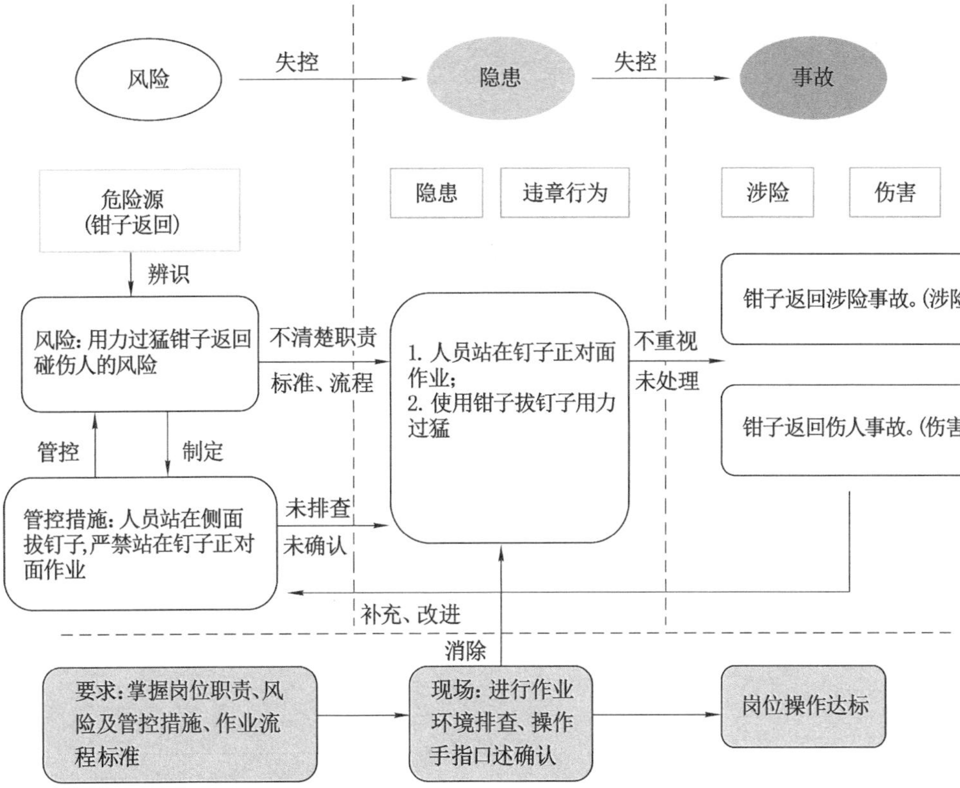

三、“五述”管理防治措施

为加强此类作业行为管理，杜绝类似事故发生，按照岗位“五述”管理要求，采取以

下防治措施：

1. 岗位职责描述方面

作业人员应掌握拔钉子的工作内容、施工工艺；掌握拔钉子作业期间的安全注意事项，按照拔钉子作业的工作流程、顺序进行操作，保证作业安全。

2. 岗位风险自述方面

此作业过程中存在的岗位风险及管控措施如下：

(1) 人员站位不当拔钉子用力过猛钳子返回伤人风险。

管控措施：人员站在旁边缓慢拔钉子。

3. 流程标准阐述方面

拔钉子作业流程：检查周围环境→人员站在钉子一侧→操作钳子拔钉子。

标准：① 人员站在钉子一侧进行作业；② 操作钳子作业时人员缓慢使劲。

4. 作业环境评述方面

拔钉子作业前应对作业环境及钳子的完好情况进行检查：① 钳子是否完好；② 人员是否站在钉子一侧；③ 作业地点顶帮是否安全、退路是否畅通等。隐患问题处理合格后，方可拔钉子作业。

5. 操作手指口述方面

主要的操作手指口述安全确认环节如下：

(1) 手指：钳子。口述：钳子完好，确认完毕。

(2) 手指：人。口述：人员站在钉子一侧，确认完毕。

案例91 更换皮带机尾直辊伤人事故

一、事故案例简况

2018年2月11日8点班10:30左右，2-611工作面职工闫××接班后在更换皮带机尾直辊过程中，直辊脱落导致左手食指夹在直辊轴与皮带架之间，造成左手食指软组织损伤。

二、双防技术分析及过程演变图例

此事故中，责任者对“更换机尾直辊”危险源存在“直辊脱落”的安全风险认识不到位，未严格执行“更换机尾直辊”的操作要求，导致直辊掉落（伤人）事故发生。

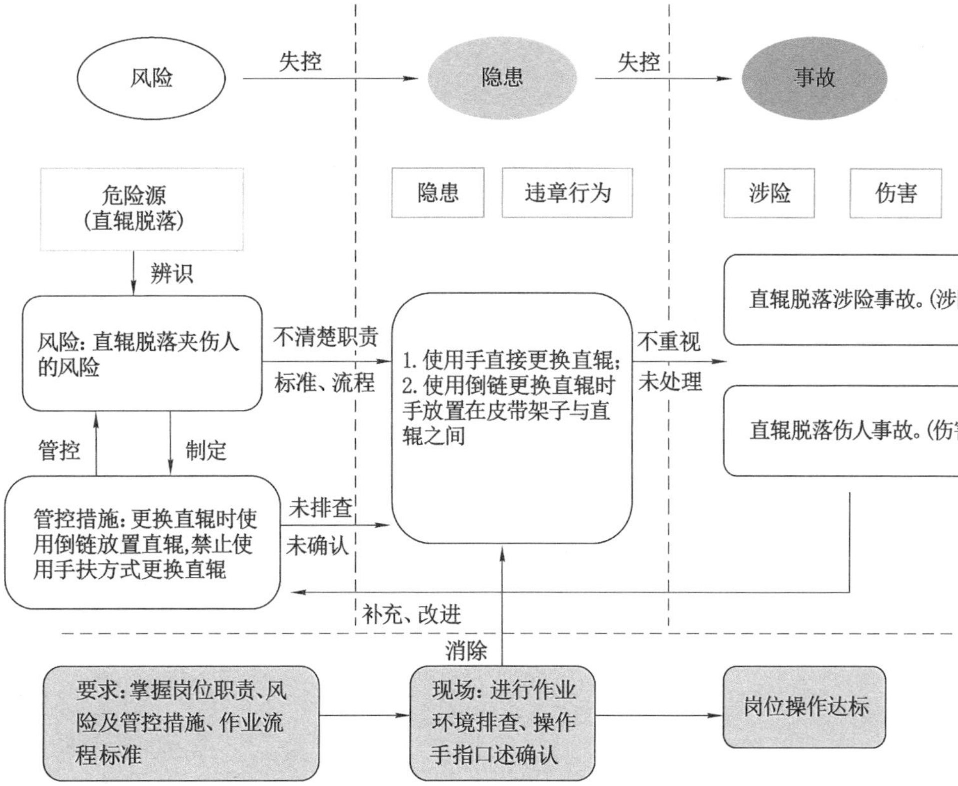

三、“五述”管理防治措施

为加强此类作业行为管理，杜绝类似事故发生，按照岗位“五述”管理要求，采取以下防治措施：

1. 岗位职责描述方面

作业人员应掌握更换直辊的工作内容、施工工艺;掌握更换直辊作业期间的安全注意事项;按照更换直辊作业的工作流程、顺序进行操作,保证作业安全。

2. 岗位风险自述方面

此作业过程中存在的岗位风险及管控措施如下:

(1) 人员使用手扶的方式更换直辊,存在直辊脱落伤人风险。

管控措施:人员使用倒链更换直辊。

(2) 使用倒链更换直辊时,人员手放置在直辊与皮带架子之间,存在直辊夹伤人风险。管控措施:操作人员手严禁放置在直辊与皮带架子之间。

3. 流程标准阐述方面

更换直辊作业流程:检查倒链的完好→使用倒链起吊直辊→固定直辊。

标准:① 倒链完好,捆绑牢固;② 操作人员手不在直辊与皮带架子之间。

4. 作业环境评述方面

更换直辊作业前应对作业环境及倒链的完好情况进行检查:① 倒链是否完好;② 人员手是否站在直辊与皮带架子之间;③ 作业地点顶帮是否安全、退路是否畅通等。隐患问题处理合格后,方可更换直辊作业。

5. 操作手指口述方面

主要的操作手指口述安全确认环节如下:

(1) 手指:倒链。口述:倒链完好,确认完毕。

(2) 手指:人。口述:人员手没有在直辊与皮带架子之间,确认完毕。

案例92　风动机具操作不当伤人事故

一、事故案例简况

2018年9月8日0点班07:30左右，2-611工作面作业时，综采准备队职工张××使用风动扳手紧固锚杆时，由于操作不当导致菱形网缠绕在风动扳手转动部位，铁丝高速转动刮伤张××左脸，造成脸部受伤。

二、双防技术分析及过程演变图例

此事故中，责任者对“风动扳手”危险源存在“风动机具旋转夹入物体划伤”的安全风险认识不到位，未严格执行“使用风动工具规范操作”的操作要求，导致风动扳手绞住铁丝（伤人）事故发生。

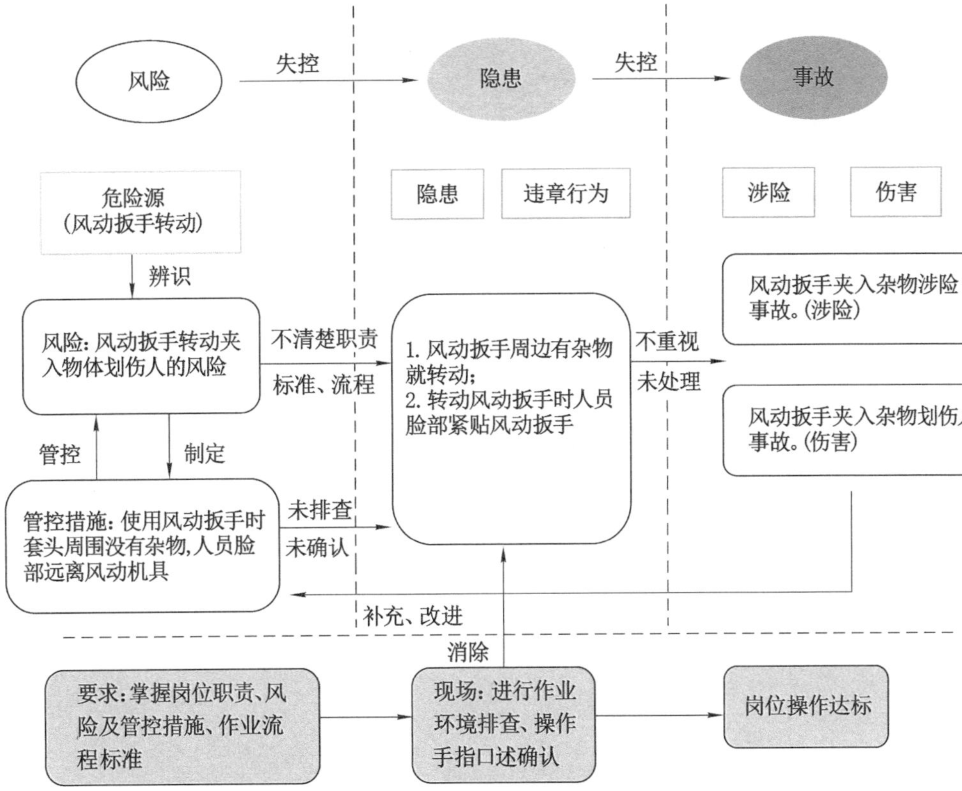

三、“五述”管理防治措施

为加强此类作业行为管理，杜绝类似事故发生，按照岗位“五述”管理要求，采取以

下防治措施：

1. 岗位职责描述方面

作业人员应掌握使用风动扳手的工作内容、施工工艺；掌握操作风动扳手期间的安全注意事项；按照使用风动扳手的工作流程、顺序进行操作，保证作业安全。

2. 岗位风险自述方面

此作业过程中存在的岗位风险及管控措施如下：

(1) 风动扳手周边有杂物时操作风动扳手伤人风险。

管控措施：使用风动扳手前先对周围环境进行检查，确保没有杂物后方可转动风动扳手。

(2) 人员脸部靠近风动扳手，风动扳手划伤人风险。

管控措施：人员脸部远离风动扳手传动部位。

3. 流程标准阐述方面

操作风动扳手作业流程：检查风动扳手的完好情况→清理周边杂物→操作风动扳手。

标准：① 风动扳手手把齐全、灵敏可靠。② 风动扳手周边无杂物。

4. 作业环境评述方面

操作风动扳手前应对作业环境及风动扳手的完好情况进行检查：① 风动扳手是否完好；② 风动扳手周围是否有杂物；③ 作业地点顶帮是否安全、退路是否畅通等。隐患问题处理合格后，方可使用风动扳手作业。

5. 操作手指口述方面

主要的操作手指口述安全确认环节如下：

(1) 手指：风动扳手。口述：风动扳手完好，确认完毕。

(2) 手指：风动扳手。口述：周边没有杂物，确认完毕。

案例93　登高作业不系安全带伤人事故

一、事故案例简况

2017年6月1日4点班，开拓一队班组长王××站在梯子上拆除尘风机风筒，现场只安排董××、张××扶人字梯但登梯作业人员王××未系安全带，王××双脚站在梯子距底板1.3 m左右处，一手扶住帮部片网保持身体平衡，一手执钳子剪吊挂风筒的联网丝，在操作过程中王××扶住片网的手没有抓紧，导致身体失去平衡，从梯子上掉落，落地时手掌撑地受力导致左手手腕受伤，同时脸部着地导致右眼受伤。

二、双防技术分析及过程演变图例

此事故中，责任者对"登高作业"危险源存在"人员高空摔落"的安全风险认识不到位，未执行"登高作业必须系安全带"的操作要求，导致高空摔落（伤人）事故发生。

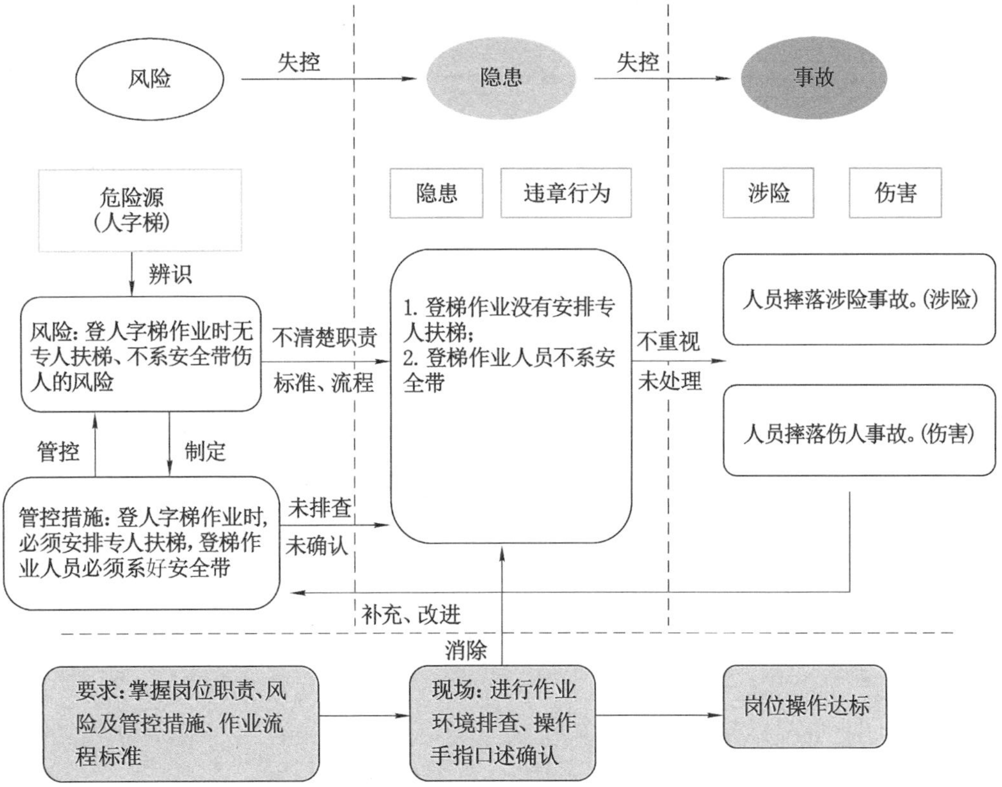

三、"五述"管理防治措施

为加强此类作业行为管理，杜绝类似事故发生，按照岗位"五述"管理要求，采取以下防治措施：

1. 岗位职责描述方面

作业人员应掌握登高工作内容以及登高作业规范标准等安全注意事项，按照岗位作业规范操作，保证作业安全。

2. 岗位风险自述方面

此作业过程中存在的岗位风险及管控措施如下：

(1) 登梯作业没有安排专人扶梯，造成梯子倾斜人员跌落摔伤风险。

管控措施：登高作业时，必须由专人扶梯。

(2) 登梯作业人员不系安全带，有作业人员从梯子上跌落摔伤的风险。

管控措施：登梯作业人员，必须系安全带并把挂钩挂至牢靠地方。

3. 流程标准阐述方面

登高作业流程：检查梯子完好→检查顶板、帮部支护完好→检查安全带完好可靠→检查登梯人员是否系安全带，梯下有无人员扶梯。

标准：① 梯子各连接完好，焊接点无开焊；② 安全带产品合格、牢固；③ 登梯作业时，必须有专人扶梯，作业人员必须系安全带。

4. 作业环境评述方面

检查梯子腿接地不晃动、牢靠，顶帮完好无裂皮等。

5. 操作手指口述方面

主要的操作手指口述安全确认环节如下：

(1) 手指：梯子。口述：梯子完好可靠，腿接地稳固不晃动，确认完毕。

(2) 手指：顶帮。口述：顶帮支护完好、无裂皮，确认完毕。

(3) 手指：安全带。口述：安全带完好，已系好，确认完毕。

(8) 手指：梯子。口述：扶梯人员已扶好梯。

案例94　静压水管伤人事故

一、事故案例简况

2016年8月26日6点班，开拓二队职工张××在605切巷使用$\phi 10$静压水管冲皮带接头过程中，因手持管路方式不对（手握在距管路端头约50 cm的位置），造成高压水管接头反弹碰伤右眼。

二、双防技术分析及过程演变图例

此事故中，责任者对“高压水管”危险源“水管端头反弹伤人”的安全风险认识不到位，未执行“开启高压水阀前必须将管路端头固定牢靠”的操作要求，导致高压水管端头反弹（伤人）事故发生。

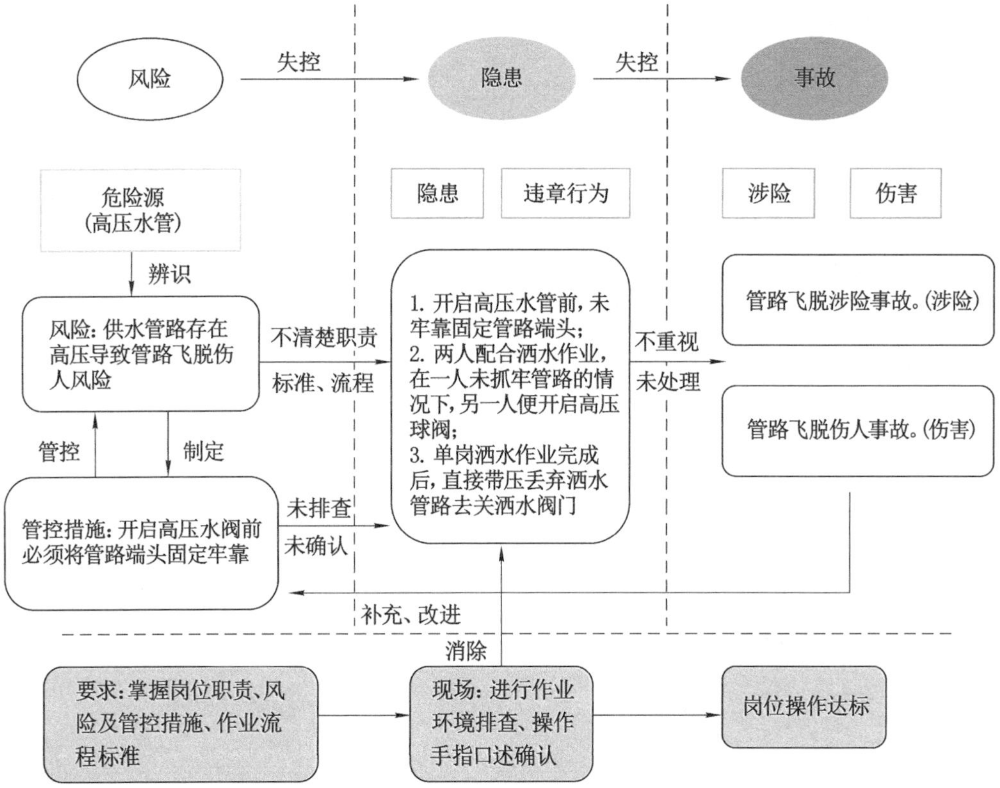

三、“五述”管理防治措施

为加强此类作业行为管理，杜绝类似事故发生，按照岗位“五述”管理要求，采取以

下防治措施：

1. 岗位职责描述方面

作业人员应掌握皮带接头对接的工作内容、施工工艺；掌握风水管路设施使用的安全注意事项；按照静压水管使用的工作流程、顺序进行操作，保证作业安全。

2. 岗位风险自述方面

此作业过程中存在的岗位风险及管控措施如下：

(1) 静压水管未固定牢靠便直接开启阀门，导致水管伤人的风险。

管控措施：开启高压水管阀门前，必须先对高压管路进行固定。

(2) 未牢靠固定水管端头便直接开启阀门，导致水管端头反弹伤人的风险。

管控措施：开启高压水管阀门前，持管者必须先对高压管路端头(10～20 cm)进行固定。

(3) 使用静压水管冲洗接头时，高压水突然全压喷出造成泥渣反弹伤人眼睛的风险。

管控措施：应有专人开启高压水阀门，且应控制水压由小变大，严禁直接全压开启。

3. 流程标准阐述方面

开启静压水管的流程：牢靠固定水管端头→由小变大逐渐开启阀门→冲洗完毕后关闭阀门。

标准：① 开启高压水管阀门前，必须先对高压管路进行固定；② 开启高压水管阀门前，持管者必须先对高压管路端头(10～20 cm)进行固定。

4. 作业环境评述方面

对开启静压水管的作业环境及风动机具的完好情况进行检查：① U形卡是否连接可靠；② 管路是否有破口、乏旧；③ 作业地点顶帮是否安全、退路是否畅通等；④ 持管者是否牢靠固定管路端头。隐患问题处理合格后，方可拆卸作业。

5. 操作手指口述方面

主要的操作手指口述安全确认环节如下：

(1) 手指：水管端头。口述：水管端头已固定牢靠，确认完毕。

(2) 手指：高压阀门。口述：高压阀门已关闭，安全完成操作，确认完毕。

案例 95　剁斧伤人事故

一、事故案例简况

2012 年 10 月 10 日 4 点班，综采队职工陈×与张×在使用剁斧剁钢丝绳过程中，陈×大锤砸偏，砸在张×执剁斧的手柄上，手柄断裂，斧头弹起，碰伤张×左眼，经检查为左眼球破裂。

二、双防技术分析及过程演变图例

此事故中，责任者对“剁斧”危险源“剁斧偏移砸伤手，剁斧手柄断、剁斧头弹伤，钢丝绳飞溅，螺栓飞溅伤人”的安全风险认识不到位，未执行“剪钢丝绳严禁使用剁斧砍砸，应采用专用剪钳，使用剁斧剁锈蚀螺栓时，持捶人应选有经验的老职工，剁斧把持职工应佩戴防护手套及面罩，剁斧头应固定牢靠”的作业要求，导致剁斧飞弹(伤人)事故发生。

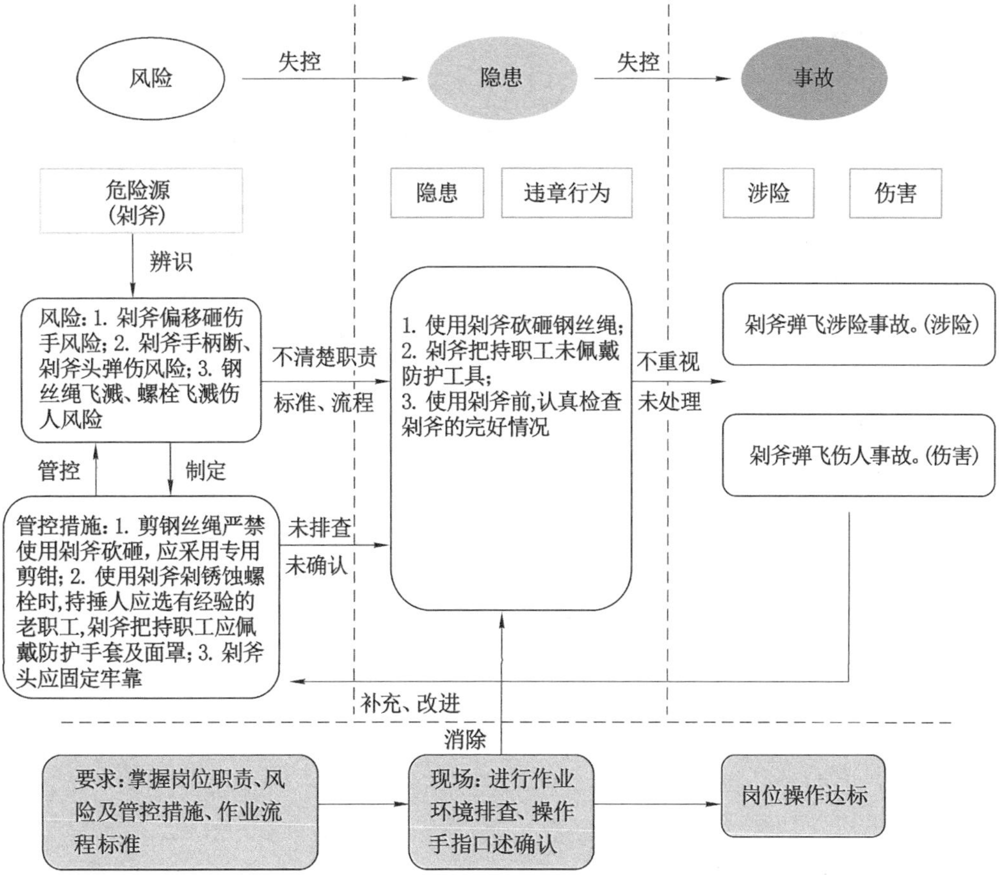

三、“五述”管理防治措施

为加强此类作业行为管理，杜绝类似事故发生，按照岗位“五述”管理要求，采取以下防治措施：

1. 岗位职责描述方面

作业人员应掌握使用剁斧作业的工作内容、范围；掌握剁斧使用的安全注意事项；按照钢丝绳处理的工作流程、顺序进行操作，保证作业安全。

2. 岗位风险自述方面

此作业过程中存在的岗位风险及管控措施如下：

(1) 使用剁斧作业人员无经验，存在剁斧偏移伤人风险。

管控措施：必须让有经验的老工人进行作业。

(2) 使用剁斧期间未使用安全防护用具，存在飞溅伤人的风险。管控措施：使用剁斧作业期间，作业人员必须佩戴防护用具或面罩。

(3) 剁斧固定不牢固，存在剁斧伤人的风险。

管控措施：剁斧必须固定牢固，采用螺栓或者木楔进行固定，确保作业安全。

3. 流程标准阐述方面

拆卸风管的流程：安排有经验的老工人对剁斧、防护用具进行检查，明确剁斧使用范围→明确剁斧施工期间的人员站位→使用剁斧进行施工。

标准：① 剁斧固定牢固，必须将剁斧在坚硬的物体进行试验，确保连接固定牢靠；② 使用剁斧作业人员，必须佩戴防护用具，否则严禁作业。

4. 作业环境评述方面

对使用剁斧的作业环境及剁斧的连接、防护用具佩戴等的完好情况进行检查：① 剁斧是否连接可靠，是否满足剁斧的作业范围；② 作业人员的防护用具是否齐全完好；③ 使用剁斧前的人员站位是否合理等。隐患问题处理合格后，方可进行作业。

5. 操作手指口述方面

主要的操作手指口述安全确认环节如下：

(1) 手指：剁斧连接处。(在坚硬物体上进行测试)口述：剁斧连接可靠，确认完毕。

(2) 手指：作业人员站位及防护用具。口述：作业人员防护用具齐全完好，人员站位合理，满足剁斧使用范围，确认完毕。

案例96　推车伤人事故

一、事故案例简况

2013年9月19日交叉班14:50，掘一队在机分厂推车过程中，在卸佳木斯油缸时，由于三一油缸碍事，将三一油缸抬起搭在矿车后沿上，然后将佳木斯油缸卸出，图省事没有将三一油缸重新装入矿车，就将矿车推出车间前往库房交回，在经过道岔时，由于车身震动，使得油缸在矿车边沿滑动，将申××扶在矿车上沿的左手无名指挤伤，造成无名指第一节骨折。

二、双防技术分析及过程演变图例

此事故中，责任者对“矿车内被装物料”危险源存在“矿车内设备配件、材料受晃动挤压伤人”的安全风险认识不到位，未执行“设备配件、材料装车平稳，人员推车严禁将手臂、手部置于矿车边缘内侧”的操作要求，导致推车(伤人)事故发生。

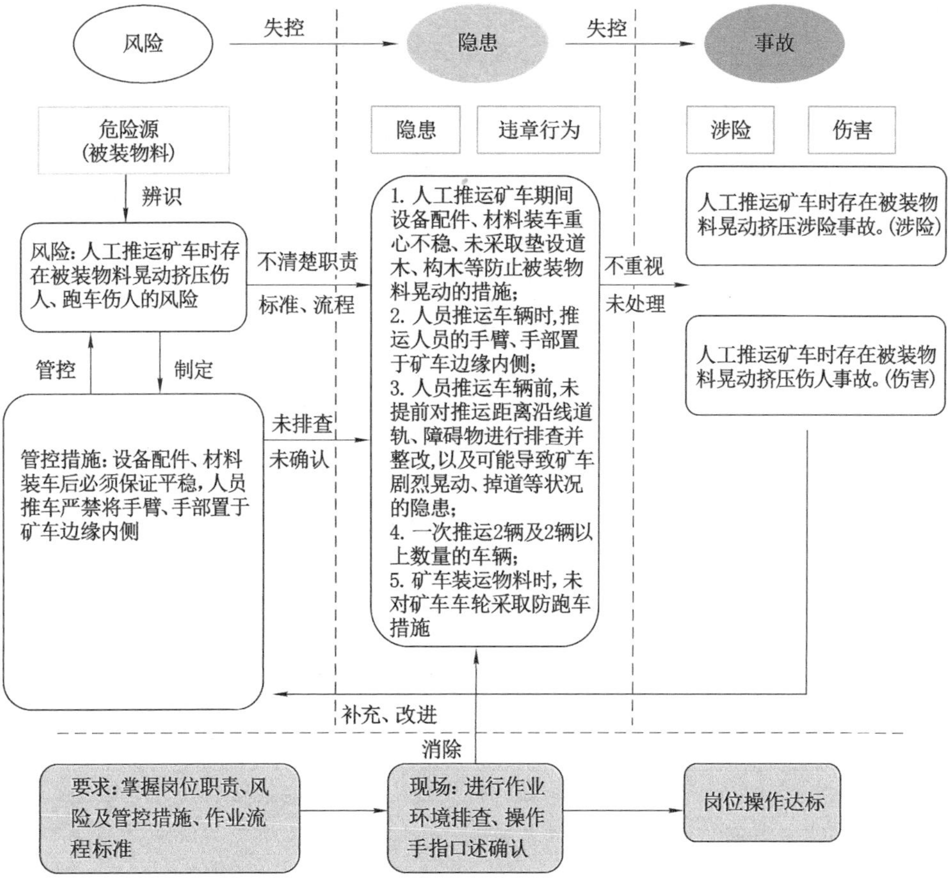

第二篇　案例详解

三、“五述”管理防治措施

为加强此类作业行为管理，杜绝类似事故发生，按照岗位“五述”管理要求，采取以下防治措施：

1. 岗位职责描述方面

作业人员应掌握人工装车、推车作业规范；掌握人工装车标准及人工推运车辆的安全注意事项；按照人工装车、推车的作业规范、顺序进行操作，保证作业安全。

2. 岗位风险自述方面

此作业过程中存在的岗位风险及管控措施如下：

人工推运车辆时，存在车辆晃动导致被装备料夹伤人员的风险。

管控措施：① 人工推运矿车期间设备配件、材料装车重心必须保证平稳可靠，采取垫设道木、构木等防止被装物料晃动的措施。② 人员推运车辆时，推运人员手臂、手部严禁置于矿车边缘内侧。

3. 流程标准阐述方面

人工推运矿车的流程：检查作业环境并对隐患进行整改→对矿车前后采取防跑车措施→装车→推车。

标准：① 人员推运车辆前，必须提前对推运距离沿线道轨、障碍物以及可能导致矿车剧烈晃动、掉道等状况的隐患进行排查并整改；② 矿车装运物料时，必须提前对矿车车轮采取防跑车措施，采用道木垫实；③ 人工推运矿车期间设备配件、材料装车重心必须保证平稳可靠，采取垫设道木、构木等防止被装物料晃动的措施；④ 人员推运车辆时，推运人员手臂、手部严禁置于矿车边缘内侧，人工推运点必须位于矿车外侧；⑤ 一次仅允许推运 1 辆矿车。

4. 作业环境评述方面

人工推运矿车前应对运输沿线及矿车限位措施和装车情况进行检查：① 运输沿线道轨是否完好；② 运输沿线障碍物是否清理；③ 作业地点顶帮是否安全、退路是否畅通等；④ 物料装车前是否对矿车前后采取限位措施；⑤ 物料装车后是否平稳，物料重心是否与矿车重心一致。隐患问题处理合格后，方可推运作业。

5. 操作手指口述方面

主要的操作手指口述安全确认环节如下：

(1) 手指：现场作业环境。口述：作业区域及运输沿线顶板、巷帮无活矸危岩，确认完毕；推运距离沿线道轨无障碍物，无导致矿车剧烈晃动、掉道的隐患，确认完毕。

(2) 手指：矿车限位措施。口述：限位措施到位可靠，可以进行装车作业，确认完毕。

(3) 手指：被装物料。口述：限位措施到位可靠，可以进行推车作业，确认完毕。

(4) 手指：矿车推运至指定地点后，手指车辆。口述：限位措施到位可靠，可以进行卸车作业，确认完毕。

案例 97　钢丝绳碎丝伤人事故

一、事故案例简况

2016 年 7 月 8 日 4 班 16:10 左右，掘进一队在更换耙矿机钢丝绳作业期间，在六区皮带巷三部强力皮带机头处剁钢丝绳过程中，由秦××把剁斧，李××抡锤，到第五次时，钢丝绳碎丝飞溅扎入李××右眼球，导致右眼受伤。

二、双防技术分析及过程演变图例

此事故中，责任者对“钢丝绳碎丝”危险源存在“钢丝绳碎丝飞溅伤人”的安全风险认识不到位，未执行“先采取防护措施（钢丝绳上方覆盖遮掩护皮），后剁钢丝绳”的操作要求，导致钢丝绳碎丝飞溅（伤人）事故发生。

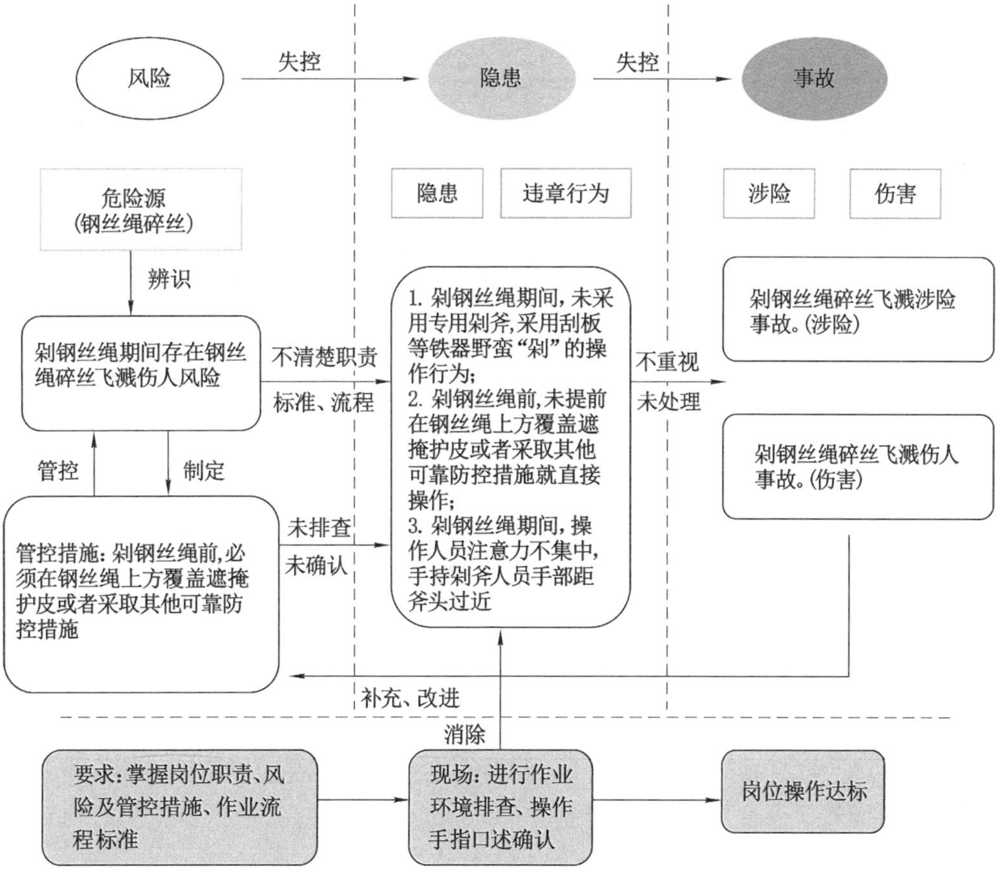

三、"五述"管理防治措施

为加强此类作业行为管理，杜绝类似事故发生，按照岗位"五述"管理要求，采取以下防治措施：

1. 岗位职责描述方面

作业人员应掌握剁钢丝绳期间作业规范；掌握剁钢丝绳期间作业标准及安全注意事项；剁钢丝绳期间严格按照作业规范、顺序进行操作，保证作业安全。

2. 岗位风险自述方面

此作业过程中存在的岗位风险及管控措施如下：

剁钢丝绳期间存在钢丝绳碎丝飞溅伤人风险。

管控措施：① 剁钢丝绳期间，采用专用剁斧，严禁采用刮板等铁器野蛮"剁"的操作行为；② 剁钢丝绳前须在钢丝绳上方覆盖遮掩护皮或者采取其他可靠防控措施后再操作；③ 剁钢丝绳期间，操作人员注意力集中，手持剁斧人员手部距斧头不能过近。

3. 流程标准阐述方面

剁钢丝绳的流程：检查作业环境并对隐患进行整改→检查剁钢丝绳使用的剁斧、锤子、掩盖护皮→剁钢丝绳。

标准：① 剁钢丝绳前须采用在钢丝绳上方覆盖遮掩护皮或者采取其他可靠的防控措施；② 剁钢丝绳期间，采用专用剁斧、锤子；③ 剁钢丝绳期间，操作人员注意力集中，手持剁斧人员手部距斧头不能过近。

4. 作业环境评述方面

剁钢丝绳前应对现场作业环境和起吊剁斧、锤子、掩盖护皮等情况进行检查：① 作业地点顶帮是否安全、退路是否畅通等；② 剁钢丝绳前，钢丝绳上方覆盖遮掩护皮或者采取的其他可靠防控措施是否可靠；③ 剁钢丝绳期间，操作人员注意力集中是否集中，手持剁斧人员手部是否位于剁斧锤把尾端。确认无异常后，方可进行剁钢丝绳作业。

5. 操作手指口述方面

主要的操作手指口述安全确认环节如下：

(1) 手指：现场作业环境。口述：作业区域顶板、巷帮有无活矸危岩，退路畅通，确认完毕。

(2) 手指：剁钢丝绳的器具。口述：现场剁钢丝绳器具完好，钢丝绳上方已掩盖护皮，可以进行剁钢丝绳作业，确认完毕。

案例98　压风伤人事故

一、事故案例简况

2019年11月7日0点班1:00左右，维运工区在主井起底作业期间，职工杨××在2寸临时压风系统管路的三通出口上接风管后送风时，三通阀门丝扣滑脱，喷射出来的压风含有铁渣，将杨××的左侧锁骨下部擦伤，留有灼伤痕迹，同时造成双眼进入异物不能视物的轻伤事故。

二、双防技术分析及过程演变图例

此事故中，责任者对"起底作业"危险源存在"压风管路、阀门及销子伤人"的安全风险辨识认识不到位，未执行"检查阀门连接情况是否完好"的操作要求，导致被喷射出的含有铁渣的压风将左侧锁骨下部擦伤和异物进入双眼事故的发生。

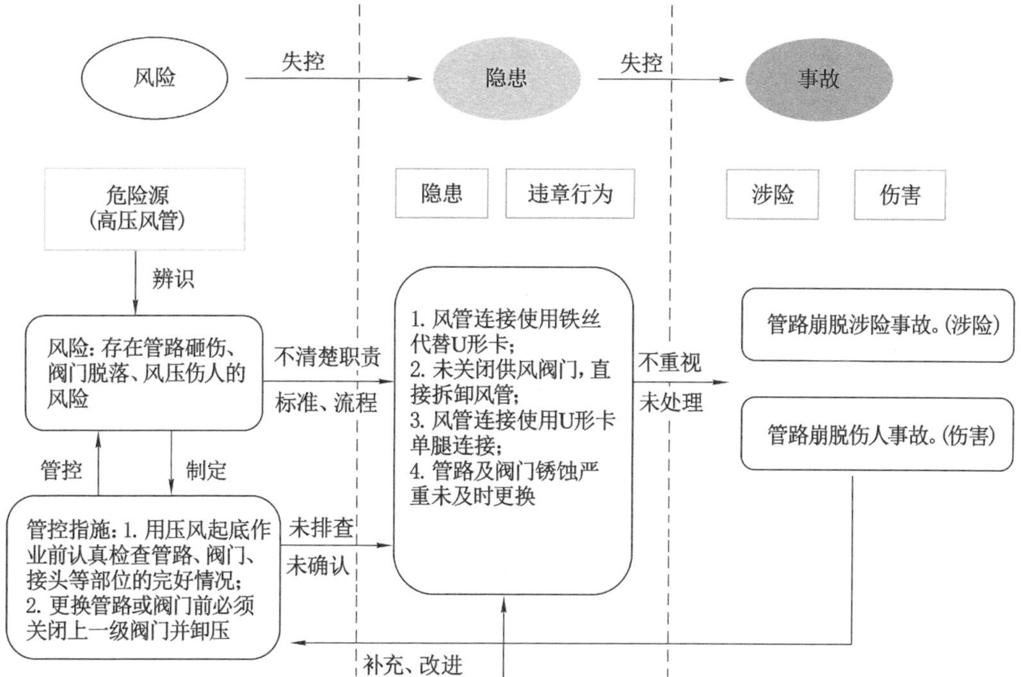

三、"五述"管理防治措施

为加强此类作业行为管理，杜绝类似事故发生，按照岗位"五述"管理要求，采取以下防治措施：

1. 岗位职责描述方面

作业人员应掌握使用风动机具的工作内容、施工工艺；掌握风镐使用的安全注意事项；按照拆卸压风管路的工作流程、顺序进行操作，保证作业安全。

2. 岗位风险自述方面

此作业过程中存在的岗位风险及管控措施如下：

（1）拆卸风管存在未关闭供风阀门，直接拆卸风管导致风管崩脱伤人的风险。

管控措施：拆卸风管前，必须先关闭供风管路阀门。

（2）拆卸风管存在管路乏旧、风管爆裂导致高压空气伤人的风险。

管控措施：风管出现乏旧、裂口等情况时必须进行更换。

（3）拆卸风管存在U形卡插接不牢靠，导致风管崩脱伤人的风险。

管控措施：风管连接插头必须使用U形卡，U形卡必须插接到位，严禁出现单腿连接的情况。

3. 流程标准阐述方面

拆卸风管的流程：关供风阀门→对风动机具卸压→拆卸风管。

标准：① 关闭供风阀门，必须将手把完全打至零位；② 风动机具卸压，由操作人员空开风动机具，待风压完全卸完，方可拆卸风动机具。

4. 作业环境评述方面

拆卸前应对拆卸风管的作业环境及风动机具的完好情况进行检查：① U形卡是否连接可靠；② 管路是否有破口、乏旧；③ 作业地点顶帮是否安全、退路是否畅通等。隐患问题处理合格后，方可拆卸作业。

5. 操作手指口述方面

主要的操作手指口述安全确认环节如下：

（1）手指：供风阀门。口述：供风阀门已关闭，确认完毕。

（2）手指：阀门。口述：对下一级阀门开启进行卸压，确认完毕。

（3）手指：风管。口述：风管已卸压，可以更换，确认完毕。

案例99　托辊砸伤事故

一、事故案例简况

2009年6月10日交叉班19:10分左右，维运工区主井大班人员往强力皮带机尾运送皮带托辊时，职工秦×摔倒，皮带托辊砸到右胳膊，发生一起工伤事故。

二、双防技术分析及过程演变图例

此事故中，责任者对“搬运作业”危险源存在“摔倒砸伤”的安全风险辨识认识不到位，未执行“作业环境安全确认”的操作要求，导致在运送托辊时摔倒，托辊砸到右胳膊的事故发生。

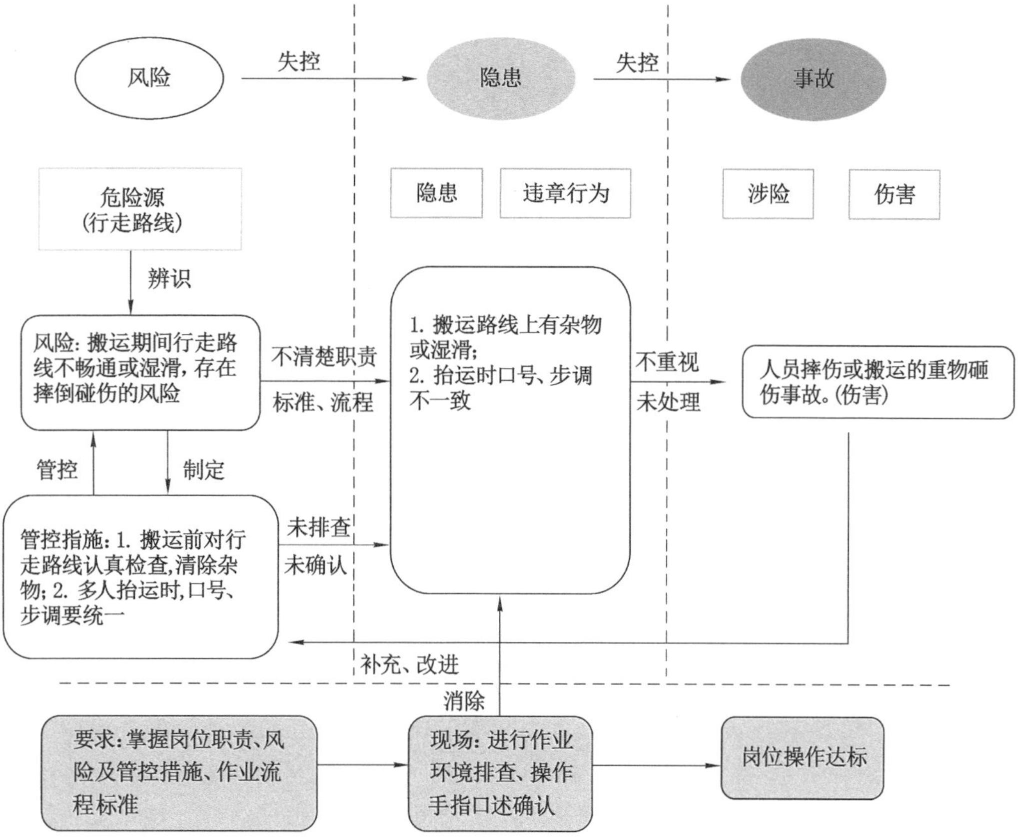

三、“五述”管理防治措施

为加强此类作业行为管理，杜绝类似事故发生，按照岗位“五述”管理要求，采取以

下防治措施：

1. 岗位职责描述方面

作业人员应熟悉作业过程中的行走路线，确保不湿滑、无障碍物，不得搬运易滑落的物品。

2. 岗位风险自述方面

此作业过程中存在的岗位风险及管控措施如下：

(1) 行走时由于地滑或有障碍物存在滑倒摔伤的风险。

管控措施：作业前先对行走路线进行检查，对湿滑地段采取防滑措施，将影响通行的障碍物挪开。

(2) 搬运圆柱形或球形等易滑落的物品存在滑落砸伤的风险。

管控措施：对易滑落的物品，在搬运过程中必须装箱或装袋，采取防滑措施。

3. 流程标准阐述方面

搬运货物的流程：检查搬运路线→对货物采取防滑措施→按路线进行搬运。

标准：① 搬运路途中不能湿滑和堆放有障碍物；② 易滑落的物品必须采取防滑措施。

4. 作业环境评述方面

搬运前应对搬运路线的作业环境及时进行检查，隐患问题处理合格后，方可搬运作业。

5. 操作手指口述方面

主要的操作手指口述安全确认环节如下：

(1) 手指：搬运路线。口述：路线清晰明确，不湿滑、无障碍物，确认完毕。

(2) 手指：货物。口述：货物已采取防滑处理，确认完毕。

案例 100　帮部放置锚杆倒落伤人事故

一、事故案例简况

2018 年 5 月 16 日，郭××在工作面作业时帮部锚杆倒落砸伤后背。

二、双防技术分析及过程演变图例

此事故中，责任者对“帮部放置锚杆”危险源存在“锚杆放置不稳倒落伤人”的安全风险认识不到位，未执行“作业前，先确认周边环境安全”的操作要求，导致靠帮垂直放置锚杆倒落（伤人）事故发生。

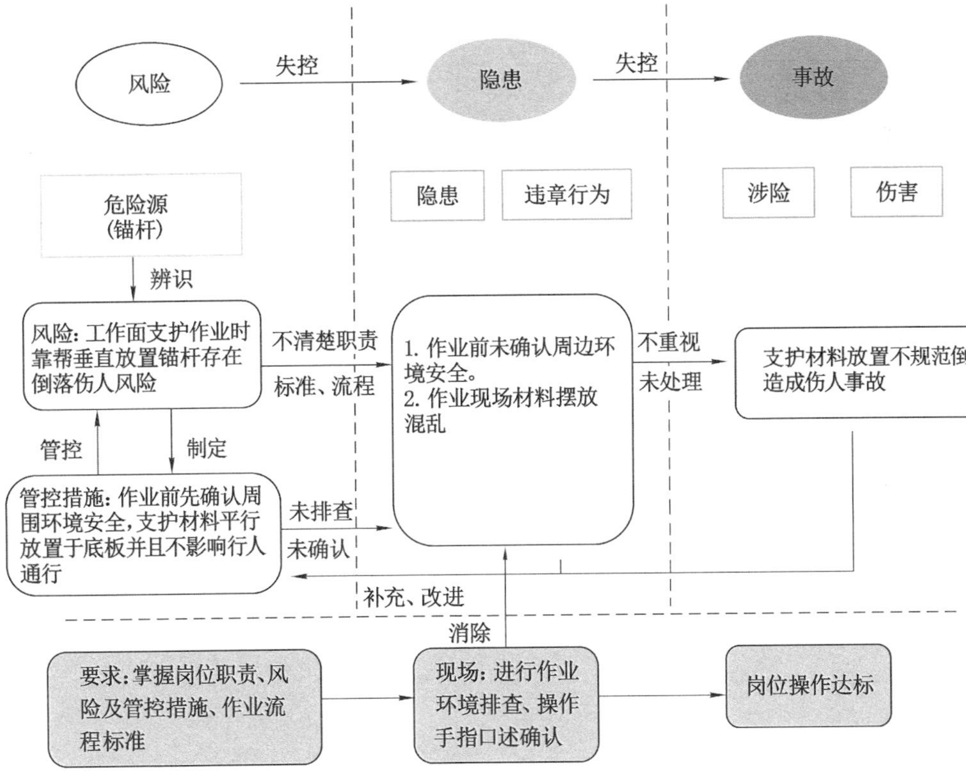

三、五述管理防治措施

为加强此类作业行为管理，杜绝类似事故发生，按照岗位五述管理要求，采取以下防治措施：

1. 岗位职责描述方面

作业人员应掌握支护工工作内容、施工工艺；掌握施工锚杆期间的安全注意事项，按照施工锚杆的工作流程、顺序进行操作，保证作业安全。

2. 岗位风险自述方面

此作业过程中存在的岗位风险为：工作面锚杆垂直放置存在倒落伤人风险。

管控措施为：将锚杆放置到安全合理的位置。

3. 流程标准阐述方面

施工锚杆的流程：确认周边环境安全→进行施工作业。

标准：先确认周边环境安全，必须将影响人员安全的物料整理到合理位置。

4. 作业环境评述方面

作业前必须对作业环境及风动机具的完好情况进行检查：① 作业范围物料摆放是否安全合理；② 管路是否有破口、乏旧；③ 作业地点顶帮是否安全、退路是否畅通等。隐患问题处理合格后，方可作业。

5. 操作手指口述方面

主要的操作手指口述安全确认环节如下：

(1) 手指：作业地点。

口述：作业地点物料摆放安全，可以作业。

参考文献

[1] 陈全，万静，杨伟东，等. 基于故障树分析构建煤矿企业应急知识库[J]. 价值工程，2019，38(34)：89-91.
[2] 杜姗. 基于危险因素数据库的工贸企业双重预防机制平台构建研究[D]. 绵阳：西南科技大学，2019.
[3] 霍诚，贺超，屈平，等. 煤矿岗位“五述”管理理论与实践[M]. 徐州：中国矿业大学出版社，2020.
[4] 雷长群. 安全生产领域基本概念辨析及双重预防机制研究[J]. 中国安全生产科学技术，2017，13(02)：17-21.
[5] 梁海慧. 中国煤矿企业安全管理问题研究[D]. 沈阳：辽宁大学，2006.
[6] 刘南溪. 基于任务流的岗位安全标准化管理[D]. 青岛：青岛理工大学，2018.
[7] 罗云，黄西菲，许铭. 安全生产科学管理的发展与趋势探讨[J]. 中国安全生产科学技术，2016，12(10)：5-11.
[8] 孟远，谢东海，苏波，等. 2010 年—2019 年全国煤矿生产安全事故统计与现状分析[J]. 矿业工程研究，2020，35(04)：27-33.
[9] 牛聚粉. 基于事故致因理论的企业生产事故应急管理体制构建研究[M]. 北京：新华出版社，2018.
[10] 孙爱冬，周艳. 基于双重预防机制优化企业安全管理研究[J]. 安全，2021，42(01)：62-68.
[11] 田涛. 我国煤矿安全投入机制研究及效率评价分析[D]. 北京：中国矿业大学(北京)，2013.
[12] 王盛铭. 煤矿安全风险预控管理体系与煤矿岗位标准作业流程融合研究[J]. 煤炭工程，2019，51(04)：152-156.
[13] 朱云飞，王德明，李德利，等. 2000—2016 年我国煤矿重特大事故统计分析[J]. 能源与环保，2018，40(09)：40-43.